Adobe InDesign 2023
经典教程 彩色版

[美] 凯莉·科德斯·安东（Kelly Kordes Anton） 蒂娜·德贾得（Tina DeJarld）◎ 著

张海燕 ◎ 译

人民邮电出版社

北京

图书在版编目（CIP）数据

Adobe InDesign 2023经典教程：彩色版 /（美）凯
莉·科德斯·安东（Kelly Kordes Anton），（美）蒂娜·
德贾得（Tina DeJarld）著；张海燕译. -- 北京：人
民邮电出版社，2024.6
ISBN 978-7-115-63569-3

Ⅰ. ①A… Ⅱ. ①凯… ②蒂… ③张… Ⅲ. ①电子排
版－应用软件－教材 Ⅳ. ①TS803.23

中国国家版本馆CIP数据核字(2024)第024266号

版权声明

♦ 著　　　[美] 凯莉·科德斯·安东（Kelly Kordes Anton）
　　　　　[美] 蒂娜·德贾得（Tina DeJarld）
　　译　　　张海燕
　　责任编辑　王 冉
　　责任印制　马振武
♦ 人民邮电出版社出版发行　　北京市丰台区成寿寺路 11 号
　　邮编　100164　　电子邮件　315@ptpress.com.cn
　　网址　https://www.ptpress.com.cn
　　北京盛通印刷股份有限公司印刷
♦ 开本：775×1092　1/16
　　印张：24.5　　　　　　　　2024 年 6 月第 1 版
　　字数：668 千字　　　　　　2024 年 6 月北京第 1 次印刷
　　著作权合同登记号　图字：01-2023-2451 号

定价：149.90 元

读者服务热线：(010)81055410　印装质量热线：(010)81055316
反盗版热线：(010)81055315
广告经营许可证：京东市监广登字 20170147 号

内容提要

本书由 Adobe 产品专家编写，是 Adobe InDesign 2023 的经典学习用书。

本书共 15 课，对于每一个重要的知识点，都采用具体的示例进行讲解，步骤详细，重点明确，能帮助读者尽快学会如何进行实际操作。本书主要包含工作区简介、熟悉 InDesign、设置文档和处理页面、使用对象、处理颜色、编排文本、编辑文本、版面设计、使用样式、制作表格、置入和修改图形与图像、处理不透明度、打印及导出、创建包含表单域的 PDF 文件、创建并联机发布版面固定的 EPUB 等内容。

本书语言通俗易懂，配有大量的图片，特别适合 Adobe InDesign 初学者使用。有一定 Adobe InDesign 使用经验的读者也可从本书中学到 Adobe InDesign 的大量高级功能和 2023 版本新增功能。本书适合作为各类院校相关专业的教材，也适合作为相关培训班学员及广大自学人员的参考书。

前　言

Adobe InDesign 2023（以下简称 InDesign）是一款功能强大的版面设计和制作软件，它提供了精确的控制工具，并且可与其他 Adobe 专业图形软件无缝集成。

使用 InDesign 可制作出具有专业品质的彩色文档，这些文档可在高速彩色印刷机中印刷，也可以在其他各种输出设备（如桌面打印机和高分辨率排印设备）中打印。使用 InDesign 还可设计出能在各种电子设备（如平板电脑、智能手机和阅读器）上查看的出版物，并能以多种常用格式（如 PDF、HTML 和 EPUB）导出 InDesign 文档。

关于本书

本书由 Adobe 产品专家编写，是 Adobe 图形和出版软件官方系列培训教程之一。InDesign 功能丰富，限于篇幅，本书重点介绍其核心功能。

你可按自己的节奏学习其中的课程。如果你是 InDesign 初学者，那么可从本书中学到使用该软件所需的基础知识；如果你有一定的 InDesign 应用基础，那么可通过本书了解很多 InDesign 的高级功能和实践案例，以及获得使用 InDesign 2023 版本的提示和技巧。

本书的每一课都提供了完成项目所需的具体步骤，你可按顺序从头到尾阅读本书，也可根据兴趣和需要选读部分内容。本书每课都有练习，让你能够进一步探索该课介绍的功能。另外，本书每课末尾还配有复习题及相应答案，用于帮助你巩固学到的知识。对于因操作系统而异的操作，本书先介绍 Windows 系统中的操作，再介绍 macOS 中的操作，并在括号内注明操作系统。

必须具备的知识

要使用本书，你应能够熟练使用计算机和操作系统，包括使用鼠标、菜单和命令，以及打开、保存和关闭文件等。如果需要了解这方面的内容，请查阅操作系统自带的帮助文档。

安装 InDesign

在使用本书前，应确保计算机中安装了所需的软件和硬件并且系统设置正确。

本书不提供 InDesign 安装包，因此你必须单独购买并安装（详情请参阅 Adobe 官网）。除了

InDesign，本书有些内容还用到了其他 Adobe 软件，为了完成本书的课程学习，需要预先安装这些软件。

桌面应用程序 Adobe Creative Cloud

除了 InDesign，本书还用到了桌面应用程序 Adobe Creative Cloud，它是一个管理中心，让你能够管理数十种 Adobe 软件和服务。Adobe 会定期提供软件更新。

> ♀ 提示   可使用 Adobe Creative Cloud 来完成如下任务：使用 Adobe 账户更新和管理应用程序，同步和分享文件，管理字体和 CC 库，访问 Adobe Stock 照片库和设计素材。

Adobe Creative Cloud 会在你安装第一个 Adobe 产品时自动安装。如果你安装了 Adobe Application Manager，它将自动更新为 Adobe Creative Cloud。如果你还没有安装 Adobe Creative Cloud，可前往 Adobe 官网下载并安装。

本书使用的字体

本书使用的字体大多数是 InDesign 自带的。有些虽然不是 InDesign 自带的，但可通过 Adobe Fonts 获取。Adobe Fonts 是 Adobe 提供的一项在线服务，让你能够免费使用一个庞大的字体库。要访问 Adobe Fonts，需要登录 Adobe Creative Cloud。

 另存和恢复 InDesign Defaults 文件

InDesign Defaults 文件存储了 InDesign 的首选项和默认设置，如工具的设置和默认度量单位的设置。为确保你的 InDesign 首选项和默认设置与本书所述相同，在阅读每课前都需要将 InDesign Defaults 文件移到其他文件夹中，操作如下。

1 退出 InDesign。

2 找到 InDesign Defaults 文件。

• 在 Windows 系统中，InDesign Defaults 文件位于 [启动盘]\Users\[用户名]\AppData\Roaming\Adobe\InDesign\Version 18.0-J\zh_CN 文件夹中。

在 Windows 10 中，AppData 文件夹默认被隐藏。要显示这个文件夹，可先在控制面板中单击"外观和个性化"，再单击"文件资源管理器选项"，在打开的"文件资源管理器选项"对话框中单击"查看"选项卡，选择"显示隐藏的文件、文件夹和驱动器"单选按钮，单击"确定"按钮。

> ♀ 注意   如果还是找不到 InDesign Defaults 文件，可使用操作系统提供的搜索功能查找它。

• 在 macOS 中，InDesign Defaults 文件位于 [启动盘]/Users/[用户名]/Library/Preferences/Adobe InDesign/Version 18.0-J/zh_CN 文件夹中。

要访问 Library 文件夹，可选择 Finder 菜单栏中的"前往">"前往文件夹"，在打开的"前往文件夹"对话框中输入 ~/Library，单击"确定"按钮或"前往"按钮。

3 如果以后需要恢复定制的首选项设置，就将 InDesign Defaults 文件移到另一个文件夹中，否则直接将其删除。

❹ 启动 InDesign。InDesign 会自动创建一个新的 InDesign Defaults 文件，其中所有的首选项和默认设置都为出厂设置。

如果将定制的 InDesign Defaults 文件移到了其他地方，可采取以下步骤来恢复它：先退出 InDesign，再将该定制的 InDesign Defaults 文件拖曳到原来的文件夹中，并替换当前的 InDesign Defaults 文件。

 ## 其他资源

本书并不能代替软件自带的帮助文档，也不是全面介绍软件功能的参考手册。本书只介绍与课程内容相关的命令和选项，有关 InDesign 功能的详细信息和教程，请参阅以下资源。

Adobe InDesign 学习和支持：在这里可以搜索并浏览 Adobe 网站中的帮助和支持内容。可在 InDesign 中选择"帮助">"InDesign 帮助"来访问该网站。

Adobe 支持社区：可在这里就 Adobe 产品展开讨论，并提出和回答问题。

Adobe InDesign 产品主页：提供有关新增功能的信息，还提供创建专业版面的直观方式。

Adobe 增效工具：在这里可查找和补充 Adobe 产品的工具、服务、扩展等。

教师资源：向讲授 Adobe 软件课程的教师提供信息宝库，教师可在这里找到各种级别的教学解决方案，包括使用整合方法介绍 Adobe 软件的免费课程，并且这里的资源可用于备考 Adobe 国际认证考试。

Adobe 授权培训中心（Adobe Authorized Training Center，AATC）：提供有关 Adobe 产品的课程和培训内容，由获得 Adobe 国际认证的教师讲授。

> ♡ 注意 为让 InDesign 更强大、更易于使用，Adobe 每年都会新增功能，如协作工具、易于使用的字体库、模板、颜色主题和图片库。这里介绍的资源能够让你了解 InDesign 最新的变化并学到更多的知识。

目　录

第8课 版面设计 ················178

第9课 使用样式 ················204

第10课 制作表格 ···············231

第11课 置入和修改图形与图像 ··· 251

第 12 课　处理不透明度 286

第 13 课　打印及导出 312

第 14 课　创建包含表单域的 PDF 文件 339

工作区简介

本课概览

- 打开文档。
- 在"属性"面板中查看信息。
- 选择和使用工具。
- 使用控制面板。
- 管理文档窗口。

- 定制工作区。
- 修改文档的缩放比例。
- 导览文档。
- 使用上下文菜单和面板菜单。
- 修改界面的首选项设置。

学习本课大约需要 **45**分钟

　　InDesign 的用户界面非常直观，用户可以很容易地在其中创建出引人注目的排版文件。要充分利用 InDesign 强大的排版和设计功能，必须先熟悉其工作区。工作区由文档窗口、菜单栏、粘贴板，以及工具面板、"属性"面板、控制面板等组成。

WORKSHOP

Plant a Humming-bird Garden

Learn to select and tend flowers that attract hummingbirds, flourish in our climate and create fabulous flowerbeds.

1.1 概述

本课将练习使用工具和面板，并浏览一个简单的排版文件。这个文件只用来探索 InDesign 的工作区，你不用修改对象、添加图形或编辑文本。若要撤销所做的修改，可选择"编辑">"还原"。请养成使用这个菜单命令的习惯，它可用于撤销误操作。

① 为确保你的 InDesign 首选项和默认设置与本课所述一致，请将 InDesign Defaults 文件移到其他文件夹中，详情请参阅"前言"中的"另存和恢复 InDesign Defaults 文件"。

② 启动 InDesign，将显示"主页"界面。

③ 单击"打开"按钮，如图 1.1 所示。(如果没有出现"主页"界面，请选择"文件">"打开"。)

图 1.1

> **注意** 为让计算机屏幕和书中的界面插图容易看清，本书界面插图都是基于"中等浅色"，而不是基于默认的"中等深色"颜色主题截取的。另外，在有些屏幕截图中，为突出界面元素，通过设置"用户界面缩放"放大了界面元素。你可在"首选项"对话框中修改界面设置。

④ 打开 InDesignCIB\Lessons\Lesson01 文件夹中的 01_Start.indd 文件。

⑤ 如果出现一个对话框指出这个文件链接的源文件已修改，请单击"更新修改的链接"按钮。

⑥ 如果出现学习资源面板，单击"忽略"按钮或"关闭"按钮将其关闭。

⑦ 选择"文件">"存储为"，将文件重命名为 01_Intro.indd，并将其存储到 Lesson01 文件夹中。

⑧ 向下拖曳文档窗口中的滚动条可以滚动到这张明信片的第 2 页，再向上拖曳可以滚动到第 1 页。

1.2 工作区组成

InDesign 的工作区包括用户首次打开或创建文档时看到的一切。默认情况下，InDesign 显示的是"基本功能"工作区，如图 1.2 所示。你可根据自己的习惯和工作需求定制 InDesign 工作区，例如，只显示常用的面板、最小化和重新排列面板组、调整窗口的大小等。默认情况下，你将看到以下部分。

- 位于工作区顶部的菜单栏。
- 停放在工作区左侧的工具面板。
- 停放在工作区右侧的"属性"面板及其他常用面板。

图 1.2

1.2.1 选择和使用工具

工具面板包含用于创建和修改对象，添加文本和图像及设置其格式、处理其颜色的工具。默认情况下，工具面板停放在工作区的左侧。本小节将练习选择并使用工具。

> 💡提示　InDesign 页面的基本构件是对象，包括框架（用于放置文本、图形和图像）和线段。

1. 使用选择工具

使用选择工具（▶）可移动对象及调整对象的大小，还可选择对象以设置其格式，如设置填充色。这里将通过单击来选择选择工具，后面会讲解选择各种工具的其他方法。

❶ 找到工作区左侧的工具面板。

❷ 将鼠标指针指向工具面板中的工具，鼠标指针下方会显示工具的名称。

❸ 单击工具面板顶部的选择工具，如图 1.3 所示。

图 1.3

④ 单击蜂鸟头部附近，选择包含蜂鸟图像的图形框架。

⑤ 按住鼠标左键向左上方拖曳，图形框架将向左上方移动。

图形框架的位置信息不仅会显示在鼠标指针旁边，还会显示在"属性"面板中，如图 1.4 所示。在"属性"面板中，除了可以查看图像信息，还可以调整选定的对象，如裁剪图像以控制其宽高比。

图 1.4

⑥ 松开鼠标左键后按 Ctrl + Z（Windows）或 Command + Z（macOS）组合键撤销移动操作。

⑦ 选择选择工具，分别单击页面中的其他对象，并将对象拖曳到其他地方。在这个页面中，还有另一个包含图像的图形框架。另外，这个页面中还包含一个矩形文本框架，粘贴板中有一个圆形文本框架。注意：每次移动对象后，请立即撤销所做的操作。

2. 使用文字工具

使用文字工具（ T. ）能够输入和编辑文本，以及设置文本的格式。这里不通过单击来选择它，而是使用快捷键来选择它。

① 将鼠标指针指向文字工具以显示工具提示。括号中显示的字母表示工具的快捷键。文字工具的快捷键是 T。

② 将鼠标指针指向其他工具，看看它们的快捷键是什么。

③ 按 T 键选择文字工具，再在文本内容的末尾单击，如图 1.5 所示。

图 1.5

④ 输入一个空格和几个字符，感受一下文字工具的用法。

⑤ 按 Ctrl + Z（Windows）或 Command + Z（macOS）组合键撤销对文本的修改。

⑥ 保持文字工具的选中状态，在其他单词中单击并进行文本修改。每次修改后请立即撤销所做的操作。

💡 提示 学习使用 InDesign 尝试不同的设计操作时，请及时撤销所做的操作。

3. 使用直线工具和抓手工具

使用直线工具（ ／ ）能够创建水平线、垂直线和斜线。尝试完直线工具后，按住 H 键可以临时切换到抓手工具（ ✋ ）。松开 H 键，InDesign 将切换回之前选择的工具。这个按住快捷键临时切换到其他工具的技巧很有用，例如，使用直线工具时，你可以临时切换到抓手工具，将视图平移到页面的另一个区域，再切换回直线工具在这个区域中绘制一条线段。

① 单击直线工具，如图 1.6 所示。

② 在页面的任意位置按住鼠标左键并拖曳，绘制一条线段。

③ 按住 H 键临时切换到抓手工具。

④ 拖曳鼠标以查看页面的其他区域，如图 1.7 所示。松开 H 键切换回直线工具。

⑤ 按 Ctrl + Z（Windows）或 Command + Z（macOS）组合键撤销绘制线段的操作。

图 1.6

图 1.7

4. 使用矩形框架工具和椭圆框架工具

至此，你学习了 3 种选择工具面板中的工具的方法：单击、按快捷键，以及按住快捷键临时切换到相应的工具。下面介绍选择没有显示在工具面板中的工具的方法。如果工具图标的右下角有三角形，说明其下还有隐藏的其他工具，如图 1.8 所示。

有三角形，说明还有隐藏其他的工具

图 1.8

下面来选择并使用矩形框架工具（ ⊠ ）和椭圆框架工具（ ⊗ ）。设计文档时，将使用这两个工具来创建框架，以放置置入的图形、图像和文本。

① 选择"视图">"屏幕模式">"正常"，以便看到包含图形、图像和文本的框架。

② 按 F 键选择矩形框架工具。

③ 在文档周围的粘贴板中按住鼠标左键并拖曳，创建一个矩形框架，如图 1.9 所示。

💡 提示 使用矩形框架工具或椭圆框架工具时，在按住 Shift 键的同时拖曳鼠标可创建正方形框架或圆形框架。

④ 按 Ctrl + Z（Windows）或 Command + Z（macOS）组合键撤销创建框架的操作。

⑤ 在矩形框架工具图标上按住鼠标左键，会显示这个工具组中的所有工具。

⑥ 选择椭圆框架工具，如图 1.10 所示。注意，此时工具面板中显示的是椭圆框架工具，而不再是矩形框架工具。

图 1.9   图 1.10

💡 提示 按住 Alt（Windows）或 Option（macOS）键单击工具面板中的工具图标，可以在这个工具组的工具之间进行切换。

⑦ 在页面或粘贴板中的任何位置按住鼠标左键并拖曳，创建一个椭圆形框架，如图 1.11 左图所示。

⑧ "属性"面板中的"变换"部分显示了这个椭圆形框架的位置信息，如图 1.11 右图所示。按 Ctrl+ Z（Windows）或 Command + Z（macOS）组合键，撤销创建框架的操作。

图 1.11

💡 提示 可以通过"属性"面板中的其他选项设置选定对象的样式，如设置对象的填充色（背景色）和描边效果（粗细、样式和颜色）等。

⑨ 在椭圆框架工具图标上按住鼠标左键以显示该工具组中的所有工具，选择矩形框架工具。矩形框架工具是默认显示的工具。

⑩ 在每个右下角带三角形的工具图标上按住鼠标左键，查看隐藏的其他工具。带有隐藏工具的工具包括内容收集器工具（🖳）、文字工具（T.）、钢笔工具（✒）、铅笔工具（✎）、矩形框架工

具（ ⊠ ）、矩形工具（ ▫ ）、自由变换工具（ ⊠ ）、颜色主题工具（ ◢ ）、视图选项（ ▦ ）和屏幕模式（ ▣ ）。

1.2.2　控制面板

除了默认的"基本功能"工作区中的面板，InDesign 还提供了很多其他面板。本小节将切换到"高级"工作区以显示控制面板。控制面板位于菜单栏下方，你可以通过控制面板快速设置大量与当前选定对象相关的选项。相比"属性"面板，你可能更愿意使用控制面板，因为控制面板占用的空间更小。

控制面板是上下文相关的，即显示的内容会随当前选择的对象而异。另外，控制面板还会根据屏幕尺寸自动调整显示内容的多少。

❶ 为确保你看到的面板和菜单命令与这里介绍的一致，请选择"窗口">"工作区">"[高级]"，再选择"窗口">"工作区">"重置'高级'"，此时屏幕顶部出现控制面板。

❷ 如果有必要，选择"视图">"屏幕模式">"正常"，以便能够看到包含图形、图像和文本的框架。

❸ 在工具面板中选择选择工具。

❹ 单击蜂鸟图像，可以看到控制面板中有很多选项，这些选项可用于控制图形框架的位置、大小、缩放比例及其他属性。

> 💡提示　若要自定义控制面板中显示的选项，可单击该面板最右侧的齿轮图标（ ⚙ ），打开"自定控制面板"对话框进行设置。

❺ 在控制面板中，单击"X 缩放百分比"和"Y 缩放百分比"文本框左侧的向上箭头按钮或向下箭头按钮，调整图像的大小，如图 1.12 所示。

图 1.12

> 💡提示　单击箭头按钮时按住 Shift 键可增大每次单击的改变量。

> 💡提示　要调整对象的位置和大小，也可在控制面板中相应选项的文本框中输入具体数值，还可使用鼠标拖曳对象及其手柄来调整。

❻ 按 Ctrl + Z（Windows）或 Command + Z（macOS）组合键多次，撤销所有的修改操作。

❼ 在工具面板中选择文字工具。

❽ 单击标题中的单词 Hummingbird，控制面板中出现了用于控制段落和字符格式的选项。如果有必要，可单击控制面板最左侧的"字符格式控制"按钮（ ▦ ）。

❾ 双击单词 Hummingbird，再单击"字体大小"文本框左侧的向下箭头按钮，减小字体大小，如图 1.13 所示。

图 1.13

⑩ 按 Ctrl + Z（Windows）或 Command + Z（macOS）组合键撤销所做的修改。

⑪ 单击粘贴板（页面外的空白区域），取消选择文本。

1.2.3 文档窗口和粘贴板

文档窗口和粘贴板具有以下特征。

· 用于显示文档的不同页面的控件位于文档窗口的左下角。

· 每个页面或跨页（并排显示的多个页面）周围都有粘贴板。

· 可将粘贴板当作工作区域或存储区域使用，例如，在其中放置还未在页面中使用的设计元素。

💡 提示 要修改粘贴板的大小，可选择"编辑"＞"首选项"＞"参考线和粘贴板"，在弹出的对话框中进行设置。

下面来看看粘贴板及文档窗口提供的功能。

① 为查看文档的所有页面及粘贴板，在文档窗口左下角的"缩放级别"下拉列表中选择 75%，如图 1.14 所示。

图 1.14

在缩放比例为 75% 的情况下，你将看到第 1 页右边的粘贴板中有一个圆形文本框架。

② 在工具面板中选择选择工具。

③ 将这个包含 free community workshop series 的图形文本框架从粘贴板中拖曳到页面中，如图 1.15 所示。

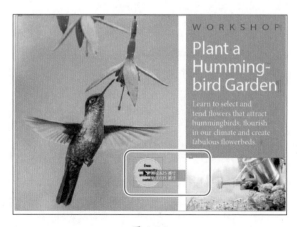

图 1.15

④ 按 Ctrl + Z（Windows）或 Command + Z（macOS）组合键撤销所做的修改。

⑤ 选择"视图">"使页面适合窗口"。

⑥ 在文档窗口的左下角，单击页码框右侧的下拉按钮（ˇ），打开包含文档页面和主页页码的下拉列表。

⑦ 在下拉列表中选择 2，如图 1.16 所示，在文档窗口中显示第 2 页。

图 1.16

⑧ 单击页码框左侧的"上一页"按钮，重新显示第 1 页。

⑨ 选择"视图">"屏幕模式">"预览"，隐藏框架参考线。

1.2.4　使用多个文档窗口

在 InDesign 中打开多个文档时，每个文档都显示在独立的文档窗口中，文档窗口默认以选项卡的形式停放。也可打开单个文档的多个窗口，即同时看到该文档的多个视图，以查看版面的不同部分。下面来打开单个文档的另一个文档窗口，观察在一个文档窗口中进行修改是如何影响另一个文档窗口的。

① 选择"窗口">"排列">"新建'01_Intro.indd'窗口"，将出现一个新的名为 01_Intro.indd:2 的文档窗口，原来的文档窗口名为 01_Intro.indd:1。

② 在工具面板中选择缩放显示工具（🔍）。

③ 在 01_Intro.indd:2 文档窗口中，单击 3 次单词 WORKSHOP 以放大它。注意，01_Intro.indd:1 文档窗口中单词 WORKSHOP 的缩放比例没有变化。

④ 按 T 键选择文字工具。

⑤ 在 01_Intro.indd:2 文档窗口中，在单词 WORKSHOP 后面单击，输入 S，使其变成复数形式 WORKSHOPS。

注意，此时两个文档窗口中的文本都发生了变化，如图 1.17 所示。

图 1.17

💡 提示　需要获悉修改页面或文档的某个地方将对其他地方带来什么影响时，在多个文档窗口中打开同一个文档很有帮助。例如，如果有一篇文章一直延续到了杂志封底，那么你可以让每一页都显示在一个独立的文档窗口中，这样就能知道编辑后各页的排版情况。

⑥ 按 Ctrl + Z（Windows）或 Command + Z（macOS）组合键使单词恢复为 WORKSHOP。

⑦ 选择"窗口">"排列">"新建'01_Intro.indd'窗口"，新建一个文档窗口。

⑧ 选择"窗口">"排列"，看看可以用哪些方式排列文档窗口，如图 1.18 所示。

图 1.18

⑨ 选择"排列"子菜单中的"合并所有窗口"，为每个文档窗口创建一个选项卡。

💡 提示　这里使用的文档排列方法适用于同一个文档的不同视图，也适用于多个文档。

⑩ 单击选项卡可选择要显示哪个文档窗口。

⑪ 单击选项卡中的"关闭"按钮（ ✕ ），如图 1.19 所示，将多余的选项卡关闭，只留下一个选项卡。

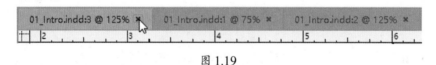

图 1.19

⑫ 如果有必要，选择"视图">"使跨页适合窗口"。

1.3　使用面板

InDesign 提供了很多面板，让用户能够便捷地使用常用的工具和功能。默认情况下，面板停放在工作区右侧。默认显示的面板因当前使用的工作区而异，每个工作区都有其面板配置。

用户可以采取各种方式重新组织面板。下面练习对"高级"工作区中的默认面板进行打开、关闭、展开、折叠等操作。请放心大胆地调整面板，因为只要选择"窗口">"工作区">"重置'高级'"就可以将面板恢复到默认位置。

💡 提示　熟悉 InDesign 后，可尝试根据需要配置面板和工作区。

1.3.1　打开和关闭面板

要显示隐藏的面板，可在"窗口"菜单（或其子菜单）中选择相应的面板名。另外，通过"文字"菜单可打开各种用于设置文本样式的面板。如果面板名前有"√"标记，说明该面板已打开，且位于所属面板组中其他所有面板的前面。下面来打开、使用并关闭"信息"面板。这个面板提供了在文档窗口中选择的对象的信息。

图 1.20

1️⃣ 选择"窗口">"信息"，打开"信息"面板。

2️⃣ 在工具面板中选择选择工具。

3️⃣ 将鼠标指针指向页面中的各个对象并单击，查看它们的详细信息，如图 1.20 所示。

4️⃣ 选择"窗口">"信息"，将"信息"面板关闭。

> 💡 提示　当面板处于浮动状态时，可单击该面板中的"关闭"按钮（🔳）将其关闭。

从"窗口"菜单中可知，很多面板都有快捷键。例如，按 Ctrl + Alt + 6（Windows）或 Command + Option + 6（macOS）组合键可以打开控制面板，再按这个组合键可以关闭控制面板。

1.3.2　展开和折叠面板

本小节将进行展开和折叠面板、隐藏面板名及展开面板停放区中的所有面板等操作。

> 💡 提示　与面板管理相关的术语和技巧可能很难，但请牢记，在任何情况下都可通过"窗口"菜单来打开和关闭面板。

1️⃣ 在文档窗口右侧的面板停放区中，单击"页面"面板的图标（🔳）以展开"页面"面板，如图 1.21 所示。

双箭头按钮　　　　　　　　　　　　"页面"面板的图标

图 1.21

当需要打开面板，并在较短的时间内使用它，再将其关闭时，此操作很方便。

2️⃣ 使用完"页面"面板后，若要折叠它，可单击面板右上角的双箭头按钮（»），也可再次单击该面板的图标。

③ 要减小面板停放区的宽度，可将面板停放区的左边缘向右拖曳，直到面板名被隐藏，如图1.22 所示。

图 1.22

④ 要展开面板停放区中的所有面板，可单击面板停放区右上角的双箭头按钮。

为方便完成下一个练习，请将面板展开。

1.3.3　重新排列和编组面板

本小节将把一个面板拖出面板停放区使其变成浮动面板，再将另一个面板与该面板组成一个自定义面板组；取消面板编组；将面板堆叠并将其折叠成图标。

① 在面板停放区底部找到"段落样式"面板。

② 拖曳"段落样式"面板的标签，将其拖出面板停放区，使其变成浮动面板，如图 1.23 所示。

图 1.23

接下来，打开"字符样式"面板，并将其与浮动的"段落样式"面板一起组成面板组。

③ 选择"窗口">"样式">"字符样式"，打开"字符样式"面板，拖曳其标签到"段落样式"标签右侧的灰色区域。

④ 当"段落样式"面板周围出现蓝线后松开鼠标左键，如图 1.24 所示。

图 1.24

💡 提示　在设置文本样式时，将"字符样式"面板和"段落样式"面板编为一组很有用。可将这个面板组放在方便操作的地方，并将其他面板折叠起来以腾出空间。

⑤ 要取消面板编组，可将其中一个面板的标签拖出面板组，如图 1.25 所示。

图 1.25

对于浮动面板，可以将其以垂直方式堆叠起来，下面进行尝试。

⑥ 通过拖曳标签的方式将"字符样式"面板拖曳到"段落样式"面板的底部，出现蓝线后松开鼠标左键，如图 1.26 所示。

图 1.26

💡 提示　从面板停放区分离出来的面板称为浮动面板。若要最大化或最小化浮动面板，可双击面板名或单击面板名左侧的双箭头按钮。

堆叠的面板垂直相连，可通过拖曳最上面的面板的标签，将它们作为一个整体进行移动。下面来尝试调整堆叠面板的大小。

⑦ 拖曳堆叠面板中任意面板的右下角以调整堆叠面板的大小，如图 1.27 左图所示。

💡 提示 对于浮动面板，可拖曳其右下角或左下角来调整宽度和高度，拖曳下边缘来调整高度，拖曳左边缘或右边缘来调整宽度。

⑧ 将"字符样式"面板的标签拖曳到"段落样式"面板标签的旁边，将这两个面板重新编组，如图 1.27 右图所示。

图 1.27

⑨ 双击面板标签旁边的灰色区域，将面板组最小化，如图 1.28 所示。再次双击该区域可展开面板组。

图 1.28

保持面板的当前状态，以便在后面的练习中存储工作区。

1.3.4 移动工具面板和控制面板

在"高级"工作区中工作时，通常会让工具面板和控制面板始终保持打开状态。像其他面板一样，你可根据自己的工作习惯将它们移到合适的位置。下面尝试移动这两个面板。

❶ 要让工具面板浮动在工作区中，可以在其虚线栏（▥▥▥▥▥▥）上按住鼠标左键，将这个面板拖曳到粘贴板中，如图 1.29 所示。

💡 提示 要让工具面板离开面板停放区，可拖曳其标题栏，也可拖曳标题栏下方的虚线栏。

图 1.29

工具面板处于浮动状态后，可使其显示为垂直两栏、垂直一栏或水平一行。要将工具面板水平显示，它必须处于浮动状态（未停放在面板停放区）。

❷ 在工具面板处于浮动状态的情况下，单击其顶部的双箭头按钮（▶▶），工具面板将显示为水平一行，如图 1.30 所示。

图 1.30

③ 单击工具面板左端的双箭头按钮（ ），使其显示为垂直两栏。

④ 要再次停放工具面板，可通过拖曳其顶部的虚线栏将工具面板拖曳到界面最左侧。

⑤ 在工作区左边缘出现蓝线时松开鼠标左键，如图 1.31 所示。再次单击双箭头按钮，工具面板将变成默认布局。

如果不想让控制面板停放在文档窗口顶部，可将其移到其他地方。

⑥ 在控制面板中，拖曳左端的垂直虚线栏，将控制面板拖曳到文档窗口中。松开鼠标左键后，控制面板将处于浮动状态。

⑦ 要重新停放控制面板，可单击其右端的面板菜单按钮（ ），并选择"停放于顶部"，如图 1.32 所示。

图 1.31　　　　　　　　　　　　　　　图 1.32

1.4　定制工作区

定制工作区其实是定制面板和菜单的配置（工作区不会保存文档窗口的配置）。InDesign 提供了多种专用工作区，如交互式 PDF、印刷和校样、排版规则等。用户不能修改这些工作区，但可保存自定义的工作区。下面练习保存前面定制的面板配置。

① 选择"窗口">"工作区">"新建工作区"。

② 在打开的"新建工作区"对话框的"名称"文本框中输入 Styles。如果有必要，勾选"面板位置"和"菜单自定义"复选框，单击"确定"按钮，如图 1.33 所示。

图 1.33

③ 如果出现一个对话框，指出存在同名的工作区，可单击"确定"按钮替换原来的工作区或重新命名新的工作区。

④ 选择"窗口">"工作区"，可以发现当前选择了 Styles 工作区，如图 1.34 所示。

⑤ 界面右上方的切换工作区的下拉列表框中，显示的也是当前选定的 Styles 工作区。你可在这个下拉列表中选择其他工作区。

⑥ 分别选择"窗口">"工作区"中的各个选项，或在界面右上方的切换工作区下拉列表中依次选择每个工作区，看看它们的面板和菜单配置有何不同。

⑦ 选择"窗口">"工作区">"[高级]"或在界面右上方的切换工作区下拉列表中选择"高级"，如图 1.35 所示，再选择"窗口">"工作区">"重置'高级'"。

图 1.34

图 1.35

1.5　修改文档的缩放比例

InDesign 中的控件让用户能够以 5% 到 4000% 的缩放比例查看文档。文档打开后，当前的缩放比例显示在文档窗口左下角的"缩放级别"下拉列表框中，它还显示在文档标签中文件名的后面，如图 1.36 所示。

在文档窗口的文档标签中，文件名右侧的百分比值为缩放比例

图 1.36

1.5.1 使用"视图"菜单、"缩放级别"下拉列表和快捷键

可以采用下列方式轻松地缩放文档视图。

- 选择"视图">"放大",将缩放比例增大到上一个预设值。
- 选择"视图">"缩小",将缩放比例减小到下一个预设值。
- 选择"视图">"使页面适合窗口",在文档窗口中显示整个目标页。
- 选择"视图">"使跨页适合窗口",在文档窗口中显示整个目标跨页。
- 选择"视图">"实际尺寸",以 100% 的缩放比例显示文档。
- 从文档窗口左下角的"缩放级别"下拉列表中选择

一个百分比,以缩放文档。

图 1.37

- 在"缩放级别"下拉列表框中双击,输入所需的缩

放比例,再按 Enter 键,如图 1.37 所示。

- 按 Ctrl + =(Windows)或 Command + =(macOS)组合键,将缩放比例增大到上一个预设值。
- 按 Ctrl + -(Windows)或 Command + -(macOS)组合键,将缩放比例减小到下一个预设值。

1.5.2 使用缩放显示工具

下面练习使用缩放显示工具缩放显示文档视图。

① 选择"视图">"实际尺寸",将文档的缩放比例设置为 100%。

② 选择工具面板中的缩放显示工具,将鼠标指针指向第 1 页蜂鸟的左边位置。注意缩放显示工具中有个加号,如图 1.38 所示。

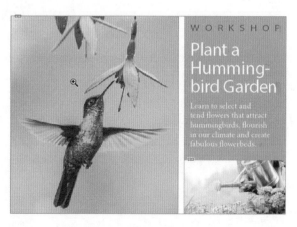

图 1.38

③ 单击 3 次。每单击一次都会以单击点为中心将视图放大到下一个预设缩放比例。

预设缩放比例包括 5%、12.5%、25%、50%、75%、100%、125%、150%、200%、300%、400%、600%、800%、1200%、1600%、2400%、3200% 和 4000%。

> ♀提示　使用缩放显示工具单击放大图像时,务必单击要查看的目标对象,避免误放大页面的其他区域。

下面来缩小文档视图。

④ 将鼠标指针指向蜂鸟图像,按住 Alt(Windows)或 Option(macOS)键,缩放显示工具中将

出现一个减号。

⑤ 单击 3 次，将视图缩小。

可使用缩放显示工具拖曳出一个包含特定区域的矩形框，以放大该区域。放大比例取决于矩形框的尺寸：矩形框越小，放大比例越大。

> 💡 **注意** 如果你使用的是 macOS，并且安装了兼容的图形处理单元（Graphics Processing Unit，GPU），缩放显示工具将支持动画缩放，详情请参阅后面的内容。

⑥ 根据需要滚动图像，以便能够看到以 Learn to select 开头的文本。

⑦ 选择缩放显示工具，并放大这个文本框架，如图 1.39 所示。

> 💡 **提示** 编辑或输入文本时，经常需要放大相应的文本框架。

⑧ 选择"视图">"使页面适合窗口"。

⑨ 在设计和编辑过程中，经常需要使用缩放显示工具，你可以使用组合键临时选择缩放显示工具，而不取消对当前工具的选择。

图 1.39

- 选择工具面板中的选择工具，再将鼠标指针指向文档窗口。
- 按住 Ctrl + Space（Windows）或 Command + Space（macOS）组合键，等鼠标指针从选择工具图标变成缩放显示工具图标后，单击蜂鸟图像以放大视图。
- 按住 Ctrl + Alt + Space（Windows）或 Command + Option + Space（macOS）组合键，单击蜂鸟图像以缩小视图。

> 💡 **注意** 在 macOS 中，请先按住 Space 键再按住 Command 键。如果你先按住 Command 键再按住 Space 键，可能会启动 Siri。

- 松开按键后，鼠标指针将恢复为选择工具图标。

> 💡 **注意** Windows 系统或 macOS 中的首选项可能会覆盖一些 InDesign 的快捷键。如果快捷键不管用，请修改首选项中的快捷键设置。

⑩ 选择"视图">"屏幕模式">"预览"，再选择"视图">"使页面适合窗口"让页面居中。

使用动画缩放

如果你使用的是 macOS，并且安装了兼容的 GPU，就可使用 InDesign 改进的视图功能。在这种情况下，"视图"菜单中的"显示性能"默认被设置为"高品质显示"，同时默认启用动画缩放（要设置动画缩放，可选择 InDesign>"首选项">"GPU 性能"，在打开的对话框中进行设置）。

当你使用缩放显示工具时，动画缩放将提供平滑的动画显示。

- 按住鼠标左键：逐渐放大视图。
- 在按住 Option 键的情况下按住鼠标左键：逐渐缩小视图。
- 按住鼠标左键并向右拖曳：放大视图。
- 按住鼠标左键并向左拖曳：缩小视图。

- 按住 Shift 键并拖曳：可使用标准的矩形框放大视图。

要禁用动画缩放，可选择"视图" > "在 CPU 上预览"。

1.6 导览文档

在 InDesign 中，导览文档的方法有多种，包括使用"页面"面板、使用文档窗口底部的翻页控件、使用"转到页面"对话框，以及使用滚动条等。在使用 InDesign 的过程中，你可能会更喜欢使用某些方法。找到喜欢的方法后，记住相关快捷操作可提高工作效率。例如，如果你喜欢在"转到页面"对话框中输入页码，最好记住打开这个对话框的快捷键。

1.6.1 翻页

可使用"页面"面板、文档窗口底部的翻页控件、"转到页面"对话框、滚动条或其他方法来翻页。"页面"面板包含当前文档中每个页面的图标，双击页面图标或页码可切换到相应的页面或跨页。下面来练习翻页。

① 单击"页面"面板的图标，展开"页面"面板。

② 双击第 2 页的页面图标，如图 1.40 所示，在文档窗口中央显示这一页。

图 1.40

③ 双击第 1 页的页面图标，在文档窗口中居中显示第 1 页。

④ 要返回到文档的第 2 页，也可在文档窗口底部的页面框下拉列表中选择 2。

下面使用文档窗口底部的翻页按钮来切换页面。

⑤ 单击页码框左侧的"上一页"按钮（ ◂ ），将显示第 1 页。

⑥ 单击页码框右侧的"下一页"按钮（ ▸ ），如图 1.41 所示，将显示第 2 页。

💡 提示 如果选择了"视图" > "使跨页适合窗口"，文档窗口底部的导航控件就是针对跨页（而不是页面）的。

⑦ 选择"版面">"转到页面"。

⑧ 在打开的"转到页面"对话框中输入或选择 1，单击"确定"按钮，如图 1.42 所示，即可转到第 1 页。

图 1.41   图 1.42

💡 提示 打开"转到页面"对话框的快捷键为 Ctrl + J（Windows）或 Command + J（macOS）。编辑长文档时，"转到页面"对话框非常有用。

💡 提示 要翻页，还可使用"版面"菜单中的以下命令："第一页""上一页""下一页""最后一页""下一跨页""上一跨页"。

1.6.2 使用抓手工具

使用工具面板中的抓手工具可移动文档的页面，直到找到要查看的内容。下面学习如何使用抓手工具。

① 在文档窗口底部的"缩放级别"下拉列表中选择 400%。

② 选择抓手工具。

💡 提示 使用选择工具时，可按住 Space 键临时切换到抓手工具。使用文字工具时，可按住 Alt（Windows）或 Option（macOS）键临时切换到抓手工具。

③ 在文档窗口中按住鼠标左键可沿任何方向拖曳。向上拖曳，以便在文档窗口中显示第 2 页。

④ 在选择了抓手工具的情况下，按住鼠标左键可以启动焦点调整。

⑤ 拖曳鼠标可调整焦点位置，从而查看文档的其他部分，如图 1.43 所示。

⑥ 双击工具面板中的抓手工具使页面适合窗口。

图 1.43

1.7 使用上下文菜单

上下文菜单中列出了与活动工具或选定对象相关的命令。例如，选定文本框架后，可通过上下文菜单打开"文本框架选项"对话框、使用"锁定"命令、访问"效果"子菜单等。要显示上下文菜单，可将鼠标指针指向文档窗口中选择的对象或任何位置，单击鼠标右键（Windows）或按住 Control 键并单击（macOS）。

在使用文字工具编辑文本时，可使用上下文菜单插入特殊字符、检查拼写以及执行其他与文本相关的任务。例如，如果需要输入版权符号（©），可单击鼠标右键（Windows）或按住 Control 键并单击（macOS），选择"插入特殊字符">"符号">"版权符号"。

❶ 使用选择工具单击页面中的任意对象，如包含回信地址（即以 Urban Oasis Gardens 开头的文本）的文本框架。

❷ 在这个文本框架上单击鼠标右键（Windows）或按住 Control 键并单击（macOS），观察上下文菜单中有哪些命令，如图 1.44 所示。

图 1.44

❸ 选择第 1 页和第 2 页中其他类型的对象，并打开上下文菜单查看可用的命令。

❹ 查看完上下文菜单后，如果有必要，请使用滚动条返回到第 2 页。

1.8　使用面板菜单

大多数面板都有其特有的命令。单击面板菜单按钮打开面板菜单，其中包含与面板功能相关的命令以及定制面板的命令。

下面修改"色板"面板的显示方式。

❶ 在面板停放区中找到"色板"面板。如果面板停放区没有此面板，则选择"窗口">"颜色">"色板"将其打开。将"色板"面板拖出面板停放区，使其处于浮动状态。

❷ 如果有必要，单击标题栏中的双箭头按钮，将面板展开。

③ 单击"色板"面板右上角的面板菜单按钮打开面板菜单。

通过"色板"面板菜单可新建色板、加载其他文档中的色板等。

④ "色板"面板菜单中还包含定制面板外观的命令以及其他相关的命令。在"色板"面板菜单中选择"大缩览图",如图 1.45 所示。

图 1.45

⑤ 为恢复原样,在"色板"面板菜单中选择"大列表"。

1.9　修改界面的首选项设置

可通过"首选项"对话框来修改界面整体颜色、各种工具的工作方式、面板的配置以及根据屏幕分辨率缩放界面的方式,定制 InDesign 的界面。"首选项"对话框中的有些设置会影响 InDesign 本身,而有些只影响活动文档。例如,首选项"自动校正"就是与文档相关的设置,因为拼写偏好因人而异。在没有打开任何文档的情况下修改与文档相关的首选项,将影响所有新建文档,但不影响已有的文档。下面来看看影响 InDesign 界面的首选项。

① 选择"编辑">"首选项">"界面"(Windows) 或 InDesign>"首选项">"界面"(macOS)。
② 在"外观"部分,尝试选择各种颜色主题选项。

> ♀ 注意　本书界面截图对应的是"中等浅色"界面,但你可根据自己的喜好使用任何颜色主题。

③ 选择你喜欢的颜色主题(默认设置为"中等深色"),如图 1.46 所示。
④ 在左边的列表框中,单击"用户界面缩放",以显示根据屏幕分辨率缩放界面的设置选项,如图 1.47 所示。

图 1.46

图 1.47

⑤ 单击"首选项"对话框中的各个选项卡,查看其他的定制选项。例如,在"单位和增量"选项卡中,可指定标尺的单位(如点、派卡、英寸)。

⑥ 研究完"首选项"对话框后,单击"确定"按钮。

至此,你已了解了 InDesign 的基本界面元素,如工具和面板,接下来你将使用它们来完成本书的课程。必要时你可回过头来阅读本课,以复习面板管理、缩放视图等知识。

💡 提示 要详尽地了解 InDesign 的面板、工具和其他功能的用法,可使用"帮助"菜单。

1.10 练习

使用 01_Intro.indd 文件完成以下任务。

- 选择"窗口">"实用程序">"工具提示",显示选择的工具的提示,如图 1.48 所示。选择各个工具,查看对应的工具提示,更深入地了解它们。
- 选择"窗口">"审稿">"附注",打开相应的面板组。这个面板组包含"任务"面板、"附注"面板和"修订"面板,用于协同编辑和设计文档。
- 查看"键盘快捷键"对话框(选择"编辑">"键盘快捷键"),更深入地了解现有的快捷键及修改它们的方法。
- 了解菜单配置及如何在"菜单自定义"对话框(选择"编辑">"菜单")中编辑它们。
- 根据需要组织面板,选择"窗口">"工作区">"新建工作区",创建自定义工作区。
- 选择一些对象,使用"属性"面板或控制面板来修改其格式设置。
- 使用文字工具来编辑文本并设置文本格式。

图 1.48

1.11　复习题

1. 有哪些修改文档视图缩放比例的方式？
2. 在 InDesign 中如何选择工具？
3. 有哪 3 种显示面板的方式？
4. 如何创建面板组？
5. 通过"首选项"对话框，你可以从哪些方面定制 InDesign 界面？

1.12　复习题答案

1. 可在"视图"菜单中选择"放大""缩小""使页面适合窗口"等命令；可在工具面板中选择缩放显示工具，再在文档上单击或拖曳鼠标以缩放视图；可使用快捷键来缩放文档视图；还可通过文档窗口左下角的"缩放级别"下拉列表来缩放文档视图。

2. 要选择工具，可在工具面板中单击，也可按快捷键（前提是当前选择的不是文字工具，即光标没有位于文本中），例如可以按 V 键切换到选择工具。要选择隐藏的工具，可将鼠标指针指向工具面板中的工具并按住鼠标左键，在隐藏的工具出现后选择它；也可按住 Alt（Windows）或 Option（macOS）键并单击工具，依次选择工具组中的工具。

3. 可单击面板图标或面板标签；可在"窗口"菜单中选择面板名称对应的命令，如选择"窗口">"对象和版面">"对齐"；还可通过"文字"菜单访问与文字相关的面板，例如，选择"文字">"字符"或"文字">"段落样式"。

4. 将面板图标拖出面板停放区使面板处于浮动状态，再将其他面板的标签拖放到浮动面板的标题栏中。

5. 在"首选项"对话框中，可调整背景和面板的颜色、面板的显示方式以及根据屏幕分辨率缩放界面的方式。

熟悉 InDesign

- 查看版面辅助元素。
- 输入文本并对文本应用样式。
- 置入文本及串接文本框架。
- 置入图像。
- 设置对象的位置、旋转角度、描边和填充色。
- 应用段落样式、字符样式和对象样式。
- 使用"印前检查"面板检查潜在的制作问题。
- 在"演示文稿"模式下查看文档。

学习本课大约需要 **60** 分钟

    InDesign 版面是由文本、图形、图像等组成的。使用版面辅助元素（如参考线）有助于调整对象的大小和位置，而使用样式能够实现快速设置页面元素的格式。

edible blossoms

Bistro & Bar

Relax in our elegant dining room or charming patio and enjoy the creations of our bartender, chef and gardener! Our irresistible appetizers, seasonal entrées and home-made desserts feature fruits, flowers and herbs grown right here in our stunning Urban Oasis Gardens.

Starters & Small Plates

Sip a rosé martini, try zucchini blossom fritters (V) or braised dandelion greens (V, GF) for appetizers, and share small plates such as orange ginger seared scallops or chive flower flatbread.

Entrées & Desserts

Indulge in our chef's daily creations, such as lavender honey grilled chicken or fresh basil pesto (V) and be sure to leave room for scrumptious violet macarons or candied pansies (V, GF).

2.1　概述

本课使用的是一个标准尺寸的明信片文档，此明信片是为印刷和邮寄而设计的。另外，也可将这个文档导出为 JPEG 图片。正如你将在本课中看到的，不管输出媒介是什么，InDesign 文档的组成部分几乎都是相同的。本课将练习文本和图像的添加，并做必要的格式设置。

① 为确保你的 InDesign 首选项和默认设置与本课所述一致，请将 InDesign Defaults 文件移到其他文件夹中，详情请参阅"前言"中的"另存和恢复 InDesign Defaults 文件"。

② 启动 InDesign。

③ 在出现的"主页"界面中，单击左侧的"打开"按钮（如果没有出现"主页"界面，就选择"文件">"打开"）。

④ 打开 InDesignCIB\Lessons\Lesson02 文件夹中的 02_Start.indd 文件。

⑤ 如果出现一个对话框指出该文件链接的源文件已修改，请单击"更新修改的链接"按钮。

⑥ 选择"文件">"存储为"，将文件重命名为 02_Postcard.indd，并将其存储到 Lesson02 文件夹中。

⑦ 本课使用默认的"基本功能"工作区。如果有必要，选择"窗口">"工作区">"[基本功能]"，再选择"窗口">"工作区">"重置'基本功能'"。

⑧ 如果要查看最终完成效果，请打开 02_End.indd 文件，如图 2.1 所示。你可以让其保持打开状态，供练习时参考。

图 2.1

⑨ 单击文档窗口左上角的标签 02_Postcard.indd。

2.2　查看参考线

像本课这样修订既有文档，是入门级 InDesign 用户的典型工作。当前，这个明信片文档是在"预览"模式下显示的。在"预览"模式下，作品会在标准窗口中显示，参考线、网格、框架边缘和隐含字符等非打印元素不会显示出来。要处理这个文档，需要将参考线和隐含字符（如空格和制表符）显示出来。

① 长按工具面板底部的"屏幕模式"按钮，再在弹出的菜单中选择"正常"，如图 2.2 所示。

> ♀ 提示 这个文档的屏幕模式最初为"预览"，现在切换到了"正常"。其他的屏幕模式还有"出血"（用于审核出血区域，这些区域可容纳超出页面边界一定范围内的对象）、"辅助信息区"（显示出血区域外面的区域，这些区域可包含印刷说明等信息）和"演示文稿"（满屏显示文档，非常适合用来向客户展示设计效果）。

这时会显示启用了的版面辅助元素。例如，使用淡蓝色的非打印线条标识既有文本框架和对象，因为启用了"显示框架边缘"功能（选择"视图">"其他">"显示框架边缘"）。

图 2.2

下面来显示其他版面辅助元素。

② 选择"视图">"网格和参考线">"显示参考线"。

显示参考线后，可以很容易精确地放置对象，包括自动对齐到参考线。参考线不会被打印出来，也不会限制将要被打印或导出的区域。

③ 选择"文字">"显示隐含的字符"，结果如图 2.3 所示。

图 2.3

显示非打印的隐含字符，如制表符、空格、换行符，可以精确地选择文本并设置其样式。一般情况下，在编辑文本或设置其格式时，最好将隐含字符显示出来。

④ 处理这个文档时，请在必要时使用你在第 1 课学到的技能来移动面板，实现视图的滚动和缩放。

2.3 添加文本

在 InDesign 中，大多数文本在文本框架内（文本也可在表格单元格内或沿路径排列）。可直接将文本输入文本框架内，也可置入文本文件。置入文本文件时，可将文本添加到现有的文本框架中，也可创建新的文本框架再置入。如果当前文本框架容纳不下文本，可将其连接到其他文本框架中。有关文本编排（包括将文本框架分为多栏）的内容将在第 6 课中进行详细的介绍。

2.3.1 输入文本和对文本应用样式

现在可以开始处理这张未完成的明信片了。先编辑标题下方的文本并对其应用样式。

① 选择文字工具，在文本 Café 后面单击。

② 按 Backspace（Windows）或 Delete（macOS）键 4 次，将文本 Café 删除，如图 2.4 所示。

&·Bar¶

Relax in our elegant dining room or charming patio and
enjoy the creations of our bartender, chef and gardener!

图 2.4

💡 提示　使用文字工具可编辑文本、设置文本的格式及新建文本框架。

③ 在文本框架中输入 Bistro，将旅馆名从 Café & Bar 改为 Bistro & Bar，如图 2.5 所示。

Bistro & Bar¶

Relax in our elegant dining room or charming patio and
enjoy the creations of our bartender, chef and gardener!

图 2.5

④ 在光标依然位于文本中的情况下快速单击 3 次，以选择 Bistro & Bar。

💡 提示　在选择文字工具的情况下，双击可选择一个单词，快速单击 3 次可选择一行文本，快速单击 4 次可选择一个段落。

⑤ 在"属性"面板"字符"部分的"字体样式"下拉列表中选择 Bold（加粗），如图 2.6 所示。

图 2.6

⑥ 在文本框架外单击，取消对文本的选择。

⑦ 选择"文件">"存储"，保存所做的操作。

设置文本格式和定位文本的选项

在"基本功能"工作区中，位于右侧的"属性"面板可用于快速设置文本格式。InDesign 提供了设置字符和段落格式的选项，还提供了在文本框架中定位文本的选项。下面是一些常用的文本格式设置选项。

- 字符格式：字体样式、字体大小、行间距、全部字母大写等。
- 段落格式：居中等对齐方式，以及缩进、段前或段后间距等。
- 文本框架选项：列数、内边距、垂直对齐等。

控制面板、"段落"面板（选择"文字">"段落"）和"字符"面板（选择"文字">"字符"）提供了设置文本格式所需的所有选项。要在文本框架中定位文本，可选择"对象">"文本框架选项"，打开"文本框架选项"对话框。

在"高级"工作区（选择"窗口">"工作区">"[高级]"）中，默认显示了控制面板，其中包含很多设置文本格式的选项。

2.3.2 置入并编排文本

在大多数出版流程中，作者和编辑都使用文字处理程序处理文本。文本处理基本完成后，再将文件发送给图形设计人员。为完成这张明信片，下面先使用"置入"命令将一个 Word 文档置入页面底部的一个文本框架中，再将第 1 个文本框架和第 2 个文本框架串接起来。串接的文本框架中的所有文本被称为一篇文章。

① 使用选择工具单击粘贴板的空白区域，确保没有选择任何对象。

② 选择"文件">"置入"。在弹出的"置入"对话框中，确保没有勾选"显示导入选项"复选框（在 macOS 中，必要时单击"选项"按钮，让"显示导入选项"复选框显示出来）。

③ 切换到 Lessons\Lesson02 文件夹，双击 Bistro.docx 文件。鼠标指针将变成置入文本图标（⌕）。

> ♡ 提示　鼠标指针变成置入文本图标后，有多种选择。可拖曳鼠标创建新的文本框架置入文本，在既有文本框架中单击以置入文本或在页面的栏参考线内单击新建文本框架置入文本。

④ 将鼠标指针指向明信片左下角的文本框架并单击，将 Bistro.docx 中的文本添加到这个文本框架中（文本框架有淡蓝色非打印线标识），如图 2.7 所示。

> ♡ 注意　请参阅 02_End.indd 文件，以确定将文本放在什么位置。

Word 文档中的文本被置入这个文本框架中，但这个文本框架装不下。文本框架出口的红色加号图标（⊞）表明存在溢流文本。下面将两个文本框架串接起来，以便将溢流文本排入其他文本框架中。

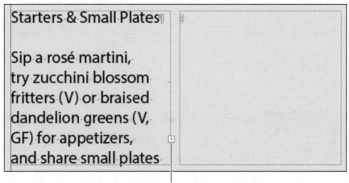

文本框架的出口，红色加号图标表明存在溢流文本

图 2.7

> 💡 **提示** 要创建多栏，可串接不同的文本框架，也可将文本框架分栏。将文本框架分栏的方法是选择 "对象">"文本框架选项"，打开"文本框架选项"对话框，在"常规"选项卡中进行设置。通过串接 文本框架创建多栏可让版面更灵活。

⑤ 使用选择工具选择包含置入文本的文本框架。

⑥ 单击该文本框架的出口，鼠标指针将变成置入文本图标。在右边的文本框架中单击，如图 2.8 所示。

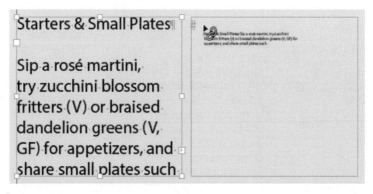

图 2.8

此时还存在溢流文本，如图 2.9 所示，本课后面将通过设置文本样式来解决这个问题。

图 2.9

⑦ 选择"文件">"存储"，保存文件。

2.4 使用样式

InDesign 提供了段落样式、字符样式和对象样式，让用户能够快速地设置文本和对象的格式。使用样式的一个好处是只需编辑样式就可做全局修改，如修改正文字体或调整投影。在修订长文档时，这样可节省大量的时间。样式的工作原理如图 2.10 所示。

- 段落样式包含应用于段落中所有文本的格式属性，如字体、字体大小和对齐方式。要设置段落的样式，可在其中单击、选择其中的任意一部分或选择整个段落，然后进行设置。

- 字符样式只包含字符相关属性，如字体样式（粗体或斜体）和字体颜色，它们只应用于选定的文本。字符样式通常用于突出段落中特定的文本。

- 对象样式用于设置选定对象的格式，如填充色和描边色、描边效果和角效果、透明度、投影、羽化、文本框架选项和文本绕排等。

图 2.10

下面使用段落样式和字符样式来设置文本的格式。

2.4.1 应用段落样式

下面先对两个串接的文本框架中的所有文本应用样式 Body Copy，再对标题应用样式 Subhead。

① 选择文字工具，在包含新置入文本的两个文本框架之一中单击。

② 选择"编辑">"全选"，选择这两个文本框架中的所有文本。

③ 单击"属性"面板顶部的"段落样式"选项卡，再在"段落样式"下拉列表中选择 Body Copy，将其应用于选择的所有文本，如图 2.11 所示。

图 2.11

④ 使用文字工具，在第 1 行文本 Starters & Small Plates 中单击。

通过该行末尾的隐含字符（换行符）可知，这行文本实际上是一个段落，因此可使用段落样式设置其格式。

⑤ 在"属性"面板的"段落样式"下拉列表中选择 Subhead。

⑥ 对文本 Entrées & Desserts 也应用段落样式 Subhead。

> **♀ 注意** 如果应用的样式（Body Copy 或 Subhead）的名称后面有加号，则说明文本的格式与样式指定的格式不完全一致。要解决这个问题，可单击"段落样式"面板底部的"清除选区中的优先选项"按钮（ ¶✦ ）。第 9 课将详细地介绍样式的用法。

⑦ 选择"编辑">"全部取消选择"，再选择"文件">"存储"，保存文件。

2.4.2 设置文本格式以便基于它创建字符样式

突出段落中的一些关键字可吸引观者的注意力。对于这张明信片中的文字，可以设置格式使部分内容更突出，再基于这些文本创建字符样式，最后快速将该字符样式应用于其他选定的文本。

① 使用缩放显示工具放大明信片左下角的第 1 个文本框架，该文本框架包含标题 Starters & Small Plates。

② 使用文字工具选择第 1 段文本中的字母 V 及其两边的括号。

③ 在"属性"面板"字符"部分的"字体样式"下拉列表中选择 Italic。

④ 单击"填色"框（ ）以显示文档中的色板，选择 Red-Bright 色板，为文本设置填充色，如图 2.12 所示。

⑤ 在粘贴板中单击以取消对文本的选择，查看修改结果。

⑥ 选择"文件">"存储"，保存文件。

图 2.12

2.4.3　创建并应用字符样式

设置好文本的格式后，便可使用这些格式创建字符样式了。

① 使用文字工具重新选择第 1 段文本中的字母 V 及其两边的括号。

② 选择"文字">"字符样式"，打开"字符样式"面板。

③ 在面板菜单中选择"新建字符样式"，如图 2.13 所示。

图 2.13

在打开的"新建字符样式"对话框中，样式名默认为"字符样式 1"。该新样式包含选定文本的特征，可在"新建字符样式"对话框中的"样式设置"部分看到。

💡 注意　如果没有出现"新建字符样式"对话框，可双击"字符样式"面板中的"字符样式 1"。

④ 在"样式名称"文本框中输入 Red Italic，勾选"将样式应用于选区"复选框，如图 2.14 所示。

⑤ 如果有必要，取消勾选左下角的"添加到 CC 库"复选框，再单击"确定"按钮。

⑥ 使用文字工具选择第 1 段的文本 (V, GF)。

⑦ 在"字符样式"面板中，单击样式 Red Italic。

由于应用的是字符样式而非段落样式，因此该样式只影响选定文本（而不是整个段落）的格式。

图 2.14

⑧ 使用文字工具选择右边文本框架中的文本 (V)，它们位于文本 fresh basil pesto 旁边。

⑨ 在"字符样式"面板中，单击样式 Red Italic。

⑩ 重复上述过程，将字符样式 Red Italic 应用于段落末尾的 (V, GF) 及其后面的句号，如图 2.15 所示。

图 2.15

💡提示 排版人员通常会对应用了样式的文本的相关标点符号应用与文本相同的样式。例如，如果文本为斜体，则将标点符号也设置为斜体。是否这样做取决于设计偏好和实际要求。

⑪ 选择"文字">"字符样式"关闭"字符样式"面板，再选择"文件">"存储"保存文件。

2.5 处理图像

本节将在明信片中置入一个图像并调整其大小和位置。InDesign 文档使用的图像都在框架中，可使用选择工具调整框架的大小及图像在框架中的位置。第 11 课将更详细地介绍如何处理图像。

① 选择"视图">"使页面适合窗口"。

下面在明信片的右上角添加一个图像。

> **提示** 可将图像置入既有框架中，也可在置入图像时新建框架，还可将图像文件从计算机桌面或文件夹拖曳到 InDesign 页面或粘贴板中。

② 选择"编辑">"全部取消选择"，确保没有选中任何对象。

③ 单击"属性"面板底部的"导入文件"按钮，在打开的"置入"对话框中，确保没有勾选"显示导入选项"复选框。

④ 切换到 Lessons\Lesson02 文件夹，双击 DiningRoom.jpg 文件。

鼠标指针将变成置入图像图标（▥），并显示该图像的预览效果。如果在页面中单击，InDesign 将创建一个图形框架并将图像以实际大小置入其中。这里手动创建一个图形框架来放置图像，因此图像将缩放到与图形框架一样的尺寸。将这个图像放在明信片的右上角。

⑤ 将置入图像图标指向淡蓝色和粉红色参考线的交点，如图 2.16 所示。

> **注意** 请参阅 02_End.indd 文件，以确定将这个图像放在什么地方。

⑥ 向右下方拖曳鼠标，如图 2.17 所示，直到到达页面右边的参考线。

松开鼠标左键后，图像被置入页面中，同时 InDesign 自动创建了一个图形框架。

图 2.16

图 2.17

> **提示** 在页面中置入图像时，如果新建了一个框架，图像将自动缩放以适应该框架。也可使用"属性"面板和控制面板中的缩放控件精确调整图像的大小，这将在第 11 课详细介绍。

下面缩小图形框架以裁剪图像并在图形框架中移动图像。执行这些操作后，再撤销所做的修改。

⑦ 使用选择工具向上拖曳图形框架底部中间的手柄，可拖曳 8 个大小调整手柄中的任何一个来裁剪图像，如图 2.18 所示。

⑧ 按 Ctrl + Z（Windows）或 Command + Z（macOS）组合键撤销裁剪操作。

⑨ 选择选择工具，将鼠标指针指向图像，图像中央将出现内容抓取工具图标（ ◎ ）。

⑩ 单击以选择该图像，拖曳内容抓取工具图标将图像移动到合适位置，如图 2.19 所示。

图 2.18

图 2.19

💡提示　调整图像的位置时，如果要严格控制方向，可在拖曳时按住 Shift 键，这样将只能沿水平、垂直或 45° 方向进行移动。在框架内移动图像前，如果单击并暂停一会儿，框架外面将出现被裁剪掉的图像的虚影。

⑪ 按 Ctrl + Z（Windows）或 Command + Z（macOS）组合键撤销移动图像的操作。图像的最终位置应为第 6 步指定的位置。

⑫ 选择"文件"＞"存储"，保存文件。

▎2.6　处理对象

InDesign 页面由各种对象组成，包括文本框架、图形框架、线条等。一般而言，可使用选择工具移动对象并调整其大小。可为对象设置填充（背景）色及描边（轮廓或边框）色，还可通过指定宽度和样式来定制它们。可自由移动对象，将对象与其他对象对齐，或者根据参考线或数值准确放置对象。另外，还可调整对象的大小，以及指定文本如何沿对象绕排。下面来尝试一些与对象相关的操作。

💡提示　要了解有关对象的更多内容，请参阅第 4 课。

2.6.1　移动和旋转对象

页面左侧的粘贴板中有一个花朵图形，这是通过选择"文字"＞"创建轮廓"将 Zapf Dingbats 花朵字符转换为轮廓得到的。把这个图形移到饭店名 edible blossoms 的右边，再旋转并调整其位置，具体操作如下。

① 选择"视图"＞"使页面适合窗口"，让页面在文档窗口中居中。向左滚动页面，以便能够看到粘贴板上的花朵图形。

② 使用选择工具单击花朵图形。

③ 将花朵图形拖曳到标题 edible blossoms 的右边，如图 2.20 所示。保持花朵图形的选中状态，通过"属性"面板来微调其位置。

④ 如有必要，在"属性"面板的"变换"部分，单击"更多选项"按钮（▦）。按图 2.21 所示进行设置。

- X：1.85 英寸。
- Y：0.05 英寸。
- 旋转角度：−10°。

图 2.20

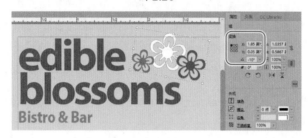

图 2.21

按 Tab 键可切换文本框，按 Enter（Windows）或 Return（macOS）键可使修改生效。

> 💡 提示　当在"属性"面板或控制面板中的 X 和 Y 文本框中输入值时，对象将根据参考点自动调整位置。若要修改参考点，可单击 X 和 Y 文本框左侧的参考点图标（▦）中相应的方框。

⑤ 选择"文件">"存储"，保存文件。

2.6.2　修改对象的描边和填充色

在选择了对象的情况下，可修改其描边的粗细和颜色，还可为其设置填充色。

① 选择"编辑">"全部取消选择"，确保没有选择任何对象。

② 为了更加专注于要修改的对象，选择"文字">"不显示隐藏字符"，隐藏页面上的非打印元素。

③ 单击工具面板中的直接选择工具（▷），再单击白色花朵图形以选择它。

> 💡 注意　这个花朵图形是一个对象组，使用直接选择工具能够选择对象组中的单个对象。要选择对象组中的单个对象，还可使用选择工具双击。

④ 在"属性"面板的"外观"部分，单击"填色"框以显示文档中的色板，选择 Green-Dark 色板，如图 2.22 所示。

⑤ 按 V 键切换到选择工具，单击页面底部的黑线。

⑥ 在"属性"面板的"外观"部分，单击"描边"框（■）以显示文档中的色板，选择 Green-

Medium 色板，如图 2.23 所示。

图 2.22

图 2.23

⑦ 在粘贴板上单击以取消对所有对象的选择。

⑧ 选择"文件">"存储"，保存文件。

2.7 应用对象样式

与段落样式和字符样式一样，使用对象样式可快速地进行样式设置。这个练习将把既有的对象样式应用于两个包含正文的文本框架。

① 选择"视图">"使页面适合窗口"。

② 选择"窗口">"样式">"对象样式"，打开"对象样式"面板。

③ 使用选择工具单击包含子标题 Starters & Small Plates 的文本框架。

④ 在"对象样式"面板中，选择样式 Green Stroke and Drop Shadow。

⑤ 单击包含子标题 Entrées & Desserts 的文本框架。

⑥ 在"对象样式"面板中，选择样式 Green Stroke and Drop Shadow。

⑦ 选择左边的文本框架，并向下拖曳其下边缘，使其扩大到能够容纳整个段落。然后选择右边的文本框架，并向下拖曳其下边缘，使其高度与左边的文本框架相同，如图 2.24 所示。

图 2.24

⑧ 选择"编辑">"全部取消选择"。

⑨ 单击"对象样式"面板中的"关闭"按钮，再选择"文件">"存储"保存文件。

2.8 在工作时执行印前检查

每当你着手处理文档时（无论是创建新文档还是修改既有文档），你都必须知道文档要以什么方式输出（打印或数字方式显示）并关注输出问题。例如，文档中所有的线条是否都足够粗，能否打印出来，颜色能否正确地显示和打印。

在出版领域，对文档进行评估，找出潜在输出问题的过程称为印前检查。InDesign 提供了实时印前检查功能，让用户能够在创建文档时对其进行监视，以防发生输出问题。若要定制实时印前检查功能，可创建或置入制作规则（又称为配置文件），让 InDesign 根据它们来检查文档。InDesign 提供的默认配置文件会指出一些潜在的问题，如缺失字体（系统没有安装相应字体）和溢流文本（文本框架中存在容纳不下的文本）。

下面使用嵌入的配置文件 Mailhouse 来检查本课使用的文档。这个配置文件是印刷服务提供商提供的，旨在确保输出正确。

① 选择"窗口">"输出">"印前检查"，打开"印前检查"面板。

② 在"印前检查"面板的"配置文件"下拉列表中选择"Mailhouse（嵌入）"。

使用印前检查配置文件 Mailhouse 时，若 InDesign 发现了错误，"印前检查"面板和文档窗口左下角的印前检查图标就会变成红色（●）。根据"印前检查"面板中列出的错误可知，问题属于"颜色"类型。

> 💡 **提示** 请注意文档窗口的左下角，看看是否有印前错误出现。可双击"错误"字样展开错误列表，了解错误的详细信息。

③ 要查看错误，在"印前检查"面板中单击"颜色"左侧的箭头即可。

④ 单击"不允许使用色彩空间"左侧的箭头，再单击第 1 个"文本框架"。

⑤ 为了解这个错误的详情，单击"印前检查"面板底部的"信息"左侧的箭头，如图 2.25 所示。

问题是"'内容'使用'RGB'"，修复建议为"应用使用受支持的色彩空间或模式的色板，或编辑当前色板并指定另一个颜色模式"。

> 💡 **提示** 若要快速导航到有错误的对象，可单击"印前检查"面板中的蓝色页码链接。

⑥ 选择"窗口">"颜色">"色板"，显示"色板"面板。

⑦ 双击 Red-Bright 色板，在打开的"色板选项"对话框的"颜色模式"下拉列表中选择 CMYK，单击"确定"按钮，如图 2.26 所示。

图 2.25

⑧ 选择"视图">"使页面适合窗口"。

图 2.26

现在，"不允许使用色彩空间"错误得到了修正，因此"印前检查"面板和文档窗口左下角显示无错误，如图 2.27 所示。

图 2.27

⑨ 关闭"印前检查"面板和"色板"面板，选择"文件">"存储"，保存文件。

2.9　在"演示文稿"模式下查看文档

在"演示文稿"模式下，文档将占据整个屏幕。这种模式非常适合用来向客户展示设计效果。

💡 提示 在"演示文稿"模式下不能编辑文档，但在其他模式下可以。

❶ 长按工具面板底部的"屏幕模式"按钮，选择"演示文稿"，在"演示文稿"模式下查看文档，如图 2.28 所示。

图 2.28

❷ 查看文档后，按 Esc 键退出"演示文稿"模式，以之前的模式（"正常"模式）显示文档。

③ 选择"视图">"屏幕模式">"预览"，在不显示版面辅助元素的情况下查看文档。

④ 选择"视图">"实际尺寸"，以实际输出尺寸显示文档。

⑤ 选择"文件">"存储"，保存文件。

2.10 练习

请在这个明信片文档中尝试以下操作。

* 使用"属性"面板中的选项修改文本的格式。
* 对文本应用不同的段落样式和字符样式，将对象样式应用于指定对象。
* 移动对象并调整其大小。

> ♡ 提示 如果你联网了，可单击文档窗口右上角的 Adobe Stock，进入 Adobe Stock 图像库，你可以在其中下载预览和购买图像。

InDesign 中的操作惯例

在明信片的制作过程中，你尝试使用了文档的基本构件，并遵循了创建文档的惯例。遵循 InDesign 中的操作惯例，可确保创建的文档易于被格式化、修订和复制。

* 不要堆叠对象。使用单个而不是多个对象来实现所需的效果。例如，在本课中，对包含正文的两个文本框架应用了文本内边距、描边粗细、描边色、投影等设置。InDesign 新手可能会通过堆叠多个框架来实现所需效果，但在需要移动并对齐对象或设置格式时，这一操作将增加工作量。

* 将文本框架串接起来。有些 InDesign 新手喜欢将文本置入或粘贴到不同的文本框架中，但这样做需要分别选择框架中的文本并设置其格式。文本如果被排入串接的框架中，它们将变成一个整体——文章。比起独立的文本框架，文章的优点是可选择其中的所有文本并统一设置其格式，可将其作为一个整体进行查找、修改和拼写检查，还可导出其中所有的文本。创建的文档很长时，将文本框架串接起来至关重要，这有助于控制文本的位置。

* 始终使用样式来设置格式。InDesign 提供了样式，可用于设置段落、文本行、字符、表格和表格单元格等的格式。使用样式可快速地设置文档内容的格式。另外，当需要修改格式时，只需更新样式就可将修改应用于整个文档。例如，对于本课的明信片，如果需要修改正文的字体，只需编辑段落样式 Body Copy 的字符格式即可。你可以轻松地更新样式，还可以在文档之间共享样式。

* 尽早并经常执行印前检查。收到要处理的文档后，搞清楚将如何使用它（打印或以数字方式显示），并使用实时印前检查功能确认文档是否能正确输出。例如，如果文档缺失字体，就先安装缺失的字体，再处理文档。

* 尝试自动执行重复性任务。InDesign 有很多高级功能，例如，如果你经常需要修改电话号码的格式（如将括号改为连字符），可使用"查找 / 更改"中的通配符来自动完成这种任务。每当需要完成烦琐的任务时，查看 InDesign 帮助文档或使用浏览器进行搜索可能会找到更佳的完成方式。

你将在本书的后续课程中更深入地学习这些惯例。

2.11 复习题

1. 可使用哪个工具创建文本框架？
2. 哪个工具能够将文本框架串接起来？
3. 哪个符号表明文本框架内存在容纳不下的文本（溢流文本）？
4. 哪个工具可用于同时移动图形框架及其包含的图像？
5. 如何确定版面中是否存在将导致输出问题的错误？
6. 列举至少两个与创建 InDesign 文档相关的惯例。

2.12 复习题答案

1. 文字工具。
2. 选择工具。
3. 文本框架出口处的红色加号图标。
4. 选择工具。
5. 如果版面不符合选定的印前检查配置文件的要求，"印前检查"面板将报告错误。例如，如果选定的配置文件规定不能使用 RGB 颜色，而文档使用了 RGB 颜色或图像，"印前检查"面板将报告错误，文档窗口左下角也会显示存在印前检查错误。
6. InDesign 惯例包括不要堆叠对象，将文本框架串接起来，始终使用样式来设置格式，尽早并经常执行印前检查，尝试自动执行重复性任务。

第 3 课

设置文档和处理页面

本课概览

- 新建文档并指定文档的默认设置。
- 将自定义文档设置存储为预设。
- 编辑主页。
- 创建新主页。
- 将主页应用于文档页面。
- 在文档中添加页面。
- 重新排列页面和删除页面。
- 修改页面大小。
- 创建章节标记及指定页码编排方式。
- 编辑文档页面。
- 打印到纸张边缘。
- 旋转文档页面。

学习本课大约需要 **90** 分钟

使用设置文档的工具，可确保版面一致，简化制作过程，大幅提高工作效率。

2　GARDEN NEWS　　*Bees and Bugs*　　*Gardening Tips*　　GARDEN NEWS　3

Pollinators and Predators

Pollinators obtain food in the form of energy-rich nectar and/or protein-rich pollen from the flowers they visit. In return, the pollinated flowers are able to develop and produce seed. While food is often a sufficient lure for pollinators, flowering plants also attract pollinators using a combination of shape, scent, and/or color. For example, some plants use mimicry to deceive animals into visiting their flowers without having to provide a reward.

Predators rid the garden of insects and larvae that are harmful to plants. The most widely known beneficial beetles are the pretty little ladybugs. Their shining rounded wing-cases, and bright colors make them conspicuous objects. The ones most commonly noticed are red, spotted with black. Quietly and silently they perform the work of extermination before our eyes, their worth entirely unheeded.

The elongated ground-beetle, is a carnivorous beetle. Its color is shining black, bordered with deep blue. It is often met with in our gardens, and preys indiscriminately upon all soft-bodied larvae — especially upon the larvae of the Colorado Potato-beetle.

Urban Oasis Garden

Soil for the Garden

The basis of successful vegetable cultivation lies in the thorough working and preparation of the soil along the lines best suited to its texture and composition, coupled with adequate fertilization. Soils are very variable, and in order to obtain the best results it is essential that each cultivator should have at least an elementary knowledge of the type of soil with which he is dealing, so that he may work and manure the soil to the best advantage, and at the same time realize to the fullest possible extent its natural resources. This does not in any way imply the depletion of the soil. On the contrary, if the methods of cultivation and manuring are conceived along right lines and efficiently executed in practice, the soil fertility becomes gradually built up and permanently increased over time, and this should be one of the chief aims in all soil operations.

With the exception of peaty soils, which are mainly of vegetable origin, all soils have been formed primarily by the accumulation of particles of mineral materials, consisting chiefly of sand and clay, along with other inorganic substances. And although these materials form the basis of all fertile soils, they are, by themselves, incapable of supporting plant life.

Urban Oasis Garden

3.1　概述

本课将新建一篇 8 页的新闻稿（包含一个插页），并在其中一个跨页中置入文本和图像。

① 为确保你的 InDesign 首选项和默认设置与本课所述一样，请将 InDesign Defaults 文件移到其他文件夹中，详情请参阅"前言"中的"另存和恢复 InDesign Defaults 文件"。

② 启动 InDesign。打开 InDesignCIB\Lessons\Lesson03 文件夹中的 03_End.indd 文件，查看完成后的文档效果，如图 3.1 所示。

图 3.1

> 💡 注意　如果出现一个对话框指出该文件链接的源文件已修改，请单击"更新修改的链接"按钮。

③ 在文档中拖曳滚动条以查看其他页面。选择"视图">"屏幕模式">"正常"，以便能够看到参考线和页面中的占位框架。

④ 查看完毕后关闭 03_End.indd 文件，也可以让其保持打开状态以便参考。

⑤ 为确保你的 InDesign 面板和菜单命令与本课所述相同，请先选择"窗口">"工作区">"[高级]"，再选择"窗口">"工作区">"重置'高级'"。

下面学习如何新建文档。

3.2　新建文档

① 选择"文件">"新建">"文档"或单击"主页"界面中的"新文件"按钮。

② 在打开的"新建文档"对话框中，顶部有各种类别——最近使用项、已保存、打印、Web、

移动设备，如图 3.2 所示。打印、Web、移动设备类别包含相应用途的文档设置，这些文档设置被称为预设。预设存储了常用的页面尺寸、默认色板和度量单位（如用于 Web 和移动设备的像素）等设置。选择哪种类别取决于文档的用途。类别"最近使用项"存储你最近使用过的设置，让你能够再次使用它们。类别"已保存"存储你创建的预设。新建文档时，使用预设可节省时间并确保文档的一致性。

图 3.2

③ 单击"打印"选项卡，单击"边距和分栏"按钮，在打开的对话框中单击"确定"按钮，查看工作区。例如，如果选择"窗口">"颜色">"色板"，默认色板的颜色模式为 CMYK。

④ 选择"文件">"新建">"文档"，单击"移动设备"选项卡，单击"边距和分栏"按钮，在打开的对话框中单击"确定"按钮。观察这个文档与上一步创建的文档有何不同，例如，看看"色板"面板中的颜色及标尺上的度量单位有何不同。

⑤ 为了在关闭这两个文档时不保存它们，选择"文件">"关闭"，在弹出的对话框中单击"否"按钮。

3.3　创建并保存自定义文档设置

下面创建一个预设，用于新建一个 8 页的新闻稿。预设包含常用的文档设置，如页数、页面大小、分栏和边距等。可将项目涉及的细节保存在预设中，这样就无须反复进行设置。务必确保关闭了所有文档。

① 选择"编辑">"首选项">"单位和增量"（Windows）或 InDesign>"首选项">"单位和增量"（macOS），将"水平"和"垂直"都设置为"英寸"，以便能够按本课的步骤继续操作。

> 💡提示　在所有的对话框和面板中，都可使用默认的度量单位。若要使用非默认的度量单位，只需在值后面输入单位符号，如 p（派卡）、pt（点）、px（像素）、cm（厘米）、mm（毫米）或 in（英寸）等。

② 选择"文件">"文档预设">"定义"。

③ 在打开的"文档预设"对话框中，单击"新建"按钮。

④ 在打开的"新建文档预设"对话框中，进行如下设置，如图 3.3 所示。

- 在"文档预设"文本框中输入 Newsletter。
- 在"用途"下拉列表中选择"打印"。
- 在"页数"文本框中输入 8。
- 确保勾选了"对页"复选框。
- 在"页面大小"下拉列表中选择 Letter。
- 在"分栏"部分，将"行数"设置为 3，将"栏间距"设置为"0.125 英寸"。
- 在"边距"部分，确保没有启用"将所有设置设为相同"按钮（图标显示为 🔓），以便能够分别设置不同的边距。将"上"

图 3.3

设置为"1.3125 英寸",将"下"设置为"0.375 英寸",将"内"设置为"0.5 英寸",将"外"设置为"0.25 英寸"。

💡 **注意** "栏间距"指的是相邻分栏之间的距离。

⑤ 单击"出血和辅助信息区"左侧的箭头,以显示更多选项。确保启用了"将所有设置设为相同"按钮(图标显示为 🔗),从而将"下""内""外"设置为同样的值。选中或删除"出血"部分的"上"文本框中的内容,输入 0p9。在"下"文本框中单击,InDesign 自动将其他度量单位(这里是派卡)转换为默认度量单位(这里是英寸;这里设置的出血值为 0p9,即 0.125 英寸),如图 3.4 所示。

图 3.4

💡 **提示** 出血值指定了页面的可打印区域,对于延伸到页面边缘的设计元素,如图片或彩色背景,在页面制作完成后,超出出血区域的外围部分将被裁剪并丢弃。

⑥ 在两个对话框中都单击"确定"按钮,以保存该文档预设。

3.4 根据预设新建文档

新建文档时,可选择作为基础的文档预设,这样就不用指定多项文档设置(如页数、页面大小、栏数等)了。本节将使用前面创建的文档预设 Newsletter 来新建文档。

① 选择"文件">"新建">"文档"。

② 在打开的"新建文档"对话框中,单击"已保存"选项卡,选择预设 Newsletter,如图 3.5 所示。

③ 单击"边距和分栏"按钮,再在打开的对话框中单击"确定"按钮。

图 3.5

InDesign 将使用选定的文档预设指定的文档设置新建一个文档。

💡 **提示** 要基于文档预设新建文档,也可选择"文件">"文档预设">"[预设名]"。选择该命令时如果按住 Shift 键,将跳过"新建文档"对话框,直接打开一个使用所选预设新建的文档。

④ 单击"页面"面板图标或选择"窗口">"页面",打开"页面"面板。如果有必要,向下拖曳"页面"面板的右下角,直到所有文档页面图标都可见。

在"页面"面板中,第 1 页的图标高亮显示,而该图标下面的页码显示在一个高亮的矩形中,这表明当前文档窗口中显示的是第 1 页。

一条水平线将"页面"面板分成了两个部分,如图 3.6 所示。上半部分显示了主页图标。主页类似于背景模板，可将其应用于文档中的任何页面；主页包含所有文档页面都有的元素，如页眉、页脚和页码。本课后面将介绍如何处理主页。下半部分显示了文档页面的图标及页码。

⑤ 选择"文件">"存储为"，在弹出的对话框中将文件命名为 03_Setup.indd，切换到 Lesson03 文件夹，单击"保存"按钮。

图 3.6

页码编排方式简介

  所有多页印刷出版物都有两种页码编排方式：一种是物理页面的顺序，与页面内容无关；另一种是放在页面上的编号。文档页面上的页码有很多不同的配置，一般根据页面内容来编排。例如，可根据章或节编排页码，每一章或节的页码都单独编排。在"页面"面板中，页面图标指出了文档的物理结构，而页面图标下方的数字为页码。

  杂志、图书等有书脊，其结构是由折纸方式决定的。最简单的折纸方式是将纸张从中间折叠一次，生成两个矩形页面。如果将两张对折的纸张嵌套，并在对折的地方（书脊）进行装订，将得到一个 8 页的小册子。这个小册子的第 1 页位于书脊的右侧。翻过第 1 页后，你将看到一个位于书脊左侧的页面（第 2 页）和一个位于书脊右侧的页面（第 3 页），如图 3.7 所示。

  当你创建由对页组成的文档时，InDesign 将在"页面"面板中呈现这种结构：第 1 页（外封面）位于表示书脊的右侧，第 2 页（内封面）在书脊的左侧。推而广之，所有奇数页都位于书脊右侧，而所有偶数页都位于书脊左侧。

图 3.7

3.5　编辑主页

在文档中添加图形框架和文本框架前，需要设置用作文档页面模板的主页。加入主页中的所有对象都将出现在应用了该主页的文档页面中。设置主页是一种策略，让你能够更轻松地确保整个文档的设计结构是一致的，这样就无须在每次处理新页面时都重新设置或复制以前的页面。主页可自动编排页码，可包含通用元素（这样可以避免反复创建并定位这些元素），对主页中元素所做的任何修改将在基于该主页的文档页面中反映出来。

本节将创建两个主页，它们包含页眉、页脚、用于放置文本和图像的占位框架等元素。创建多个主页可让文档中的页面不同，同时确保设计的一致性。

3.5.1　在主页中添加参考线

参考线是非打印线，可帮助用户准确地排列元素。主页中的参考线将出现在应用了该主页的所有文档页面中。下面添加一些行参考线和栏参考线，帮助定位文本框架、图形框架和其他对象。

❶ 在"页面"面板的上半部分，双击"A- 主页"。该主页跨页的左页面和右页面将出现在文档窗口中。

💡 **提示**　如果该主页的两个页面没有在文档窗口中居中显示，双击工具面板中的抓手工具可以让它们居中显示。

❷ 选择"版面">"创建参考线"。

❸ 在弹出的"创建参考线"对话框中勾选"预览"复选框，以便能够在修改时看到效果。

❹ 在"行"部分的"行数"文本框中输入 4，在"行间距"文本框中输入"0.125 英寸"。

❺ 在"栏"部分的"栏数"文本框中输入 2，在"栏间距"文本框中输入"0 英寸"。

❻ 对于"参考线适合"，单击"页面"单选按钮，如图 3.8 所示。此时，页面中除了有创建 Newsletter 预设时指定的边距参考线和栏参考线外，还出现了水平参考线和垂直参考线。

如果单击"边距"单选按钮，将在版心内而不是页面内创建参考线。具体应单击哪个单选按钮，取决于要处理的版面。

❼ 单击"确定"按钮。

图 3.8

💡 **提示**　也可分别在各个文档页面中添加参考线，而不是在主页中添加，使用的命令与这里的相同。

3.5.2　从标尺处拖曳出参考线

可从水平标尺（顶部）和（左侧）垂直标尺处拖曳出参考线，从而在页面或跨页中添加参考线。

本小节将在页面的上边距和下边距中分别添加页眉和页脚。为准确地放置页眉和页脚，可以添加两条水平参考线和两条垂直参考线。

❶ 打开"变换"面板（选择"窗口">"对象和版面">"变换"）。在文档窗口中移动鼠标指针，并关注水平标尺和垂直标尺。标尺中的细线指出了当前鼠标指针的位置，另外控制面板和"变换"面

板中灰色的 X 值和 Y 值也指出了鼠标指针的位置。

❷ 按住 Ctrl（Windows）或 Command（macOS）键，再从水平标尺处向下拖曳到 0.375 英寸处，如图 3.9 所示。拖曳时，Y 值显示在鼠标指针右侧，它还显示在控制面板和"变换"面板中的 Y 文本框中。

图 3.9

💡 注意 参考线被选定时，其颜色将比未被选定时深。

如果无法在 Y 值刚好为 0.375 英寸时松开鼠标左键，可在尽可能接近的位置松开鼠标左键。然后在选中这条参考线的情况下，在控制面板或"变换"面板的 Y 文本框中输入 0.375，按 Enter 键。

💡 注意 "变换"面板中的控件与控制面板中的控件类似。可使用这两个面板中的一个完成众多常见的设置，如调整位置、大小、缩放比例和旋转角度等。

创建参考线时按住 Ctrl（Windows）或 Command（macOS）键，将使参考线横跨该跨页的两个页面及两边的粘贴板。如果没有按住 Ctrl（Windows）或 Command（macOS）键，参考线仅横跨松开鼠标左键时鼠标指针所在的页面。

❸ 按住 Ctrl（Windows）或 Command（macOS）键，从水平标尺处再拖曳出一条参考线，并将其放在 10.75 英寸处。

❹ 按住 Ctrl（Windows）或 Command（macOS）键，从垂直标尺处拖曳出一条参考线至 0.5 英寸处，如图 3.10 所示，拖曳时注意控制面板中的 X 值。

💡 提示 从水平标尺处拖曳出参考线时，按住 Alt（Windows）或 Option（macOS）键可将水平参考线变成垂直参考线；从垂直标尺处拖曳出参考线时，按住 Alt（Windows）或 Option（macOS）键可将垂直参考线变成水平参考线。

图 3.10

⑤ 按住 Ctrl（Windows）或 Command（macOS）键，并从垂直标尺处拖曳出一条参考线至 16.5 英寸处。

> 💡 提示　若要让参考线与标尺上的刻度对齐，可在拖曳时按住 Shift 键。

⑥ 关闭"变换"面板或将其拖入面板停放区，选择"文件">"存储"保存文件。

3.5.3 多重复制、粘贴和删除参考线

InDesign 中的参考线与其他对象类似，很多处理对象的技巧也适用于参考线。其中一个重要的技巧是多重复制。

❶ 在"页面"面板中，双击页面 6 的图标，以切换到这个页面。从垂直标尺处拖曳出一条参考线至 1 英寸处。

❷ 选择第 1 步创建的参考线，选择"版面">"标尺参考线"，在打开的对话框的"颜色"下拉列表中选择"红色"，单击"确定"按钮。对于不同用途或位于不同图层（图层将在后面的课程中介绍）中的参考线，将其设置为不同的颜色有利于区分和操作。单击页面的空白区域，取消对这条参考线的选择，并查看其颜色。

> 💡 注意　如果不小心取消了对这条参考线的选择，请使用选择工具拖曳出一个穿越该参考线的方框，以选中它。被选中的参考线的颜色要深一些。

❸ 选择"编辑">"多重复制"，打开"多重复制"对话框。勾选"预览"复选框，以便能够预览复制结果。在"计数"文本框中输入 3，并将"水平"设置为"0.75 英寸"，如图 3.11 所示，单击"确定"按钮。

❹ 使用选择工具拖曳出一个穿越这 4 条参考线的方框，以选中这些参考线。选择"编辑">"复制"。

图 3.11

❺ 在"页面"面板中，双击页面 8 的图标。选择"编辑">"原位粘贴"，将复制的参考线粘贴到第 8 页中，参考线的位置与第 6 页中的完全相同。单击页面的空白区域取消对这些参考线的选择，以便能够看清它们的颜色（红色）。在需要复制设计，但又不值得为此创建主页时，这一技巧很有用。你还可以在文档之间复制并粘贴参考线。

❻ 使用选择工具拖曳出方框来选择刚粘贴到第 8 页的 4 条参考线，选择"编辑">"清除"删除它们。如果需要修改版面，删除不再需要的参考线很有帮助，因为它们可能会导致页面混乱不堪。

3.5.4　在主页中创建文本框架

在主页中加入的所有文本或图像，都将出现在应用了该主页的所有文档页面中。本小节将添加出版物名称 Garden News 以创建页眉，并在主页的左页面和右页面的顶部添加页码标记。

> 💡 提示　页眉是放在页面顶部的文本，与正文是分开的。页眉可包含页码、出版物名称、发行日期等信息。放在页面底部时，这样的文本被称为页脚。

① 在"页面"面板中，双击主页左页面使其在文档窗口中显示，并确保能够看到其顶端。如果有必要，放大视图并使用滚动条或抓手工具来移动视图。

② 在工具面板中选择文字工具，在页面第 1 栏上方的标尺参考线交点处按住鼠标左键并拖曳，以创建一个文本框架，如图 3.12 所示。后面将精确地设置其位置和尺寸。

图 3.12

③ 将光标置于新文本框架中，选择"文字">"插入特殊字符">"标志符">"当前页码"。

文本框架中将出现字母 A，这是主页中表示页码的占位字符；在基于该主页的文档页面中将显示正确的页码，如第 4 页中将显示 4。

④ 在光标位于字母 A 后面的情况下，在文本框架中单击鼠标右键（Windows）或按住 Control 键单击（macOS）以打开上下文菜单，选择"插入空格">"全角空格"。

💡 提示　全角空格的大小与当前字体大小相等。例如，在 12 点的文本中，全角空格的大小为 12 点。

⑤ 在全角空格后输入 Garden News，如图 3.13 所示。注意，这个文本框架是用虚线表示的。在主页中，对象用虚线表示，以便与文档页面中的对象区分开。

A　Garden News

图 3.13

⑥ 按 Esc 键切换到选择工具并确保依然选择了文本框架。选择文字工具，在控制面板中，单击"字符格式控制"按钮，再在"字体"下拉列表中选择 Myriad Pro，并在"字体样式"下拉列表中选择 Bold。选择"文字">"更改大小写">"大写"。

💡 注意　若要设置文本属性，可以先选择文本框架（而不是使用鼠标选择文本），再进行设置。这很有用，例如，你可以选择多个文本框架，同时设置其中文本的属性。

⑦ 在选择了文本框架的情况下，选择"对象">"文本框架选项"。在打开的"文本框架选项"对话框"常规"选项卡的"内边距"部分，禁用"将所有设置设为相同"按钮，并将左内边距和右内边距都设置为"0.125 英寸"。在"垂直对齐"部分的"对齐"下拉列表中选择"居中"。

⑧ 为调整这个文本框架的大小和位置，选择选择工具，在控制面板中将参考点的位置设置为左边缘的中心，再将 X、Y、W、H 分别设置为"0.25 英寸""0.5 英寸""3 英寸""0.3125 英寸"，如图 3.14 所示。

下面将主页左页面中的页眉复制到主页右页面中，并进行调整，让两个页面的页眉互为镜像。

① 选择"视图">"使跨页适合窗口"，以便能够同时看到主页的两个页面。

图 3.14

② 使用选择工具选择左页面的页眉文本框架。为复制这个文本框架，按住 Shift 键和 Alt（Windows）或 Option（macOS）键，并将其拖曳到右页面中，使其大致与左页面的页眉互为镜像，如图 3.15 所示。

图 3.15

在按住 Alt（Windows）或 Option（macOS）键拖曳文本框架时，如果还按住了 Shift 键，文本框架移动的方向将被限定为 45° 的整数倍。

③ InDesign 能够执行数学运算。要将对象移动特定的距离或移到特定的位置时，可在控制面板中输入数学公式。参考点决定了框架的哪个边缘将处于指定的位置，这里要让框架距离右页面右边缘 0.25 英寸。选择复制的文本框架，在控制面板中将参考点的位置设置为右上角，再在 X 文本框中输入"17-0.25"，如图 3.16 所示，并按 Tab 键。17 是跨页的宽度，在其基础上减去 0.25，可让文本框架距离右页面的右边缘 0.25 英寸，这样文本框架的右边缘将位于 16.75 英寸处。

④ 选择文字工具，单击控制面板中的"右对齐"按钮，如图 3.17 所示。在较小的屏幕上，可能需要单击"段落格式控制"按钮（▧），才能看到各对齐按钮。

图 3.16

图 3.17

此时右页面文本框架中的文本是靠右对齐的。下面修改右页面的页眉，并将页码放在文本 Garden News 的右侧，这样页码将打印在页面的外边缘处，而不是靠近书脊的地方，可方便读者查看，也是出版行业的常见做法。

为何要将页码放在页面的外边缘附近呢？因为这样读者在翻阅印刷制品时，更容易看到页码。

⑤ 删除右页面页眉开头的全角空格和 A。

⑥ 按住 Ctrl 键并按→键两次，将光标放在文本 Garden News 后面，选择"文字">"插入空格">"全角空格"。选择"文字">"插入特殊字符">"标志符">"当前页码"，在全角空格后面插入"当前页码"字符，效果如图 3.18 所示。

图 3.18

⑦ 选择"视图">"使跨页适合窗口"，同时显示这两个页面。为创建页脚，使用选择工具选择左页面、右页面中的页眉，按住 Shift 键和 Alt（Windows）或 Option（macOS）键，将页眉拖曳到粉色的下边距参考线下方。这将创建这两个文本框架的副本。

⑧ 选择文本框架副本，选择文字工具，在控制面板中将"字体样式"改为 Regular，并将"字体大小"改为 10 点，选择"文字">"更改大小写">"标题大小写"。切换到选择工具，并在控制面板的对齐区域单击"下对齐"按钮，如图 3.19 所示。

图 3.19

在较小的屏幕上，控制面板中显示的工具较少。如果在控制面板中看不到文本对齐工具，可选择"对象">"文本框架选项"，并在打开的对话框"常规"选项卡的"垂直对齐"部分的"对齐"下拉列表中选择"下"。

⑨ 放大视图以便更容易看清页脚。切换到文字工具，在左页面页脚中快速单击 3 次选择所有文本，然后输入 Urban Garden Oasis，以替换原来的文本。复制刚才输入的文本，选择右页面页脚中所有的文本，执行粘贴操作，再单击"右对齐"按钮。选择"编辑">"取消选择全部"，再选择"视图">"使跨页适合窗口"，效果如图 3.20 所示。

图 3.20

⑩ 在文档中导航以查看页面，可以发现每页显示的页码都不同。返回"A- 主页"，再选择"文件">"存储"，保存文件。

3.5.5 重命名主页

当文档包含多个主页时，可能需要给每个主页指定含义更明确的名称（而不是使用默认名称），以便区分，下面将"A- 主页"重命名为 3-column Layout。

❶ 如果"页面"面板没有打开，请选择"窗口">"页面"打开它。确保"A- 主页"被选中，单击"页面"面板右上角的面板菜单按钮，并选择"'A- 主页'的主页选项"，打开"主页选项"对话框。

❷ 在"名称"文本框中输入 3-column Layout，如图 3.21 所示，单击"确定"按钮。

图 3.21

> 💡 提示　在"主页选项"对话框中，除主页的名称外，还可修改主页的其他属性，如前缀、页数及是否基于其他主页。

3.5.6 添加占位文本框架

由于这篇新闻稿的每个页面都将包含文本和图像，且所有页面的主文本框架和主图形框架的位置都相同，因此可在主页的左页面和右页面中添加占位文本框架和占位图形框架。

> 💡 提示　若要在主页的左页面和右页面中使用不同的边距和分栏设置，可先分别双击页面，再选择"版面">"边距和分栏"修改选定页面的设置。

❶ 在"页面"面板中，双击主页 A-3-column Layout 的左页面图标，如图 3.22 所示，使左页面位于文档窗口中央。

❷ 选择文字工具，单击页面左上角的上边距参考线（粉色）与 0.5 英寸处的垂直参考线（浅蓝色）的交点，通过拖曳创建一个文本框架。该文本框架在水平方向横跨两栏，而其下边缘与第 4 条水平参考线对齐，如图 3.23 所示。

图 3.22

❸ 选择"视图">"使跨页适合窗口"（如果创建文本框架前放大了视图）。

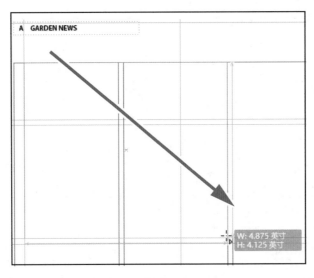

图 3.23

④ 使用选择工具单击刚创建的文本框架，按住 Alt（Windows）或 Option（macOS）键将其拖曳到右页面中，让复制的文本框架从第 2 栏开始，其左边缘在 11.625 英寸处。要核实这一点，可选择位于左边缘的参考点，在控制面板或"属性"面板中查看 X 值。

⑤ 单击页面或粘贴板的空白区域，或者选择"编辑">"全部取消选择"。

⑥ 选择"文件">"存储"，保存文件。

3.5.7 添加占位图形框架

创建了用于放置每个页面中主文本的文本框架后，接下来在主页 A-3-column Layout 中添加两个图形框架。与前面创建的文本框架类似，这些图形框架用于放置要在文档页面中添加的图像，以确保设计的一致性。

> 💡 注意 并非每个文档都需要创建占位框架。例如，对于海报、名片和广告等单页文档，创建主页和占位框架可能意义不大。

虽然矩形工具和矩形框架工具之间有一定的可替代性，但矩形框架工具（包含两条非打印对角线）更常用于创建要置入的占位图形框架。

① 在工具面板中选择矩形框架工具。

② 将鼠标指针指向右页面的上边距参考线与第 1 栏的栏参考线的交点。

按住鼠标左键并向左下方拖曳以创建一个框架。在水平方向上，该框架的宽度为一栏，并沿垂直方向延伸到 5.4375 英寸处的标尺参考线（第 4 条水平参考线）。这个框架宽 2.5 英寸，高 4.125 英寸。

③ 在左页面中拖曳复制一个与该图形框架互为镜像的占位图形框架，如图 3.24 所示。

④ 使用选择工具单击页面或粘贴板的空白区域，也可选择"编辑">"全部取消选择"。

⑤ 选择"文件">"存储"，保存文件。

图 3.24

3.5.8　再创建一个主页

在同一个文档中可创建多个主页。可独立地创建每个主页，也可在一个主页中创建另一个主页。如果在一个主页中创建其他主页，对父主页所做的任何修改都将自动在子主页中反映出来。这称为页面之间的父子关系。

> 💡 提示　对于新闻稿和杂志等对页中包含出版日期的出版物来说，创建父子主页是不错的选择。这样每次制作新出版物时，可先修改父主页中的日期，进而自动修改所有子主页中的日期。

为满足不同的设计要求，下面再创建一个主页，将其改为两栏并对版面进行修改。

① 在"页面"面板菜单中选择"新建主页"。

② 在"新建主页"对话框的"名称"文本框中输入 2-column Layout。

③ 在"基于主页"下拉列表中选择 A-3-column Layout，如图 3.25 左图所示，单击"确定"按钮。

④ 在"页面"面板中，在将主页图标和文档页面图标分开的分隔线上按住鼠标左键并向下拖曳，直到能够看到主页 B-2-column Layout 的图标。

在"页面"面板中，可以看到主页 B-2-column Layout 的每个页面图标中都有字母 A，如图 3.25 右图所示，这表明主页 B-2-column Layout 是基于主页 A-3-column Layout 创建出来的。如果修改主页 A-3-column Layout，所做的修改都将在主页 B-2-column Layout 中反映出来。你可能还注意到了，在子主页中很难选择来自父主页的对象，如页脚。本课后面将介绍如何选择并覆盖父主页中的对象。

图 3.25

⑤ 选择"版面">"边距和分栏"。在"边距和分栏"对话框中，将"栏数"改为 2，单击"确定"按钮。

3.5.9　覆盖父主页对象

使用两栏版面的文档页面不需要占位框架。下面删除主页 B-2-column Layout 中的占位框架。

① 使用选择工具单击主页 B-2-column Layout 左页面中的图形框架，可以发现该图形框架没有被选中。这是因为这个框架是从父主页那里继承而来的，无法通过简单的单击选中它。

② 按住 Shift + Ctrl（Windows）或 Shift + Command（macOS）组合键，单击该图形框架。

图形框架被选中，此时，它不再被视为父主页对象。按 Backspace（Windows）或 Delete（macOS）键，将这个框架删除。

③ 使用同样的方法删除右页面中的占位图形框架及左页面、右页面中的占位文本框架，只留下从主页 A-3-column Layout 继承的页眉、页脚和参考线。

④ 选择"文件" > "存储"，保存文件。

> ♀ 提示　若要覆盖多个父主页对象，可按住 Shift + Ctrl（Windows）或 Shift + Command（macOS）组合键，并使用选择工具拖曳出一个穿越这些对象的矩形框。

3.5.10　修改父主页

在主页 A-3-column Layout 的顶部添加多个页眉元素，然后查看主页 B-2-column Layout，将发现这些新对象被自动添加到该主页中。

这里不手动添加页眉和页脚框架，而是置入一个片段，其中包含多个已设置好格式的对象。片段是包含 InDesign 对象（包括它们在页面或跨页中的相对位置）的文件，可像图像文件那样，通过"文件" > "置入"将其置入版面中。有关片段的更多内容请参阅第 11 课。

> ♀ 提示　若要创建片段，可在页面或跨页中选择一个或多个对象，选择"文件" > "导出"，在打开的对话框的"保存类型"（Windows）或"格式"（macOS）下拉列表中选择"InDesign 片段"，再选择文件的存储位置，指定文件名并单击"保存"按钮。

① 在"页面"面板中，双击 A-3-column Layout，以在文档窗口中显示这个主页。如果必要，选择"视图" > "使跨页适合窗口"。

② 选择"文件" > "置入"。在打开的对话框中，切换到 InDesign CIB\Lessons\Lesson03\Links 文件夹，选择 Header-Snippet.idms 文件，单击"打开"按钮。

③ 将置入片段图标（🖺）指向主页的左上角（红色出血参考线相交的地方），单击以置入片段。

这个片段在每个页面顶部放置一个页眉。每个页眉都包含一个空的蓝色图形框架及一个包含白色占位文本的文本框架，如图 3.26 所示。

图 3.26

④ 在"页面"面板中，双击 B-2-column Layout，在文档窗口中显示这个主页。可以看到刚才在父主页 A-3-column Layout 中添加的新对象，也自动添加到了这个子主页中。

⑤ 切换到主页 A-3-column Layout。单击左边的蓝色图形框架以选择它，在面板停放区单击"色

板"面板的图标，打开"色板"面板，单击"填色"框，再选择 Green-Bright-Medium 色板。切换到主页 B-2-column Layout 中，会发现左边的页眉框也变成了绿色，如图 3.27 所示。

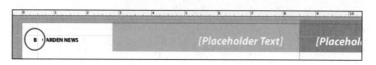

图 3.27

⑥ 选择"文件">"存储"保存文件。

💡 提示 通过父子主页结构能够快速修改主页共用元素，而无须对多个子主页中的对象做同样的修改。

3.6 将主页应用于文档页面

创建好所有主页后，就该将它们应用于文档页面了。默认情况下，所有文档页面都采用父主页 A-3-column Layout 的格式。下面将子主页 B-2-column Layout 应用于新闻稿中的几个页面，并将主页"无"应用于封面，因为封面不需要包含页眉和页脚。

要将主页应用于文档页面，可在"页面"面板中将主页图标拖曳到文档页面图标上，也可使用"页面"面板菜单中的命令。

💡 提示 对于大型文档，在"页面"面板中水平排列页面图标可能更方便，这可通过在"页面"面板菜单中选择"查看页面">"水平"来实现。

① 在"页面"面板中，双击 B-2-column Layout，并确保所有的主页图标和文档页面图标都可见。

② 将子主页 B-2-column Layout 的图标拖曳到第 4 页的页面图标上，松开鼠标左键，如图 3.28 所示。

③ 在"页面"面板中，选择第 5 页，在"页面"面板菜单中选择"将主页应用于页面"。在"应用主页"对话框的"应用主页"下拉列表中选择 B-2-column Layout，可以看到"于页面"文本框中出现了 5，如图 3.29 所示，这是因为选择了第 5 页。单击"确定"按钮。

图 3.28

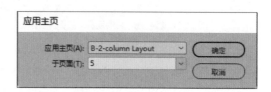

图 3.29

④ 双击"页面"面板中的页码 4-5 以显示这个跨页。可以看到两个页面都采用了子主页 B-2-column Layout 的两栏布局，还包含在父主页 A-3-column Layout 中添加的页眉和页脚元素。另外，这两个页面中都显示了正确的页码，这是因为在父主页 A-3-column Layout 中添加了"当前页码"字符，而子主页 B-2-column Layout 继承了这种字符。

⑤ 在"页面"面板中，双击第 1 页的页面图标。这个文档页面基于主页 A-3-column Layout，因此包含页眉和页脚元素，但这篇新闻稿的封面不需要这些元素。

⑥ 将主页"[无]"的图标拖曳到第 1 页的图标上，使这个页面不再包含任何主页对象。

⑦ 选择"文件">"存储"，保存文件。

3.7　添加文档页面

InDesign 支持在既有文档中添加新页面。下面在这篇新闻稿中添加 6 个页面。

① 在"页面"面板菜单中选择"插入页面"。

② 在打开的"插入页面"对话框中，在"页数"文本框中输入 6，在"插入"下拉列表中选择"页面后"，并在其文本框中输入 4，再在"主页"下拉列表中选择"[无]"，如图 3.30 所示。

图 3.30

③ 单击"确定"按钮，添加 6 个页面。增加"页面"面板的高度，以便能够看到所有文档页面。

3.8　重新排列页面和删除页面

在"页面"面板中，除添加页面外，还可重新排列页面和删除页面。

① 在"页面"面板中，单击第 12 页以选择它。注意，它是基于主页 A-3-column Layout 的。将该页面的图标拖曳到第 11 页的页面图标上，第 11 页是基于主页 B-2-column Layout 的。等手形图标旁边的箭头指向右边（这表示将把第 11 页向右推）时，松开鼠标左键，如图 3.31 所示。

现在的第 11 页是基于主页 A-3-column Layout 的，而原来的第 11 页变成了第 12 页，第 13 页和第 14 页未受影响。

② 单击第 5 页，按住 Shift 键单击第 6 页。

③ 单击"页面"面板底部的"删除选中页面"按钮（ 🗑 ），将这两页从文档中删除，这样文档就只剩下 12 页。

④ 选择"文件">"存储"，保存文件。

图 3.31

3.9 修改页面大小

下面将第 5～8 页修改为特殊部分页面，让这部分页面变得更窄、更矮。

① 在工具面板中选择页面工具（ 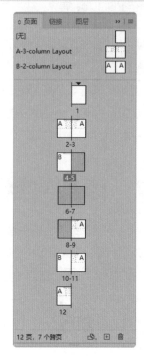 ）。在"页面"面板中双击第 5 页，按住 Shift 键单击第 8 页。

第 5～8 页的页面图标将高亮显示，如图 3.32 所示。下面修改这些页面的大小。

② 在控制面板中，将参考点设置为页面左边缘中点（ ▦ ），在 W 文本框中输入 7.5，在 H 文本框中输入 10。选择"编辑">"全部取消选择"。

③ 在"页面"面板中，双击第 8 页，选择"视图">"使跨页适合窗口"。注意，这个跨页包含的两个页面大小不同，如图 3.33 所示。如果"页面"面板遮住了这个跨页，请将"页面"面板关闭。

图 3.32

图 3.33

使用度量工具

较窄的页面的外边距与较宽的页面相同。InDesign 保持原始外边距和分栏设置，因此在较窄的页面中，分栏更窄。为了弄明白这种调整，下面使用度量工具（ ✎ ）来比较栏宽。

① 当前显示的跨页的两个页面都包含 3 栏。按 K 键选择度量工具，按住 Shift 键将鼠标指针从第 9 页中一栏的左端移到右端（按住 Shift 键可确保移动方向是水平的），此时将弹出"信息"面板，注意其中的宽度值，接着测量第 8 页的栏宽，如图 3.34 所示。从该图可知，InDesign 减小了第 8 页的栏宽，但外边距保持不变。

> **注意** 也可在工具面板中选择度量工具，它与颜色主题工具和吸管工具同属一组。要选择度量工具，可长按颜色主题工具，再在弹出的列表中选择度量工具。

> **注意** 使用度量工具进行拖曳测量时，按住 Shift 键可将拖曳方向限定为水平、垂直或 45°。

原始栏宽（左）和缩小页面后的栏宽（右）

图 3.34

② 关闭"信息"面板，再选择"文件">"存储"保存文件。

3.10 创建章节标记及指定页码编排方式

前面创建的特殊部分页面使用的是独立的页码编排方式。创建章节标记可使不同部分使用不同的页码编排方式。下面从特殊部分的第 1 页开始一个新章或新节，并调整特殊部分后面的页面，让它们接着特殊部分之前的页面编排页码。

① 选择选择工具。在"页面"面板中，双击第 5 页的图标以选择并显示这个页面。第 5 页是特殊部分的第 1 个页面。

② 在"页面"面板菜单中选择"页码和章节选项"，也可选择"版面">"页码和章节选项"。

在打开的"新建章节"对话框中，确保勾选了"开始新章节"复选框，单击"起始页码"单选按钮，并在右侧的文本框中输入 1。

③ 在"新建章节"对话框"编排页码"部分的"样式"下拉列表中选择"i, ii, iii, iv...", 单击"确定"按钮，如图 3.35 所示。

图 3.35

④ 查看"页面"面板中的页面图标会发现，从第 5 页开始，页码变为罗马数字，如图 3.36 所示。对于特殊部分页面，这是我们希望的，但我们并不希望新闻稿页面也如此。

下面指定这个特殊部分后面的页面使用原来的页码编排方式，并使其页码与特殊部分前一页的页码是连续的。

① 在"页面"面板中，单击第 v 页的页面图标以选择它。第 v 页是第 1 个要恢复为原来的页码编排方式的页面。

> **💡 注意** 在"页面"面板中单击页面图标可把页面指定为目标页面，以便对其进行编辑，但不会在文档窗口中显示它。要显示某个页面，请双击其页面图标。

图 3.36

② 在"页面"面板菜单中选择"页码和章节选项"。

③ 在打开的"新建章节"对话框中，确保勾选了"开始新章节"复选框。

④ 单击"起始页码"单选按钮，并将该章或节的"起始页码"设置为 5，从而接着特殊部分前面的页面往下编排页码。

⑤ 在"样式"下拉列表中选择"1, 2, 3, 4...", 单击"确定"按钮，如图 3.37 所示。

图 3.37

现在，页面重新编排页码。在"页面"面板中，可以看到页码为 1、i 和 5 的页面图标上方有黑色三角形，表明从这些地方开始了新章或新节。在这个文档中，页面 5 接着第 1 个章或节往下编排页码，但开始了新章或新节。因此，不管文档使用的页码编排方式是什么，在"页面"面板中，页面图标上方有黑色三角形就表明开始了一个新章或新节。

⑥ 选择"文件">"存储"，保存文件。

调整版面

文档尺寸发生变化时，使用"调整版面"功能可让 InDesign 自动缩放和重新对齐元素。

例如，你可能需要将文档发布到世界的不同地区，而这些地区使用的标准页面尺寸各有不同，这时可以使用"调整版面"功能来帮助解决此问题。可以使用这项功能的其他情形包括：创建好很多页面后项目规范有变；需要创建杂志、广告的海报版或其他尺寸的版本以用于不同的出版物。在很多情形下，使用这项功能都可节省大量时间。

"文档设置"对话框（选择"文件">"文档设置"）、"属性"面板、"边距和分栏"对话框（选择"版面">"边距和分栏"）中，都提供了"调整版面"功能的入口。在"边距和分栏"对话框中使用"调整版面"功能时，将只影响当前页面或选定页面；在其他地方使用"调整版面"功能时，将影响整个文档。

请注意，取消勾选"调整字体大小"复选框可以让 InDesign 不修改字体大小。当页面尺寸的变化较小时，你可能不想修改文字样式；但当页面尺寸的变化很大时，你可能希望文字与其他对象一起缩放。

❶ 打开 03_End.indd 文件。

❷ 选择"文件">"调整版面"，查看打开的对话框中的选项。将"页面大小"改为 A4 并单击"确定"按钮，再看看这个文档中的对象有何变化。

❸ 选择"文件">"文档设置"。在打开的"文档设置"对话框中单击"调整版面"按钮，打开"调整版面"对话框。在"页面大小"下拉列表中选择 Tabloid，并勾选"调整字体大小"复选框，如图 3.38 所示，单击"确定"按钮查看效果。

图 3.38

❹ 选择"文件">"恢复"，或者关闭这个文档而不保存所做的修改，然后重新打开文件。

3.11 覆盖主页对象及置入文本和图形

设置好这 12 页（8 页主要部分和 4 页特殊部分）的基本骨架后，便可给文档页面添加内容了。

第 4 课将详细地介绍如何创建和修改对象，第 6 课将详细地介绍如何导入文本，第 11 课将详细地介绍置入图形、图像的相关内容。

❶ 选择"文件">"存储为"，在弹出的对话框中，将文件重命名为 03_Newsletter.indd，切换到 Lesson03 文件夹，单击"保存"按钮。

❷ 在"页面"面板中，双击页面图标下方的页码 2-3，选择"视图">"使跨页适合窗口"。

> 💡 **提示** 在"页面"面板中，双击页码是另一种导航到特定页面或跨页的方式，这样做并不会改变视图的缩放比例。

由于第 2-3 页应用了主页 A-3-column Layout，因此它们包含主页 A-3-column Layout 中的参考线、页眉、页脚和占位框架。

若要置入使用其他软件创建的文本和图像（如使用 Word 创建的文档或使用 Photoshop 创建的图像），可选择"文件">"置入"，也可单击"属性"面板中的"导入文件"按钮（本书后面还将介绍其他置入方式）。

❸ 选择"文件">"置入"。在弹出的对话框中，如果有必要，切换到 InDesignCIB\Lessons\Lesson03\Links 文件夹，选择 Article1.docx 文件，按住 Ctrl（Windows）或 Command（macOS）键，单击 Article2.docx、Graphic_1_HoneyBee-1.jpg 和 Graphic_2_GardenTools.jpg 文件，以同时选择这 4 个文件，单击"打开"按钮。

鼠标指针将变成置入文本图标，并显示要置入的 Article1.docx 文件的前几行，字样"（4）"表明有 4 项可置入的内容，如图 3.39 所示。

图 3.39

❹ 将鼠标指针指向第 2 页的占位文本框架（不要指向参考线）。单击将 Article1.docx 文件置入这个框架中。

> 💡 **提示** 置入文本或图像时，如果鼠标指针下面有现成框架，将显示括号。如果在现成的框架中单击，InDesign 将使用该框架，而不创建新框架。

❺ 单击第 3 页的文本框架，置入 Article2.docx 文件；单击第 2 页的图形框架，置入 Graphic_1_HoneyBee-1.jpg 文件；单击第 3 页的图形框架，置入 Graphic_2_GardenTools.jpg 文件，如图 3.40 所示。

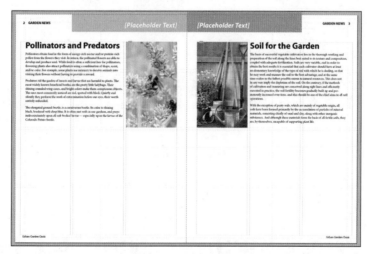

图 3.40

⑥ 选择"编辑">"全部取消选择",选择"视图">"使跨页适合窗口"。

为节省时间,下面置入一个包含其他对象的片段,以完成这个跨页的排版工作。

⑦ 选择"文件">"置入",在弹出的对话框中选择 Snippet2.idms 文件,单击"打开"按钮。

⑧ 将置入片段图标指向该跨页的左上角(红色出血参考线相交的地方),单击以置入该片段,结果如图 3.41 所示。

图 3.41

⑨ 选择"编辑">"全部取消选择",或者单击页面或粘贴板的空白区域,以取消对所有对象的选择。

⑩ 选择"文件">"存储",保存文件。

接下来覆盖这个跨页中的两个主页对象——两个包含页眉文本的文本框架,再替换占位文本。

替换占位文本

图形设计人员经常使用占位文本来布局出版物的版面,等有了实际要用的文本后再进行替换。使用主页来实现这一点的优点是可确保文档的一致性。下面来替换占位文本。

❶ 选择文字工具,按住 Shift + Ctrl(Windows)或 Shift + Command(macOS)组合键,单击第 2 页中包含文本 [Placeholder Text] 的占位文本框架,再将占位文本替换为 Bees and Bugs。

❷ 参照第 1 步,将第 3 页的页眉文本替换为 Gardening Tips,如图 3.42 所示。

图 3.42

❸ 可以看到这些框架的边界不再是虚线,而是实线,这表明它们不再是主页对象。选择"编辑">"全部取消选择"。

❹ 选择"文件">"存储",保存文件。

3.12　打印到纸张边缘:使用出血参考线

设置文档时必须考虑是否有元素将打印到纸张边缘。如果有,就需要考虑如何在印刷中做到的。在新闻稿模板中设置出血参考线可以做到这一点。

在印刷中,页面内容先被印刷到很大的纸张上,再在装订机上正确地折叠来排列页面,而不像办公用打印机那样将每页都打印到一张纸上。例如,小型数字印刷机一次印刷两个页面,而大型胶印机一次印刷 8 个页面。在印刷过程中,需要考虑细微的偏移(如切割过程中的偏移,即将页面切割为正确的尺寸的过程中的偏移）。解决此类问题的一种策略是为文档设置出血区域。

将印刷出来的材料堆成堆并进行切割，即便刀片非常锋利，也无法保证每次都在图像边缘准确切割。因此，必须考虑到切割时成堆的纸张可能发生的细微移动。成堆地切割纸张时，为确保边缘不会出现白边，要打印到边缘的元素都必须延伸到切割线外面，如图 3.43 所示。切割线穿过打印的元素，多出的元素部分位于出血区域中。

出血参考线可确保元素足够大，因为它们指出了元素必须延伸到页面边缘外面多远。通过将对象延伸到切割线外面，可确保切割出的材料边缘是整洁的，因为切割的是印刷出来的图像，而不是空白纸张。最好在制作文档时就添加出血参考线，防止图像或其他元素不够大无法延伸到页面边缘的情况出现。

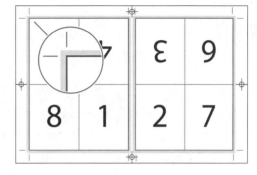

图 3.43

💡 提示　通常的做法是在设计和制作开始前就考虑出血需求，因为可能有图像需要放大或背景需要延伸到切割线外面，这些问题最好尽早进行处理。

下面来学习如何核实设计元素是否延伸到了页面边缘，并在没有延伸到边缘时进行修复。

❶ 使用选择工具双击"页面"面板中第 2 页的图标，以在文档窗口中显示第 2 页。

❷ 如果之前切换到了其他视图，选择"视图">"屏幕模式">"正常"，注意红色出血参考线。

❸ 此时，左下角的蜘蛛网和瓢虫图像延伸到了红色出血参考线处，这意味着切割纸张时，切割边缘将会是整洁的。

❹ 查看第 3 页，页面右边的草莓图像只延伸到页面边缘。这张图像必须至少延伸到红色出血参考线处。因此，使用选择工具单击这张图像（请避开内容抓取工具），将框架右边中间的手柄向右拖曳，让这个图形框架扩大到其右侧到达或超过红色出血参考线，如图 3.44 所示。

图 3.44

❺ 查看跨页的顶部，发现左边的绿色图形框架比右边的蓝色图形框架低，它只延伸到了切割线处，但它应该延伸到出血区域。

❻ 使用选择工具选择它，发现无法将其选择，因为它是主页中的对象。由于在每页中都需要修复这个主页对象，因此在主页中修复的效率更高。在"页面"面板中双击主页 A-3-column Layout 以显示它，选择绿色图形框架，向上拖曳其上边缘中央的手柄，如图 3.45 所示，框架上边缘到达或超过红色出血参考线后松开鼠标左键。

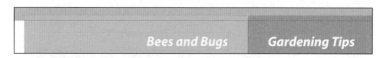

图 3.45

💡 提示 在制作过程中（尤其是将文件发送给印刷服务提供商之前），可选择"视图">"屏幕模式">"出血"，查看文档各个页面的出血设置是否正确。

⑦ 切换到第 2 页，现在绿色图形框架的上边缘超过了出血参考线，如图 3.46 所示。现在，每个使用这个主页的文档页面都是正确的，无须分别修复它们。这证明了使用主页的另一个优点：只要在主页中进行修正，基于主页创建的所有页面都将自动修正。如果有很多页面，且需要对它们做同样的修正，使用主页可节省大量时间，特别是处理长文档时。

Bees and Bugs　**Gardening Tips**

图 3.46

⑧ 选择"文件">"存储"，保存文件。

3.13　查看完成后的跨页效果

现在，可以隐藏参考线和框架，查看完成后的跨页效果。

❶ 选择"视图">"使跨页适合窗口"。

❷ 选择"视图">"屏幕模式">"预览"，隐藏粘贴板及所有的参考线、网格、隐含字符和框架边缘。按 Tab 键隐藏所有面板，以免它们遮挡跨页，结果如图 3.47 所示。"预览"模式非常适合用来查看页面印刷和裁切后的效果。

💡 提示　使用文字工具处理文本时，无法通过按 Tab 键来隐藏或显示面板。

图 3.47

❸ 按 Tab 键显示各个面板，选择"文件">"存储"保存文件。

旋转跨页

在某些情况下，你可能需要旋转页面或跨页，以便查看和编辑。例如，采用纵向页面的标准尺寸的杂志可能需要一个带有横向日历的页面。为获得这样的页面，可将所有对象旋转 90°，但在修改版面和编辑文本时，你需要转头或旋转显示器。为方便编辑，可旋转或取消旋转跨页。

这种旋转只影响视图，不会影响页面设置。

要查看这样的示例，请打开 Lesson03 文件夹中的 03_End.indd 文件。

❶ 在"页面"面板中双击第 ii 页，在文档窗口中显示它。

❷ 选择"视图">"使页面适合窗口"，让页面位于文档窗口中央。

❸ 选择标题 June 2023 并尝试对其进行编辑。编辑这样的竖排文本时，会感觉很别扭。

❹ 选择"视图">"旋转跨页">"顺时针 90°"，效果如图 3.48 所示。

图 3.48

沿顺时针方向旋转跨页后，处理页面中的对象将更容易。例如，编辑或添加文本将容易得多。现在再次尝试编辑标题，会发现选择和编辑操作变得正常而轻松。

❺ 选择"视图">"旋转跨页">"清除旋转"。

❻ 关闭文档，不保存所做的修改。

3.14 练习

想要巩固所学的技能，最好的方法就是使用它们。请试着完成下面的练习。

> ♀ 提示　练习前选择"视图">"屏幕模式">"正常"，切换到"正常"模式。

- 创建一个主页，让该主页继承主页 B-2-column Layout，将其命名为 4-column Layout（InDesign 会自动添加前缀 C），并对其进行修改，使其包含 4 栏而不是 3 栏。将该主页应用于新闻稿中任意一个不包含对象的全尺寸页面（第 1 页、第 4 页或第 5 ～ 8 页）。

· 并非所有的印刷材料都像本课的新闻稿那样有书脊。还有一种常见的印刷材料是三折式（6 页），即将 3 个页面折叠成一个页面的尺寸，如图 3.49 所示。折叠到封面后面的那页要窄一些，这样折起来后才平整。这很好地证明了有时在同一个 InDesign 文档中使用不同的页面大小非常有用。

图 3.49

本课的素材中有一个三折式文件。请打开 InDesignCIB\Lessons\Lesson03 文件夹中的 03_Trifold_Template.indd 文件，如图 3.50 所示。使用页面工具单击各个页面，注意哪些页面要窄一些。另外，请查看"页面"面板，它以并排的方式显示 3 个页面，还显示了页码，如图 3.51 所示。在这个文件的"文档设置"对话框中，取消勾选"对页"复选框。

图 3.50

图 3.51

· 尝试为新闻稿的特殊部分创建一个主页。这个主页是独立的（不基于其他主页，即不是子主页），因为特殊部分的外观不同于其他部分。在"新建主页"对话框中，将这个主页的大小设置为 7.5 英寸 ×10 英寸，即与特殊部分的页面大小相同，如图 3.52 所示。添加可能需要的元素，如页脚。将这个主页应用于新闻稿的第 i ~ iv 页，如图 3.53 所示。

图 3.52

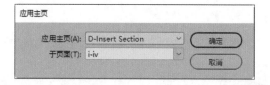

图 3.53

将该主页应用于页面时，InDesign 可能会弹出有关主页大小的警告，如图 3.54 所示。由于特殊部分页面的大小与这里创建的新主页相同，因此这不是问题。勾选"应用于全部"复选框，单击"使用主页大小"按钮。

图 3.54

图 3.55 显示了在这个新主页中添加的页脚，这让特殊部分页面的页脚和页码不同于新闻稿的其他部分。

图 3.55

3.15　复习题

1. 将对象放在主页中有何优点？
2. 如何修改文档的页码编排方式？
3. 在文档页面中如何选择主页对象？
4. 让主页继承另一个主页有何优点？
5. 如何让 InDesign 自动在文档页面中添加页码？
6. 如何处理将打印到纸张边缘的元素？

3.16　复习题答案

1. 在主页中添加参考线、页脚、自动生成的页码以及占位框架等对象，可确保应用了主页的页面的版面是一致的。另外，修改主页中的对象，基于该主页创建的所有页面中的相应对象都将自动修改。

2. 先在"页面"面板中选择要重新编排页码的第 1 个页面，再在"页面"面板菜单中选择"页码和章节选项"（或选择"版面">"页码和章节选项"），在弹出的对话框中指定新的页码编排方式。

3. 按住 Shift + Ctrl（Windows）或 Shift + Command（macOS）组合键，单击主页对象以选择它。

4. 继承既有主页可在新主页和既有主页之间建立父子关系，这样对父主页所做的任何修改都将在子主页中反映出来，可减少工作量。

5. 在主页中添加标志符"当前页码"。先在主页中创建一个文本框架，再选择文字工具，在文本框架中单击，选择"文字">"插入特殊字符">"标志符">"当前页码"。

6. 必须将要打印到纸张边缘的对象延伸到粘贴板区域，可以使用出血参考线指出这些对象至少应该延伸到什么位置。

第 4 课

使用对象

本课概览

- 使用图层。
- 创建、编辑文本框架和图形框架。
- 将图像置入图形框架中。
- 裁剪、移动和缩放图像。
- 调整框架之间的间隙。
- 给图形框架添加元数据题注。
- 沿对象绕排文本。

- 修改框架的形状。
- 创建复杂的框架形状。
- 转换框架的形状。
- 变换和对齐对象。
- 选择并修改对象组中的对象。
- 沿路径排列文本。
- 绘制线段及修改箭头。

学习本课大约需要 **90**分钟

InDesign 框架可包含文本、图形。当你使用框架时会发现 InDesign 提供了极大的灵活性，让你能够充分控制设计方案。

4.1 概述

在本课中,你将处理一篇包含 4 页的新闻稿,它由两个跨页组成。你将在其中添加文本和图像,并对这两个跨页中的对象做多项修改。

① 为确保你的 InDesign 首选项和默认设置与本课所述一样,请将 InDesign Defaults 文件移到其他文件夹中,详情请参阅"前言"中的"另存和恢复 InDesign Defaults 文件"。

② 启动 InDesign,选择"文件">"打开",打开 InDesignCIB\Lessons\Lesson04 文件夹中的 04_Start.indd 文件。如果出现一个对话框指出该文件链接的源文件已修改,请单击"更新修改的链接"按钮。

③ 为确保你的 InDesign 面板和菜单命令与本课所述相同,请先选择"窗口">"工作区">"[高级]",再选择"窗口">"工作区">"重置'高级'"。

④ 选择"文件">"存储为",将文件重命名为 04_Objects.indd,并存储到 Lesson04 文件夹中。

⑤ 如果要查看最终完成效果,可以打开 Lesson04 文件夹中的 04_End.indd 文件,如图 4.1 所示。你可以让其保持打开状态,以便工作时参考。查看完毕后,选择"窗口">04_Objects.indd 或单击文档窗口顶部相应的标签,切换到本课要处理的文档。

本课将处理的新闻稿包含两个跨页:左边的跨页包含第 4 页(封底)和第 1 页(封面),右边的跨页包含第 2、3 页(内部跨页)。在页面之间导航时,别忘了这种页面布局。这里显示的是完成后的新闻稿

图 4.1

> 💡注意 执行本课的任务时,可以根据需要随意移动面板和修改缩放比例。

4.2 图层简介

在创建和修改对象之前,弄明白 InDesign 中图层的工作原理很重要。将对象放在不同的图层中,可方便地选择和编辑它们。例如,锁定图层可轻松地选择并移动特定的对象,避免不小心选择或移动不该移动的对象,如背景图像。默认情况下,每个新的 InDesign 文档只包含一个图层(图层 1)。

在处理文档时,可随时修改图层的名称及添加图层。

可将图层视为堆叠在一起的透明胶片。每个图层都包含一组对象。

"图层"面板（选择"窗口">"图层"）显示了一组文档图层，用户可在其中创建、管理和删除图层。通过"图层"面板，用户能够查看图层中所有对象的名称，以及选择、显示、隐藏或锁定各个对象或整个图层。单击图层名称左侧的箭头，可显示或隐藏该图层中所有对象的名称。

在"图层"面板中，图层的排列顺序就是它们的堆叠顺序。如果说一个图层就是一张透明胶片，那么多个图层就是多张堆叠在一起的胶片。

在"图层"面板中，位于最上面的图层在文件中也位于最上面。每个图层中的对象都遵循这样的规律。若要将一个对象移到另一个对象的前面（上面）或后面（下面），只需在"图层"面板中上下移动它所在的图层即可。

可将堆叠的图层视为一座有多个楼层的大楼，一层楼相当于一个图层。查看文档页面时，相当于从大楼的顶层往下看，而楼板是透明的。图层中的对象相当于家具，你可将其移到任何一个楼层。但与大楼不同的是，InDesign 中的图层是可以上下移动的，这类似于可将大楼下面的楼层连同家具移到顶层。当你从大楼上面往下看时，可看到顶层的所有家具，其他楼层的家具则有些部分被遮住了，这与你在"图层"面板中看到的情况类似，如图 4.2 所示。

图 4.2

在处理课程文件前，先熟悉一下图层的相关操作。

❶ 选择"文件">"打开"，打开 04_Layers_Intro.indd 文件。

❷ 单击面板停放区的"图层"面板图标（ ）打开"图层"面板，也可选择"窗口">"图层"打开"图层"面板。

❸ 单击图层 Type 左边第 1 栏中的眼睛图标（ ），如图 4.3 所示，这个图层中的所有对象都将被隐藏，其他图层中的对象是可见的。通过单击眼睛图标，用户能够隐藏或显示各个图层。在"图层"

面板中，图层被隐藏时，它左边的眼睛图标将消失。单击图层 Type 左边第 1 栏的空框，可让这个图层中的内容重新显示出来。

图 4.3

现在，让所有的图层都可见（确保每个图层的眼睛图标都显示出来了）。

④ 在"图层"面板中，单击图层 Type 右边的空心框，该框将变成洋红色实心框，该图层中的所有对象都被选中，且该图层中所有框架的边框都是洋红色的，如图 4.4 所示。设置图层时，图层颜色是可指定的选项之一。给图层指定不同的颜色，可让你知道当前选定的对象位于哪个图层中，因为文本框架和图形框架的颜色与图层的颜色相同。

💡提示　为不同的图层设置反差较大的颜色，而不要将其设置为类似的颜色，这能让你更容易知道当前选定的对象位于哪个图层中。

图 4.4

⑤ 将鼠标指针指向图层名 Type 右边的蓝色区域并按住鼠标左键，鼠标指针将变成紧握的手形图标（ ○ ），同时图层名下方将出现一根黑色线条。向下拖曳黑色线条到图层名 Background 下方处松开鼠标左键，这时图层 Type 中的大部分对象都不可见了，如图 4.5 所示，因为图层 Type 移到图层 Background 下面了。

图 4.5

⑥ 使用选择工具单击整袋的水果和蔬菜图像，注意，在"图层"面板中选择了图层 Background，且该图像的边框的颜色与图层 Background 的颜色相同。在"图层"面板中，将鼠标指针指向图层 Background 右边的橙色实心框，按住鼠标左键并拖曳实心框到图层 Phone Photo，松开鼠标左键。现在整袋的水果和蔬菜图像位于图层 Phone Photo 中，因此遮住了手机的一部分。

> **提示** 要将对象移到另一个图层中，可使用选择工具选中该对象，再在"图层"面板中将当前图层名右边的实心框拖曳到目标图层上。实心框表明选中了相应图层中的一个或多个对象。

⑦ 关闭 04_Layers_Intro.indd 文件且不保存所做的修改。你可随时使用这个文件来练习移动图层及在图层间和图层内移动对象的操作技巧，这些技巧都将在本课后面的课程中介绍。

熟悉一些重要的图层操作后，就可以开始处理本课程文件了。

4.3　使用图层

04_Objects.indd 文件中包含两个图层。你将通过这两个图层了解图层的堆叠顺序、对象在图层中的位置对文档设计效果的影响，以及添加新图层的方法。

> **提示** 如果通过"图层"面板菜单启用了"粘贴时记住图层"功能，那么将对象复制并粘贴到其他文档中时，其图层结构将保持不变。换言之，对象将被粘贴到与源图层同名的图层中。如果目标文档中没有这样的图层，InDesign 将新建一个与源图层同名的图层。

① 单击"图层"面板图标或选择"窗口">"图层"，打开"图层"面板（它也可能就处于打开状态）。

② 在"图层"面板中，如果没有选择图层 Text，请选择它，高亮显示表明图层已被选中。注意图层名 Text 的右边有一个钢笔图标（ ），这表明该图层是目标图层，你置入或创建的任何东西都将放到该图层中。

③ 单击图层名 Text 左边的箭头，显示该图层中所有对象的名称。使用"图层"面板中的滚动条以查看列表中的名称，可通过拖曳将对象移到当前图层中其他对象的前面或后面。再次单击该箭头，隐藏图层 Text 中所有对象的名称。

④ 使用缩放显示工具放大封面（第 1 页）中的蓝色框架。切换到选择工具，并在粉红色花朵图像中移动鼠标指针。注意该框架周围出现了蓝色边框，这表明它属于 Text 图层，因为该图层被指定为蓝色。这个框架中央还有一个透明的圆环（内容抓取工具），在这个圆环内移动时，鼠标指针将变成手形图标，如图 4.6 所示，这意味着如果你此时单击，将选择内容而不是框架。

在鼠标指针显示为箭头时单击，将选择框架及其中的图像；在鼠标指针显示为手形图标时单击，将只选择框架中的图像

图 4.6

⑤ 图层 Text 的颜色与页面颜色类似，因此最好修改其颜色，以便更容易看清选中的对象。在"图层"面板中双击图层 Text 或在"图层"面板菜单中选择"'Text'的图层选项"，在打开的对话框的"颜色"下拉列表中选择"橙色"，单击"确定"按钮。

⑥ 将鼠标指针移到内容抓取工具外面，确保鼠标指针呈箭头形状，再在图形框架内单击以选择它。"图层"面板中，图层 Text 被选中。

⑦ 在"图层"面板中，将橙色方块从图层 Text 拖曳到图层 Graphics。此时粉红色花朵所属的图形框架的边框变成了深绿色，如图 4.7 所示。

选择粉红色花朵图像并在"图层"面板中将橙色方块拖曳到 Graphics 图层，现在粉红色花朵图像位于 Graphics 图层中且框架的边框变成了深绿色

图 4.7

⑧ "对象"＞"排列"中移动对象的命令在图层内（而不是图层间）起作用。为验证这一点，可选择"对象"＞"排列"＞"置为底层"，但粉红色花朵图像并没有移到蓝色背景后面。这是因为粉红色花朵图像位于图层 Graphics 中，而这个图层位于蓝色框架所在图层 Text 的上方。现在，在"图层"面板中，将深绿色方块移到图层 Text，再选择"对象"＞"排列"＞"置为底层"，粉红色花朵图像移到了蓝色框架后面，因为它们位于同一个图层中。选择"编辑"＞"还原"两次，将粉红色花朵图像移回 Graphics 图层。

4.3.1 创建图层及重新排列图层

① 单击图层 Graphics 左边的图层锁定框将该图层锁定，注意，此时钢笔图标上有一条斜线，如图 4.8 所示，这表明不能修改这个图层，也不能在其中添加内容。

图 4.8

② 选择"视图"＞"使跨页适合窗口"。

下面新建一个图层，并将现有内容移到其中。

③ 单击"图层"面板底部的"创建新图层"按钮（ ），如图 4.9 所示。由于当前选择的图层是 Graphics，因此创建的新图层位于图层 Graphics 上方。

④ 双击新图层的名称（"图层 3"），打开"图层选项"对话框，将"名称"改为 Background。

💡 提示　也可在"图层"面板中选择相应的图层，再单击其名称来重命名图层。

InDesign 自动给这个图层指定了颜色，你也可设置其他颜色，例如在"颜色"下拉列表中选择"绿色"，单击"确定"按钮，如图 4.10 所示。

图 4.9　　　　　　　　　　　　　　　　　　　图 4.10

💡 提示　单击"创建新图层"按钮时，如果按住 Alt（Windows）或 Option（macOS）键，将在创建新图层的同时打开"图层选项"对话框。

⑤ 在"图层"面板中，将图层 Background 拖曳到图层栈的最下面。拖曳到图层 Text 的下方时将出现一条水平线，它表示松开鼠标左键后图层 Background 将置于图层 Text 下方，如图 4.11 所示。

图 4.11

4.3.2　将背景对象移到图层 Background 中并锁定

下面将背景对象移到图层 Background 中，并锁定这个图层。这样，在处理图层 Text 和图层 Graphics 中的对象时，不会无意间选择或移动背景。

① 使用选择工具单击封底页面的浅绿色背景，再按住 Shift 键单击封面上的大型图像。

② 在"图层"面板中，将橙色方块从图层 Text 拖曳到图层 Background。图层 Background 右边的方框变成绿色实心，前面选定的两个对象的框架也变成了绿色，这表明它们现在位于图层 Background 中。

③ 单击文档窗口左下角的"下一跨页"按钮（ ▶ ），如图 4.12 所示，切换到下一个跨页（第 2-3 页）。

④ 拖曳出一个小型方框，如图 4.13 所示，选择这两个对象的框架。

⑤ 在"图层"面板中，将橙色方块向下拖曳到图层 Background，从而将前面选择的两个对象都移到图层 Background 中。

⑥ 单击图层 Background 左边的锁定框将该图层锁定，如图 4.14 所示。

图 4.12　　　　　　　图 4.13　　　　　　　图 4.14

⑦ 选择"文件">"存储"，保存文件。

4.4　创建和修改文本框架

在大多数情况下，文本都放在文本框架内 [也可使用路径文字工具（ ✎ ）沿路径排列文本]。文本框架的大小和位置决定了文本在页面中的位置。文本框架可使用文字工具来创建，并可使用多种工具进行编辑。本节讲解如何创建和修改文本框架。

4.4.1　创建文本框架并调整其大小

下面创建一个文本框架并调整其大小，然后在其中添加文本并设置文本的样式。

① 单击面板停放区中的"页面"面板图标以打开"页面"面板，双击第 4 页的页面图标，在文档窗口中居中显示第 4 页。

② 在"图层"面板中，单击图层 Text 以选择它，这样，后面创建的所有内容都将放到这个图层中。

③ 在工具面板中选择文字工具，将鼠标指针指向边距参考线的交点（水平位置和垂直位置都为 0.5 英寸），按住鼠标左键并拖曳以创建一个与第 2 栏的右边缘对齐且高度大约为 1 英寸的框架，如图 4.15 所示。

> ♀ 注意　如果鼠标指针的形状为 ✎ ，说明当前选定的图层已被锁定。

④ 按 Ctrl + = （Windows）或 Command + = （macOS）组合键多次，放大文本框架。执行缩放命令时，如果选定了对象，InDesign 将确保选定的对象在视图中央。

⑤ 在这个新建的文本框架中输入 Featured，按 Shift+Enter 组合键换行（这样不会创建新段落），再输入 Blossoms。

图 4.15

⑥ 下面对这些文本应用段落样式。单击"段落样式"面板图标或选择"文字">"段落样式"，打开"段落样式"面板。选择样式 Right Flush Title，将其应用于选定的段落，如图 4.16 所示。

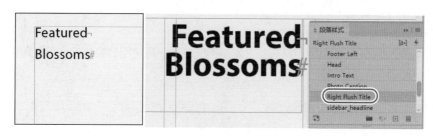

图 4.16

💡 提示　应用段落样式之前不需要选择整个段落，只需在段落中的任意位置单击即可。

有关样式的更多信息，请参阅第 9 课。

⑦ 按 Esc 键切换到选择工具，双击选定的文本框架底部中央的手柄，使文本框架的高度适合文本，如图 4.17 所示。

图 4.17

⑧ 选择"视图">"使跨页适合窗口"，按住 Z 键临时切换到缩放显示工具，放大封面（第 1 页）最右边的一栏。使用选择工具选择包含标题 Botanical Gardens Worldwide 的文本框架。

该文本框架右下角的红色加号图标表明有溢流文本。下面通过修改这个文本框架的大小来解决这个问题。

⑨ 拖曳选定的文本框架下边缘中央的手柄，以调整文本框架的高度，直到文本框架下边缘与 5.5 英寸处的参考线对齐。当鼠标指针接近标尺参考线时，箭头将从黑色变成白色，表示文本框架将与该参考线对齐，如图 4.18 所示。

图 4.18

⑩ 红色加号图标消失了，同时文本末尾有一个井号（#），这表明当前文本的所有内容都显示出来了。选择"编辑">"全部取消选择"，再选择"文件">"存储"，保存文件。

4.4.2 调整文本框架的形状

下面使用直接选择工具拖曳锚点来调整文本框架的形状，再使用转换方向点工具调整锚点来修改文本框架的形状。

💡 提示 这里介绍的方法也适用于图形框架。

① 在工具面板中选择直接选择工具，再在前面调整了大小的文本框架内单击，该文本框架的 4 个角上将各出现一个空心的锚点，同时下边缘中央也有一个。可能需要放大视图才能看到这些锚点。

② 使用直接选择工具能够选择定义文本框架形状的锚点。在文本框架下边缘中央的锚点上按住鼠标左键，等鼠标指针变成黑色后向上拖曳，到与左边包含粉色花朵的蓝色框架的下边缘对齐（此时会出现智能参考线）后松开鼠标左键。拖曳鼠标时，文本将重新排列以便能够实时预览。松开鼠标左键后，溢流文本标识（红色加号图标）又出现了。

💡 注意 必须确保拖曳的是锚点，并在拖曳前确保锚点是实心的而不是空心的，如图 4.19 所示。如果不小心移动了框架，可选择"编辑">"还原移动"，再重新操作。

未选中的锚点   选中的锚点

图 4.19

③ 在"工具"面板中，选择隐藏在钢笔工具组中的转换方向点工具，选择刚才移动过的锚点并将其向右上方拖曳，再松开鼠标左键，这个锚点将从角点转换为带方向手柄的平滑点。

④ 按 A 键切换到直接选择工具，再选择这个锚点并将其向右下方拖曳，直到不再有溢流文本，如图 4.20 所示。

图 4.20

⑤ 可上下移动方向手柄或调整它们的长度，从而调整这个文本框架的形状。按 V 键切换到选择工具，注意定界框和路径不再是完全重叠的，如图 4.21 所示。

路径

定界框

图 4.21

💡提示　如果要同时调整文本框架和其中的文本的字号，可先选择文本框架，然后双击缩放工具（该工具在工具面板中与自由变换工具、旋转工具和切变工具同属一组），再在"缩放"对话框中指定值。也可在使用选择工具拖曳文本框架手柄时按住 Shift + Ctrl（Windows）或 Shift + Command（macOS）组合键。按住 Shift 键可保持文本和文本框架的长宽比不变。

⑥ 选择"编辑">"全部取消选择"，选择"文件">"存储"，保存文件。

使用智能参考线

启用智能参考线功能后，智能参考线会动态地出现，为用户提供即时的视觉反馈，用户可让对象与其他对象的中心或边缘对齐、将对象放在页面的垂直和水平方向的中央，以及让对象与分栏和栏间距的中点对齐。智能参考线让用户无须添加标尺参考线、输入值或单击对齐按钮就能准确地对齐对象。

在"首选项"对话框的"参考线和粘贴板"选项卡中，有 4 个启用智能参考线功能的选项。

要进入该选项卡，可选择"编辑">"首选项">"参考线和粘贴板"（Windows）或 InDesign>"首选项">"参考线和粘贴板"（macOS）。

· "对齐对象中心"复选框：勾选此复选框，当用户创建或移动对象时，将使对象边缘与页面或跨页中的其他对象的中心对齐。

· "对齐对象边缘"复选框：勾选此复选框，当用户创建或移动对象时，将使对象边缘与页面或跨页中的其他对象的边缘对齐。

- "智能尺寸"复选框：勾选此复选框，当用户创建对象、对对象进行旋转操作或调整对象大小时，将使对象的宽度、高度或旋转角度与页面或跨页中的其他对象对齐。
- "智能间距"复选框：此复选框能够帮助用户快速排列对象，使其间距相等。

要启用或禁用智能参考线，可选择"视图" > "网格和参考线" > "智能参考线"。智能参考线默认为启用状态。

为熟悉智能参考线，下面创建一个包含多栏的单页文档：在"新建文档"对话框中，将"栏数"设置为大于 2 的值。

① 选择矩形框架工具，在左边距参考线上按住鼠标左键并慢慢地向右拖曳，当鼠标指针位于分栏中央、栏间距中央或页面垂直方向的中央时，都将出现一条智能参考线。在智能参考线出现时松开鼠标左键。

② 选择矩形框架工具，在第 3 栏中创建第 2 个矩形框架，它位于上边距附近。切换到选择工具，向下拖曳这个矩形框架，直到出现一条智能参考线指出这个矩形框架的上边缘与第 1 个框架的下边缘对齐，松开鼠标左键。

③ 使用矩形框架工具在页面的空白区域创建一个对象。在创建过程中，缓慢地拖曳鼠标并仔细观察，每当鼠标指针到达其他任何对象的边缘或中心时，都将出现智能参考线。另外，当正在创建的对象的高度或宽度与其他对象相等时，这些对象旁边都将出现水平或垂直参考线（或两者都出现），且参考线两端都有箭头。

④ 关闭这个文档，不保存所做的修改。

4.4.3　创建多栏文本框架

下面将一个既有文本框架转换为多栏文本框架。

① 选择"视图" > "使跨页适合窗口"，使用选择工具选择以文本 Rose 开头的文本框架。按 Ctrl + =（Windows）或 Command + =（macOS）组合键 3 次放大视图，并让这个文本框架位于文档窗口中央。

② 选择"对象" > "文本框架选项"。在打开的"文本框架选项"对话框中，在"常规"选项卡的"栏数"文本框中输入 3，在"栏间距"文本框中输入"0.125 英寸"（栏间距指定了两栏之间的距离），如图 4.22 所示，单击"确定"按钮。

图 4.22

③ 选择"文字" > "显示隐含的字符"（如果该命令是"不显示隐藏字符"，而不是"显示隐含的字符"，就说明已显示了隐含的字符）。

💡 提示　隐含的字符指的是不会被打印出来的格式设置字符，如空格和换行符。

④ 为让每栏都以标题开始，选择文字工具，将光标置于文本 Foxglove 的前面，并选择"文字" > "插入分隔符" > "分栏符"，这将使文本 Foxglove 进入第 2 栏。在标题 Crocus 前面也插入一个分栏符，结果如图 4.23 所示。

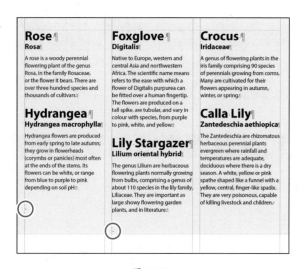

图 4.23

⑤ 选择"文字">"不显示隐藏字符"。

⑥ 在"图层"面板中，单击图层 Graphics 的解除锁定图标（ 🔒 ）将图层解锁，因为接下来将在这个图层中工作。

4.4.4　调整文本框架的内边距和垂直对齐方式

下面来处理封面上的红色标题栏。调整文本框架和文本之间的内边距，可提高文本的可读性。

① 选择"视图">"使跨页适合窗口"，使用缩放显示工具放大封面（第 1 页）顶部的区域，也可向右滚动以便能够看到封面。使用选择工具选择包含白色文本 Urban Oasis Garden 和 Spring 2023 的紫色文本框架。

② 选择"对象">"文本框架选项"。如果有必要，将打开的对话框拖到一边，以便在设置选项时能够看到选定的文本框架。

③ 在"文本框架选项"对话框的"常规"选项卡中，确保勾选了"预览"复选框。在"内边距"部分，确保禁用了"将所有设置设为相同"按钮，以便能够独立地修改左内边距（如果要快速将所有值设为相同，则启用这个按钮）。将"左"改为"2 英寸"，这将使文本框架的左内边距右移 2 英寸，再将"右"设置为"0.625 英寸"。

④ 在"垂直对齐"部分的"对齐"下拉列表中选择"居中"，如图 4.24 所示，单击"确定"按钮。

⑤ 选择文字工具，通过单击将光标放在文本 Spring 2023 的左侧。为移动这些文本，使其与前面指定的右内边距对齐，选择"文字">"插入特殊字符">"其他">"右对齐制表符"，这里显示了隐含字符——右对齐制表符，结果如图 4.25 所示。

图 4.24

图 4.25

⑥ 选择"编辑">"全部取消选择",选择"文件">"存储",保存文件。

4.5 创建和修改图形框架及其内容

本节重点介绍各种创建和修改图形框架及其内容的方法。

4.5.1 新建图形框架

下面先在封面(第 1 个跨页的右对页)中创建一个用于放置徽标的图形框架。

① 如果"图层"面板不可见,可在面板停放区单击其图标或选择"窗口">"图层"将其打开。

② 在"图层"面板中,单击图层 Text 左边的锁定框,以锁定 Text 图层,单击图层名 Graphics 选择 Graphics 图层,以便将新元素加入 Graphics 图层,如图 4.26 所示。

图 4.26

③ 使用缩放显示工具放大封面(第 1 页)的左上角——前面修改的紫色文本框架中文本 Urban Oasis Garden 的左边部分。

> **💡 提示** 可按住 Z 键临时切换到缩放显示工具,单击进行放大操作,松开 Z 键后将返回到按住 Z 键前选择的工具。

④ 选择工具面板中的矩形框架工具,将鼠标指针指向页面的左上角(与左页边距参考线对齐),按住鼠标左键并向下拖曳到进入紫色文本框架一点点的位置(大致与文本 Urban Oasis Garden 的基线对齐),再向右拖曳到第 2 栏的左边缘,以创建一个图形框架,如图 4.27 所示。

图 4.27

⑤ 切换到选择工具,并确保依然选择了新建的图形框架。

4.5.2 在既有框架中置入图像

下面将徽标置入选定的图形框架中。

① 选择"文件">"置入",在弹出的对话框中,切换到 Lesson04\Links 文件夹,双击 urban-oasis-logo.ai 文件,徽标出现在图形框架中,如图 4.28 所示。

> **💡 注意** 如果选择"文件">"置入"前没有选定图形框架,鼠标指针将变成置入图像图标。在这种情况下,可在图形框架内单击来置入图像。

图 4.28

② 为确保以最高分辨率显示徽标,选择"视图">"显示性能">"高品质显示"。

4.5.3 调整图形框架的大小以隐藏或显示图像

创建的图形框架不够宽，无法显示整个徽标，下面加宽该图形框架以显示隐藏的部分。

❶ 使用选择工具向右拖曳图形框架右边缘中央的手柄以显示整个徽标。如果拖曳手柄时暂停了一会儿，将看到被隐藏的部分（这被称为动态预览），从而能够轻松地判断图形框架边缘是否越过了徽标边缘，如图 4.29 所示。

💡 提示　要让整个徽标都显示出来，也可选择"对象">"适合">"使框架适合内容"。

图 4.29

❷ 选择"编辑">"全部取消选择"，选择"文件">"存储"保存文件。

💡 提示　也可将图形框架缩小到比图像更小，以隐藏图像的某些部分。

4.5.4 在没有图形框架的情况下置入图像

该新闻稿的封底也使用了这个徽标。下面再次置入该徽标，但不预先创建图形框架。

❶ 选择"视图">"使跨页适合窗口"，使用缩放显示工具放大封底（第 4 页）的右下角——在回信地址附近单击。

❷ 选择"文件">"置入"，在弹出的对话框中双击 Lesson04\Links 文件夹中的 urban-oasis-logo.ai 文件，鼠标指针将变成置入图像图标，并带有选定文件的缩览图（此图标随选定文件的格式而异）。

❸ 将鼠标指针指向最右边一栏的左边缘，且位于经过旋转的、包含寄信人地址的文本框架下方。拖曳鼠标到该栏的右边缘，松开鼠标左键。注意，拖曳鼠标时显示了一个矩形，该矩形的长宽比与徽标相同，而徽标将缩放到适合框架的大小，如图 4.30 所示。

💡 提示　如果在页面的空白区域单击，而不是按住鼠标左键拖曳，图形将以 100% 的比例放置到单击的地方，且图形的左上角位于单击的地方。

图 4.30

此处不需要像前面那样调整框架的大小，因为显示了整个图形。该图形还需进行旋转，这将在本课后面进行操作。

④ 选择"编辑">"全部取消选择"，选择"文件">"存储"保存文件。

4.5.5 在框架网格中置入多个图像

该新闻稿的封底还应在一个网格内显示 6 张图片。可分别置入这些图片，再分别调整每张图片的位置，也可同时置入它们并将其排列在网格内。

① 选择"视图">"使跨页适合窗口"。根据屏幕的大小，你可能想放大左页面（封底）的上半部分。

② 选择"文件">"置入"，在弹出的对话框中，切换到 Lesson04\Links 文件夹，选择 01Rose.jpg 文件，再按住 Shift 键单击 06CallaLily.jpg 文件以同时选择这 6 张图片，单击"打开"按钮。

③ 将鼠标指针指向页面上半部分的水平标尺参考线与第 3 栏左边缘的交点。

④ 按住鼠标左键向右下方拖曳，拖曳时按↑键一次并按→键两次。按箭头键时，代理图形将变成虚线矩形网格，这指出了图形的网格布局，如图 4.31 所示。

图 4.31

> 💡 提示　使用框架创建工具（矩形框架工具、多边形框架工具和文字工具等）创建框架时，在拖曳鼠标的同时按箭头键可创建多个间隔相等的框架。

⑤ 待鼠标指针与右边距参考线对齐时，松开鼠标左键，包含 6 个图形框架的网格中显示出置入的 6 张图片。你的网格可能会比这里显示的高点或矮点。

⑥ 在依然选择了这 6 个框架的情况下，按↑键 6 次，将它们移到上边距上面一点，如图 4.32 所示。

图 4.32

⑦ 选择"编辑">"全部取消选择",选择"文件">"存储"保存文件。

4.5.6　在框架内移动图像并调整其大小

置入这 6 张图片后,需要调整其大小和位置,让图像填满图形框架并被正确地裁剪。

可分别调整图形框架及其内容。图形框架及其内容都有独立的定界框(对象所占区域的外边缘)。

要调整图形框架中内容的大小,但不调整框架的大小,可选择"对象">"选择">"内容"来选择内容;也可使用内容抓取工具来选择内容(将鼠标指针指向图像就会显示内容抓取工具)。无论是选择内容还是框架,定界框都将出现,但在这两种情况下,定界框的尺寸和颜色不同。

❶ 放大前面置入的 6 张图片所在的区域。切换到选择工具,将鼠标指针指向藏红花图像(右上角的图像)中的内容抓取工具。当鼠标指针位于内容抓取工具图标上时,鼠标指针将变成手形图标。单击以选择图形框架中的内容(即图像本身)。注意定界框和手柄是橙色的,虽然给当前图层指定的颜色为深绿色的,如图 4.33 所示,但在选择内容后,InDesign 自动使用与图层颜色形成反差的颜色。在这里,图层颜色为深绿色的,因此框架也是深绿色的,但在选择框架中的内容后,显示的定界框和手柄为橙色的。这种颜色变化提供了视觉线索,让你知道当前选择的是框架中的内容。

> ♀注意　执行本课的任务时,如果有必要,可使用缩放显示工具放大要处理的区域。

❷ 为了让图像填满框架,按住 Shift 键并将图像下边缘中央的手柄向下拖曳,直到稍微越过图形框架的下边缘;将图像上边缘中央的手柄向上拖曳直到越过框架的上边缘,结果如图 4.34 所示。按住 Shift 键可保持图像比例不变,以免缩放时图像发生扭曲。如果在开始拖曳后暂停一段时间,将看到被隐藏的图像区域(位于框架外面)的动态预览效果。注意,图像的定界框超出了框架的定界框,这表明图像比框架大。

图 4.33　　　　　　　　　　　　　　　图 4.34

❸ 现在图像填满了框架。为修改图像的裁剪方式,将鼠标指针指向该图像中的内容抓取工具,按住 Shift 键并向左拖曳,让藏红花在框架内居中。继续缩放图像,直到得到满意的结果。

> ♀提示　若要将移动方向限制为水平、垂直或 45°,可在拖曳时按住 Shift 键。

❹ 第 1 行中间的图像太窄,没有填满相应的框架。使用选择工具单击内容抓取工具以选择该图像。按住 Shift 键,将图像左边缘中央的手柄拖曳到图形框架的左边缘,对右边缘中央的手柄做同样的处理——将其拖曳到图形框架的右边缘。确保图像填满了图形框架,注意,图像定界框的上下边缘都在框架定界框外面,如图 4.35 所示。

⑤ 对第 1 行余下的图像重复第 2 步，使其填满框架，结果如图 4.36 所示。

图 4.35   图 4.36

下面使用另一种方法调整剩余 3 幅图像的大小。

⑥ 使用选择工具选择第 2 行左边的图像。可选择图形框架，也可直接选择图像。

⑦ 选择"对象">"适合">"按比例填充框架"，放大图像，使其填满框架。此时，图像的一小部分隐藏起来了。

⑧ 对第 2 行的其他两幅图像重复第 6 ~ 7 步，结果如图 4.37 所示。

图 4.37

⑨ 选择"编辑">"全部取消选择"，选择"文件">"存储"保存文件。

下面调整一下图形框架间隙，对网格布局进行微调。

4.5.7　调整图形框架间隙

使用间隙工具（ ⊢ ）能够选择并调整图形框架间隙。下面使用该工具调整第 1 行中两个图形框架的间隙，再调整第 2 行中两个图形框架的间隙。

① 选择间隙工具，将鼠标指针指向中间两个图形框架的水平间隙。间隙将高亮显示，并向两边延伸到整行。按住 Shift 键，只有中间两个图形框架的间隙高亮显示，如图 4.38 左图所示。

② 将该间隙向下拖曳到下方粉色花朵的顶部附近，让上面的框架更高，下面的框架更矮，如图 4.38 右图所示。如果拖曳时没有按住 Shift 键，将同时调整所有图形框架的间隙。

图 4.38

使用间隙工具能够调整对象之间的距离，从而修改设置。使用刚才介绍的方法，可修改图形框架的大小，同时保持图形框架间隙不变。若要调整间隙的尺寸，而不是改变其位置，可在拖曳时按住 Ctrl（Windows）或 Command（macOS）键。

③ 选择"视图" > "使页面适合窗口"。

④ 选择选择工具，通过拖曳选择第 1 行的所有图像。在控制面板中，将参考点设置在左下角，在 Y 文本框中的数值后面输入 −0.0625，如图 4.39 所示，再按 Enter 键。图像向上移了 0.0625 英寸，你通过选择参考点指定了移动方向，而 InDesign 替你执行了减法运算。在 InDesign 控制面板中使用数学运算可精确地移动和缩放对象。

图 4.39

> ♀ 提示　在很多指定了位置和大小的文本框中，InDesign 都支持加、减、乘、除运算。这个功能可帮助用户极大地提高修改对象的效率。有关这方面的更多信息，请参阅本课后面的"练习"一节。

⑤ 选择"编辑" > "全部取消选择"，选择"文件" > "存储"保存文件。封底（第 4 页）的图形框架网格就制作好了。

4.6　给图形框架添加元数据题注

InDesign 可根据存储在原始文件中的元数据信息为图形框架自动生成题注。下面使用题注功能自动给这些图片对应的图形框架添加题注。

在 InDesign 中，可创建静态题注和动态题注。前者根据文件元数据生成题注文本，但不链接到元数据；而后者是链接到元数据的变量，在元数据发生变化时会自动更新。

💡 提示　如果你安装了 Adobe Bridge，可通过"元数据"面板轻松地查看和编辑置入文件的元数据。

❶ 选择选择工具，通过拖曳选择这 6 个图形框架（拖曳出的方框只需包含各个图形框架的一部分，而无须完全包含它们）。按 Ctrl + =（Windows）或 Command + =（macOS）组合键两次，以便更容易看清这 6 幅图像。

💡 提示　在选定了对象的情况下，使用快捷键放大视图时，InDesign 将让选定的对象在界面上居中。

❷ 单击面板停放区中的"链接"面板图标（ ∞ ）以显示这个面板，在面板菜单中选择"题注">"题注设置"，打开"题注设置"对话框。

💡 提示　也可选择"对象">"题注">"题注设置"来打开"题注设置"对话框。

❸ 在"题注设置"对话框中，做如下设置，如图 4.40 所示。
- 在"此前放置文本"文本框中删除默认的文本。
- 在"元数据"下拉列表中选择"说明"（可能需要向上滚动才能找到它）。
- 在"此后放置文本"文本框中输入 Flower（确保在 Flower 前面输入了一个空格，且没有在单词后面输入句号）。
- 在"对齐方式"下拉列表中选择"图像下方"。
- 在"位移"文本框中输入"0.02 英寸"。
- 在"段落样式"下拉列表中选择"Photo Caption"。

图 4.40

❹ 单击"确定"按钮保存这些设置并关闭"题注设置"对话框。

❺ 在"链接"面板菜单中选择"题注">"生成静态题注"，结果如图 4.41 所示。

每个图像文件中都包含名称为"说明"的元数据，其中存储了花朵的名称。生成这些题注时，InDesign 从图像文件中获取了这项元数据信息。

❻ 选择"编辑">"全部取消选择"，选择"文件">"存储"保存文件。

图 4.41

4.7 文本绕排

在 InDesign 中，可指定多种文本绕排方式：沿对象的定界框或对象本身绕排文本，让文本沿置入的图像的轮廓绕排等。下面练习让文本沿图像绕排的操作，帮助读者理解文本沿定界框绕排和沿图像绕排的差别。

❶ 打开"链接"面板，单击标题栏中的字样"名称"，在这个面板中根据名称对链接排序。单击名称 BleedingHeart.psd，再单击字样 1 导航到这个图像。按 Esc 键选择这个图像的框架而不是图像本身。

❷ 选择"编辑">"复制"。单击文档窗口左下角的"下一页"按钮两次，切换到第 3 页。按 Ctrl + =（Windows）或 Command + =（macOS）组合键两次，放大第 3 页的上半部分。

❸ 按 Ctrl + V（Windows）或 Command + V（macOS）组合键，将荷包牡丹图像粘贴到该页面中。调整图像的位置，使其位于文本框架的左侧，并覆盖第 1 段最后两行文本的开头部分。

注意：图像盖住了文本，如图 4.42 所示。下面使用文本绕排解决这个问题。

❹ 在应用文本绕排前，先放大花朵图像。按住 Shift + Ctrl（Windows）或 Shift + Command（macOS）组合键，并向右下方拖曳框架右下角的手柄。注意观察控制面板中的值，当这个值大约为 175% 时松开鼠标左键，效果如图 4.43 所示。按住上述组合键，可同时缩放图像及其框架，并确保宽高比不变。

> 💡 注意 如果不按住 Shift 键，拖曳图像时将发生扭曲，即只沿水平或垂直方向拉伸图像。

图 4.42

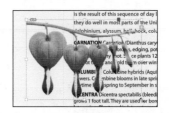

图 4.43

⑤ 选择"窗口">"文本绕排"。在"文本绕排"面板中，单击"沿定界框绕排"按钮（ ），让文本沿定界框绕排，如图 4.44 所示。如果有必要，在"文本绕排"面板菜单中选择"显示选项"，以显示"文本绕排"面板中的所有选项。

图 4.44

这种设置留白过多，下面尝试另一种文本绕排方式。

⑥ 在"文本绕排"面板中，单击"沿对象形状绕排"按钮（ ）；在"绕排选项"部分的"绕排至"下拉列表中选择"右侧"；在"轮廓选项"部分的"类型"下拉列表中选择"检测边缘"；在"上位移"（ ）文本框中输入"0.125 英寸"并按 Enter 键（也可单击上箭头两次），以增大图形边缘和文本的间隙，如图 4.45 所示。

♀ 注意　你可能会看到一个演示文本绕排选项"选择主体"的动画；在"轮廓选项"部分，"类型"下拉列表中可能默认选择了"选择主体"。第 11 课将介绍这项功能——主体识别文本绕排。如果出现了上述动画，请单击"确定"按钮将其关闭。

图 4.45

♀ 提示　若要修改文本绕排路径的形状，可使用直接选择工具选择并移动路径上的点，还可使用钢笔工具添加或删除路径上的点。

⑦ 按 Esc 键选择图形框架，并使用方向键微调其位置以调整绕排效果。

⑧ 单击空白区域或选择"编辑">"全部取消选择"取消对所有对象的选择。关闭"文本绕排"面板，选择"文件">"存储"，保存文件。

4.8 修改框架的形状

InDesign 提供了很多用于修改框架形状的功能，下面来学习这些功能。先在一个形状中减去另一个形状，然后创建复合框架，接着将框架从一种形状转换为另一种形状，再复制形状并让它们均匀分布，最后给框架添加圆角。

4.8.1 通过减去或添加形状来修改框架的形状

可通过减去或添加形状来修改框架的形状。即使框架已包含文本或图像，其形状也可修改。下面在第 3 页的浅绿色背景中删除一个形状，让该页面底部的文章的背景变为白色。

① 选择"视图">"使页面适合窗口"，让第 3 页适合文档窗口并位于文档窗口中央。打开"图层"面板，解除对图层 Background 的锁定。单击图层 Background，从而让接下来创建的对象位于该图层中。

② 使用矩形工具绘制一个覆盖住右下角文本的矩形，其左上角位于圆形上方两条参考线的交点处，其右下角位于页面右下角外面的红色出血参考线的交点处，如图 4.46 所示。

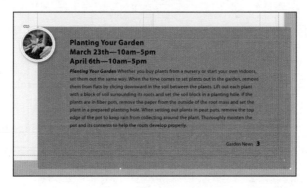

图 4.46

③ 选择工具面板中的选择工具，按住 Shift 键单击覆盖第 3 页的浅绿色形状，以同时选择背景形状和新建的矩形。

④ 选择"窗口">"对象和版面">"路径查找器"，打开"路径查找器"面板。在"路径查找器"部分，单击"减去"按钮（🔳），从浅绿色形状中减去新建的矩形。浅绿色形状将发生变化，不再包含新建的矩形覆盖的区域，如图 4.47 所示。

> 💡 注意　"属性"面板中也包含"路径查找器"工具。

图 4.47

⑤ 打开"图层"面板，锁定图层 Background，以免不小心移动这个框架。

⑥ 关闭"路径查找器"面板，选择"文件">"存储"保存文件。

4.8.2 使用复合形状

复合形状由多条路径组合而成，通常用于在一个形状中"挖掉"另一个形状，以便能够通过被挖空的区域看到后面的对象。

① 切换到第 4 页（封底），并放大花朵描述文本左边的区域。

② 使用选择工具单击黄色花朵图像上面的紫色锯齿图形，再按住 Shift 键单击黄色花朵图像，以同时选择它们。选择"对象">"路径">"建立复合路径"，从黄色花朵图像中挖掉紫色锯齿图形，将后面的文本框架显示出来，如图 4.48 所示。

③ 将复合形状拖曳到文本框架右侧，注意，黄色花朵图像和挖空的形状现在是一个对象，如图 4.49 所示。选择"编辑">"还原'移动项目'"。

图 4.48

图 4.49

④ 选择"编辑">"全部取消选择"。为编辑复合形状，可在工具面板中选择直接选择工具，也可按 A 键。放大复合形状，并将鼠标指针指向该形状的路径，路径上的点将显示出来。按住 Alt（Windows）或 Option（macOS）键，单击复合形状路径上的一个锚点，可以看到所有的锚点都是实心的，这表明选择了整个路径。

> ♀提示 按住 Alt（Windows）或 Option（macOS）键并使用直接选择工具单击锚点或路径段，可选择复合形状或对象组中的嵌套形状。

⑤ 拖曳或使用箭头键微调路径的位置，这将移动定义被挖空的区域的路径，而不是整个框架。如果需要，还可调整被挖空的区域的形状，方法是选择各个锚点并移动它们，选择各个锚点的方向线并调整其角度，或者使用转换方向点工具（它与钢笔工具位于同一工具组中）将角点转换为平滑点，示例效果如图 4.50 所示。若对修改结果满意，选择"文件">"存储"保存文件。

图 4.50

4.8.3 转换形状

在 InDesign 中可修改既有框架的形状，而不用重新绘制形状。下面创建一个正方形，并将其转换为圆形。

❶ 切换到第 3 页，选择"视图">"使页面适合窗口"。

❷ 单击面板停放区中的"图层"面板图标或选择"窗口">"图层"，打开"图层"面板。单击图层 Graphics 以选择它，选择矩形框架工具。

❸ 在第 3 页两篇文章之间的浅绿色区域的参考线上单击，按住 Shift 键，按住鼠标左键向右下方拖曳，直到矩形的高度和宽度都为 0.625 英寸，松开鼠标左键，如图 4.51 所示。按住 Shift 键可确保绘制的是正方形。

❹ 选择"文件">"置入"，切换到 Lesson04\Links 文件夹，选择 bee-on-flower.psd 文件，再单击"打开"按钮。选择"对象">"适合">"内容居中"，效果如图 4.52 左图所示。

❺ 切换到选择工具，单击内容抓取工具以选择图像（而不是框架）。在控制面板中，将参考点设置为中心点，并从"缩放比例"下拉列表中选择 50%。调整图像在框架中的位置，使之大致居中，如图 4.52 中图所示。

❻ 按 Esc 键选择框架，再选择"对象">"转换形状">"椭圆"，将正方形转换为圆形，如图 4.52 右图所示。可查看控制面板中的宽度值和高度值，它们依然是 0.625 英寸。

> 💡 提示　"路径查找器"面板和"属性"面板中也有"转换形状"选项。

图 4.51

图 4.52

4.8.4　多重复制和均匀分布形状

在实际工作中，一种常见的设计需求是在页面上均匀地排列大量对象。InDesign 提供了相关的工具，让用户能够快速又轻松地实现这种需求（即便在创建后增减了形状）。

❶ 选择前面转换而来的圆形，选择"编辑">"多重复制"，打开"多重复制"对话框。

❷ 在"位移"部分，将"垂直"设置为"0 英寸"，将"水平"设置为"0.75 英寸"，在"计数"文本框中输入 12（之所以先输入位移值，是因为其默认值可能太大，导致没有足够的空间来复制 12 个圆形），单击"确定"按钮，如图 4.53 左图所示。

❸ 复制得到的形状之间的距离是相同的，如图 4.53 右图所示。选择"编辑">"全部取消选择"，并删除其中任意两个形状。

图 4.53

❹ 使用选择工具拖曳出一个与所有圆形都相交的方框，以选择所有圆形（确保锁定了

Background 图层，这样就只会选择这些圆形），如图 4.54 所示。

图 4.54

⑤ 在控制面板的"对齐"部分或"对齐"面板（选择"窗口">"对象和版面">"对齐"）中，单击"水平居中分布"按钮（ ），结果如图 4.55 所示。

💡 提示　"属性"面板中也有"分布对象"选项，要显示这些选项，可单击"对齐"部分的"更多选项"按钮。

图 4.55

现在这些圆是均匀分布（即它们之间的距离相等）的了。

⑥ 选择所有圆形，选择"窗口">"属性"，打开"属性"面板。在"快速操作"部分，单击"转换形状"按钮，并在弹出的菜单中选择一个命令，如"多边形"，所有的圆形都将被转换为指定的形状，如图 4.56 所示。选择"编辑">"全部取消选择"，再选择"文件">"存储"，保存文件。关闭"图层"面板、"对齐"面板以及"属性"面板。

图 4.56

4.8.5 给框架添加圆角

下面来修改一个框架——给它添加圆角。

① 在文档窗口底部的"页面"下拉列表中选择 1，以切换到第 1 页。选择"视图">"使页面适合窗口"。

② 选择选择工具，按住 Z 键临时切换到缩放显示工具。单击第 1 页中包含粉色花朵的蓝色文本框架 5 次以放大它，松开 Z 键返回到选择工具。

③ 打开"图层"面板，并解除对图层 Text 的锁定。选择蓝色文本框架，单击框架右上角的大小调整手柄下方的黄色小方框。框架的大小调整手柄将从黄色小方框变为黄色小菱形，如图 4.57 所示，这表明当前处于"活动转角编辑"模式。

图 4.57

④ 向左拖曳框架右上角的菱形，当显示的 R（半径）值大约为 0.2 英寸时松开鼠标左键。拖曳时其他 3 个角会随之改变，如图 4.58 所示。如果拖曳时按住 Shift 键，则只有被拖曳的角会变。

图 4.58

要设置转角选项，也可选择"对象">"角选项"。在打开的"角选项"对话框中，可调整转角的大小和形状，还可给不同的角指定不同的转角效果，如图 4.59 所示。请随便尝试，但请在尝试完毕后选择"编辑">"还原"。

图 4.59

⑤ 选择"编辑">"全部取消选择"退出"活动转角编辑"模式，选择"文件">"存储"保存文件。

4.9 变换和对齐对象

在 InDesign 中，可使用各种工具和命令来修改对象的大小和形状，以及修改对象在页面中的朝向。所有变换操作（旋转、缩放、斜切和翻转）都可通过"变换"面板、控制面板和"属性"面板来完成，在这些面板中，可精确地设置变换参数。另外，还可沿选定区域、页边距、页面或跨页来水平、垂直对齐和分布对象。

下面尝试使用这些功能。

4.9.1　旋转对象

在 InDesign 中旋转对象的方式有多种，这里使用控制面板和"属性"面板来旋转前面置入的徽标。

❶ 通过文档窗口底部的"页面"下拉列表或"页面"面板显示第 4 页（文档首页，即新闻稿的封底），向下滚动页面，以便能够看到回信地址和徽标。

❷ 使用选择工具选择前面置入的徽标（确保选择的是图形框架）。

❸ 将鼠标指针移至任意一个角的外面，鼠标指针将变成弯曲的双箭头（↖）形状，此时拖曳即可旋转框架。

❹ 稍微向上拖曳并观察预览显示的旋转角度，松开鼠标左键，如图 4.60 所示。这种操作被称为自由旋转。

图 4.60

❺ 按 Ctrl + Z（Windows）或 Command + Z（macOS）组合键撤销旋转操作，下面旋转精确的角度。

❻ 在"属性"面板的"变换"部分，确保选择了参考点指示器的中心（▦），这样对象将绕其中心旋转。单击"变换"部分的"更多选项"按钮，再在"旋转角度"下拉列表中选择 180°，如图 4.61 所示。

❼ 单击内容抓取工具，按↑键多次让徽标离回信地址更近，如图 4.62 所示。注意，选择框架和选择内容时，定界框的颜色是不同的，分别为深绿色和橙色。

图 4.61

图 4.62

4.9.2 在框架内旋转图像

可只旋转图形框架中的内容，而不旋转框架本身。

① 向上滚动到第 4 页的上半部分。使用选择工具单击马蹄莲图像（第 2 行右边）的内容抓取工具以选择该图像。将鼠标指针移至圆环形状内时，鼠标指针的形状将从箭头变成手形。

② 将鼠标指针移至图像右上角的大小调整手柄外面一点的位置。

③ 按住鼠标左键并沿顺时针方向拖曳，如图 4.63 所示，直到花尖大致指向框架的右下角（约为 -35°，拖曳时会显示旋转角度），松开鼠标左键。

> 💡 **提示** 拖曳时，控制面板和"属性"面板中也会显示旋转角度。

图 4.63

> 💡 **提示** 要旋转选定的对象，也可选择"对象">"变换">"旋转"，再在"旋转"对话框的"角度"文本框中输入值。

④ 在控制面板中，确保选择了参考点指示器的中心（ ）。

> 💡 **注意** 参考点指示器相对于正常角度旋转了 45°，这表明当前选定的容器或内容被旋转了，且旋转角度不是 0°、90° 或 180°。

⑤ 旋转后该图像不再填满整个框架。要解决这个问题，先确保启用了控制面板中"X 缩放百分比"和"Y 缩放百分比"右边的"约束缩放比例"按钮（ ），再在"X 缩放百分比"文本框中输入 100% 并按 Enter 键，如图 4.64 所示。

⑥ 使用直接选择工具或内容抓取工具拖曳图像使花朵在框架内居中，如图 4.65 所示。选择"编辑">"全部取消选择"，选择"文件">"存储"保存文件。

图 4.64

图 4.65

4.9.3 对齐多个对象

使用"对齐"面板很容易准确地对齐对象。下面使用"对齐"面板让页面中的多个对象水平居中，并对齐多幅图像。

① 选择"视图">"使页面适合窗口"，在文档窗口左下角的"页面"下拉列表中选择 2。

② 选择选择工具，按住 Shift 键单击，选择页面顶端包含文本 Partial Class Calendar 的文本框架

及其上方的徽标。与前面置入的两个徽标不同，这个徽标包含一组 InDesign 对象（而不是置入的图像），本课后面将处理这个对象组。

③ 选择"窗口">"对象和版面">"对齐"，打开"对齐"面板。

④ 在"对齐"面板的"对齐"下拉列表中选择"对齐页面"，单击"水平居中对齐"按钮（ 🛦 ），所选对象将移到页面中央，如图 4.66 所示。

图 4.66

💡 提示　也可使用"属性"面板中的"对齐"控件来完成这个练习。

⑤ 单击空白区域或选择"编辑">"全部取消选择"。

下面利用关键对象的概念来对齐一系列对象：关键对象的位置保持不变，而其他选定的对象将相对于关键对象进行移动。

⑥ 拖曳文档窗口底部的滚动条，以显示第 2 页左边的粘贴板，将看到 9 个图标。

⑦ 选择选择工具，通过拖曳选择粘贴板上的 9 个图形框架，按住 Shift 键并单击页面上包含西红柿图像的图形框架，以一并选择它。

⑧ 单击页面上的西红柿图像，注意到它有很粗的深绿色（图层颜色）边框，这表明它是关键对象，如图 4.67 所示。

图 4.67

💡 提示　InDesign 自动将最先选定的对象视为关键对象。选择要对齐的所有对象后，要指定关键对象，可单击要作为关键对象的对象，该对象周围将出现较粗的边框。

⑨ 在控制面板、"对齐"面板或"属性"面板中，单击"右对齐"按钮（ 🛦 ），如图 4.68 所示。此时，原本分散在粘贴板上的对象都与西红柿图像右对齐了。

图 4.68

⑩ 选择"编辑">"全部取消选择"，选择"文件">"存储"保存文件。

在 InDesign 中，可同时缩放多个选定的对象。

下面选择两个图标并同时调整它们的大小。

❶ 使用缩放显示工具放大页面左边比其他图标小的那两个图标。

❷ 使用选择工具单击第 1 个图标以选择它，按住 Shift 键并单击第 2 个图标以同时选择这两个图标。

❸ 按住 Shift + Ctrl（Windows）或 Shift + Command（macOS）组合键，向左拖曳左上角的手柄，让这两个图标的宽度与它们上方的铲子图标或下方的树木图标的宽度相同，如图 4.69 所示。当选定的框架与其上方框架的左边缘对齐时，将出现一条智能参考线。选择"编辑">"全部取消选择"。

> 💡 **注意** 如果只按住 Shift 键，将在保持宽高比不变的情况下缩放框架，但不会缩放其中的图形。这可能导致需要进行多次缩放操作才能得到正确的尺寸。

拖曳以调整选定的　　　左边缘对齐时出现的　　　结果　　　智能参考线显示了
图标的大小　　　　　　智能参考线　　　　　　　　　　　　对象之间的距离

图 4.69

❹ 向下拖曳这两个图标，以调整它们的垂直位置，同时注意观察智能参考线，它们指出了相邻对象之间的距离。你需要分别拖曳这两个图标，让相邻图标的间距相同。对结果满意后选择"编辑">"全部取消选择"。

4.9.4　同时变换多个对象

在 InDesign 中，可同时变换多个选定的对象，这可避免重复地执行烦琐的操作。

❶ 选择"视图">"使页面适合窗口"。使用选择工具选择铲子图标，按住 Alt + Shift（Windows）或 Option+ Shift（macOS）组合键，将这个图标向上拖曳到表格和日历标题之间的区域中，以复制这个对象。

> 💡 **注意** 按住 Shift 键可将移动方向限制为 45° 的整数倍。

❷ 按住 Alt（Windows）或 Option（macOS）键，将其他图标（西红柿图标、花盆图标、树木图标和太阳图标）拖曳到第 1 步所说的区域，并放在铲子图标的右边。请注意，对象彼此对齐时，将出现智能参考线。

❸ 将太阳图标向右移动到其右边缘与页面右边的红色参考线对齐。拖曳出一个方框以选择这 5 个图标（由于图层 Background 被锁定，因此这样做不会选择背景框架），在"对齐"面板、控制面板或"属性"面板中选择"对齐选区"，再单击"水平居中分布"按钮，这些图标将在表格上方均匀地分布，如图 4.70 所示。

图 4.70

> 💡提示　若要快速复制对象并将原始对象留在原地，可按住 Alt（Windows）或 Option（macOS）键
> 并拖曳对象。这样复制对象时，鼠标指针将变成双箭头形状（▶）。

④ 选择"编辑">"全部取消选择"，选择表格上方的铲子图标。在控制面板或"属性"面板中，
将参考点设置为中心位置，将缩放比例设置为 125%，并将旋转角度设置为 30°。

⑤ 拖曳出一个与其他 4 个图标相交的方框，以选择这些图标。选择"对象">"再次变换">"逐
个再次变换序列"，InDesign 将把之前应用于铲子图标的缩放比例和旋转角度应用于这 4 个图标（你
无须分别将这些变换应用于每个图标），如图 4.71 所示。使用这项功能可将由众多变换组成的变换序
列应用于其他对象。

图 4.71

⑥ 选择表格上方的 5 个图标，按箭头键调整它们的位置，让它们大致位于表格和日历标题之间
的区域的中央。

⑦ 关闭"对齐"面板，选择"编辑">"全部取消选择"，选择"文件">"存储"保存文件。

4.10　选择并修改对象组中的对象

前面让第 2 页顶部的徽标在页面中水平居中了，下面修改组成该徽标的一些对象的填充色。由于
这些 InDesign 矢量对象被编组了，因此可将它们作为一个整体进行修改，但也可选择对象组中的各个对
象分别进行修改。下面修改对象组中一些对象的填充色，但不取消编组或修改该对象组中的其他对象。

使用直接选择工具、"选择内容"按钮（⊕）、"对象"菜单中的命令选择对象组中的对象。

① 使用选择工具单击第 2 页顶部的徽标。按 Ctrl + =（Windows）或 Command + =（macOS）
组合键 5 次，放大该徽标所在的区域。注意定界框为虚线而不是实线，这表明选定的对象在某个对象
组中。

② 在控制面板中，单击"选择内容"按钮，以便在不取消编组的情况下选择对象组中的某个对
象，如图 4.72 所示。

使用选择工具选择对象组　　　单击"选择内容"按钮　　　选定对象组中的第 1 个对象

图 4.72

③ 单击控制面板中的"选择下一对象"按钮（ ），以选择徽标中第 1 片垂直的树叶。在"色板"面板、控制面板或"属性"面板中，将这个对象的填充色改为 Green-Bright-Medium，如图 4.73 所示。

注意：还有一个"选择上一对象"按钮（ ），用于选择前一个对象。使用这两个按钮，可切换对象组中的所选对象并进行修改，而无须取消编组。

图 4.73

④ 单击"选择下一对象"按钮，并将选定对象的填充色改为 Green-Medium。单击"选择下一对象"按钮两次以选择第 3 片树叶，并将其填充色改为 Green-Brightest，如图 4.74 所示。

图 4.74

⑤ 选择"编辑" > "全部取消选择"，选择"文件" > "存储"保存文件。

4.11 沿路径排列文本

下面使用路径文字工具来修改第 2 页标题的设计，让该标题沿曲线排列，而不是位于框架内。

① 选择选择工具，拖曳出方框来选择徽标和包含标题的文本框架，将它们拖曳到页面右上方以腾出空间。如果有必要，可放大视图。

② 向左边滚动滚动条，以便能够看到粘贴板上的两条黑色曲线。使用选择工具将这两条曲线拖曳到页面上，如图 4.75 所示。

③ 使用文字工具选择标题 Partial Class Calendar，按 Ctrl + C（Windows）或 Command + C（macOS）组合键复制标题文本。

④ 在工具面板中，选择与文字工具同属一组的路径文字工具。将鼠标指针指向靠上的曲线，出现加号后单击，按 Ctrl + V（Windows）或 Command + V（macOS）组合键将前面复制的标题文本粘贴到这条路径上，如图 4.76 所示。

💡 注意 如果在没有出现加号时单击，将不会选择该路径，也就谈不上沿路径排列文本。如果在没有出现加号时粘贴，文本将被粘贴到一个新的文本框架中，而这个新的文本框架位于屏幕中央。

图 4.75

图 4.76

⑤ 按 Esc 键切换到选择工具，选择"文字">"路径文字">"选项"。在打开的"路径文字选项"对话框中，勾选"翻转"复选框，将文本移到路径上并以从左往右的方式排列。勾选"预览"复选框，尝试调整该对话框中的各个选项，按照图 4.77 所示进行设置，单击"确定"按钮。

图 4.77

⑥ 双击这个文本框架或切换到文字工具后快速单击 3 次选择整行文本。在控制面板、"字符"面板或"属性"面板中，将"字体"改为 Myriad Pro Bold，并将"字体大小"设置为 24 点，结果如图 4.78 所示。按 Esc 键切换到选择工具。

图 4.78

⑦ 选择第 2 条曲线，将其向右拖曳，使其看起来像是与第 1 条曲线相连的。

⑧ 使用文字工具选择子标题 April-August 2023,按 Ctrl + C(Windows)或 Command + C(macOS)组合键复制子标题文本。

⑨ 选择路径文字工具,将鼠标指针指向第 2 条曲线,在出现加号后单击,按 Ctrl + V(Windows)或 Command + V(macOS)组合键将复制的子标题文本粘贴到这条路径上。

⑩ 按 Ctrl + A(Windows)或 Command + A(macOS)组合键选择这些文本,并在控制面板、"字符"面板或"属性"面板中,将"字体大小"设置为 20 点。按 Esc 键切换到选择工具。

⑪ 拖曳出方框以选择现有文字基于的两条路径。打开"色板"面板,单击"描边"框,将描边色设置为"[无]"(也可在控制面板或"属性"面板中将描边色设置为"[无]")。

⑫ 调整这两条路径的位置,使其位于图 4.79 所示的地方。

⑬ 将徽标往左移,放在新标题的下方,使用选择工具选择原来的标题所在的文本框架,按 Delete 键或选择"编辑">"清理"将其删除,如图 4.80 所示。选择"编辑">"全部取消选择",再选择"文件">"存储"保存文件。

图 4.79

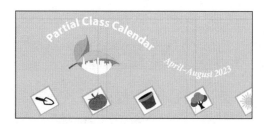

图 4.80

4.12 绘制线段及修改箭头

① 导航到第 4 页,放大标题 Featured Blossoms。选择直线工具。

② 打开"色板"面板,将填充色设置为"[无]",将描边色设置为 Purple-Warm,将"色调"设置为 60%。

③ 将鼠标指针指向左边距参考线(包含文本 Featured Blossoms 的文本框架的下面一点),按住 Shift 键沿水平方向拖曳到第 2 栏右边的栏参考线处,如图 4.81 所示。按住 Shift 键可以确保绘制的线段是水平的。

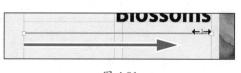

图 4.81

④ 单击面板停放区的"描边"面板图标(≡)或选择"窗口">"描边",打开"描边"面板。在"粗细"下拉列表中分别选择"4 点",在"起点处 / 结束处"下拉列表中分别选择"实心圆"和"三角形"。

⑤ 确保禁用"链接箭头起始处和结束处缩放"按钮(🔗),以便能够分别缩放起点箭头和终点箭头。在"箭头起始处的缩放因子"文本框中输入 75%,并按 Enter 键;再在"箭头结束处的缩放因子"文本框中输入 200%,并按 Enter 键。

⑥ 请注意观察使用默认缩放比例和自定义缩放比例时，线条两端的形状的尺寸有何不同，如图 4.82 所示。设计线条时，自定义缩放功能为用户提供了极高的灵活性。如果有必要，请将这个箭头向下移动一点。关闭"描边"面板，选择"文件">"存储"保存文件。

默认缩放比例

分别设置起点处形状和结束处形状的缩放比例

图 4.82

4.13 查看效果

下面来欣赏本课处理的新闻稿。

① 选择"编辑">"全部取消选择"。

② 选择"视图">"使跨页适合窗口"。

③ 在工具面板底部的当前屏幕模式按钮（▣）上单击鼠标右键，选择"预览"，如图 4.83 所示。若要查看文档打印出来或导出为 PDF（或其他格式）文件的效果，选择"预览"模式是不错的方式。"预览"模式下显示的作品就像印刷并裁切好的一样：所有非打印元素（网格、参考线、框架边缘和隐含字符等）都不显示，粘贴板的颜色是在"首选项"对话框中设置的预览颜色。

图 4.83

④ 按 Tab 键关闭所有的面板，查看当前页面，查看完毕后再次按 Tab 键显示所有的面板。

⑤ 切换到下一个跨页并查看效果，选择"文件">"存储"保存文件。

4.14 练习

学习框架知识的最好方法是使用它们。

下面的练习将使用"路径查找器"面板中的其他功能。你将发现，使用"路径查找器"面板，无须从头开始绘制就能创建众多自定义形状。

①　新建一个文档（在"新建文档"对话框中使用默认设置）。打开"属性"面板。

②　选择椭圆工具（◯），按住 Shift 键并拖曳以创建一个圆形。将填充色设置为洋红色（这是默认颜色之一，其 C、M、Y、K 的值分别为 0、100、0、0），并将描边色设置为"[无]"。

③　切换到选择工具，按住 Alt+Shift（Windows）或 Option+Shift（macOS）组合键，向右下方拖曳，在 45°方向上复制一个圆形。

④　选择"对象">"转换形状">"矩形"，将第 2 个圆形转换为正方形，也可通过"属性"面板或"路径查找器"面板来完成这种转换。通过拖曳的方式选择这两个形状，如图 4.84 所示。

⑤　按住 Alt+Shift（Windows）或 Option+Shift（macOS）组合键拖曳这两个形状以复制它们，供后面使用。拖曳出方框选择前两个形状。选择"窗口">"对象和版面">"路径查找器"，打开"路径查找器"面板，单击"相加"按钮（▣），可以看到这两个形状变成了一个，如图 4.85 所示。

> 💡 **注意** 当你同时选择了两个框架时，"属性"面板也将出现路径查找器按钮，包括"相加""减去""交叉""排除重叠""减去后方对象"。

⑥　复制第 2 组形状 3 次，并分别粘贴在页面的不同地方。下面尝试使用"路径查找器"面板中的各项功能。选择其中一组形状，单击"路径查找器"面板中的"减去"按钮，从后面的形状中删除两个形状重叠的区域，如图 4.86 所示。

图 4.84

图 4.85

图 4.86

⑦　选择另一组形状，单击"交叉"按钮（▣）。这将创建一个新形状，它只包含这两个形状重叠的区域，如图 4.87 所示。

⑧　选择另一组形状，单击"排除重叠"按钮（▣），只保留两个形状的非重叠区域，如图 4.88 所示。

⑨　选择最后一组形状，单击"减去后方对象"按钮（▣）。这个按钮的功能与"减去"按钮的相反，它是从前面的形状中删除两个形状重叠的区域，如图 4.89 所示。

图 4.87

图 4.88

图 4.89

变换对象时，比起手动确定当前值、执行数学运算再输入计算得到的值，让 InDesign 替你做数学运算会更快。InDesign 能够执行加、减、乘、除和百分比转换运算。

❶ 选择课程文件中的任何一个对象，并在控制面板、"变换"面板或"属性"面板的 X 文本框中使用加法或减法来水平右移或左移对象。方法为：在当前设置后面输入运算符，再输入要移动的距离并按 Enter 键。在 Y 文本框中，尝试同样的操作，即使用加法或减法来向下或向上移动对象。此方式适用于将对象移动特定的距离。

❷ 下面来尝试除法运算。切换到第 4 页，选择前面在页面左上角创建的箭头。假设要将这个箭头的长度缩短到原来的一半，同时确保它依然在标题下方。为此，在"变换"面板、控制面板或"属性"面板中，将参考点设置为右边缘中心的位置，让箭头的位置保持不变。在 L 文本框中的"2.925 英寸"后面输入 /2，按 Enter 键，如图 4.90 所示。箭头的长度将变为原来的一半。

图 4.90

❸ 有时需要将对象之间的距离设置为指定的值。在 InDesign 中，可在"对齐"面板或"属性"面板的"分布间距"部分进行这种设置。选择两个对象，勾选"使用间距"复选框并在其后的文本框中输入一个数值；单击"垂直分布间距"按钮

图 4.91

（ ），两个对象的垂直距离将变为指定的值，如图 4.91 所示。请尝试通过单击"水平分布间距"按钮（ ），将对象的水平距离设置为指定的值。

💡 提示　可使用关键对象来指定哪个对象保持不动，并移动其他的对象。

下面来查看本课课程文件的文档结构。

❶ 打开 Lesson04 文件夹中的 04_End.indd 文件。

❷ 打开"页面"面板，可以看到第 1 个跨页的页面顺序是 [4, 1]，如图 4.92 所示。这是因为第 1 页（页面 4）是封底。在装订小册子时，封底与封面属于同一个跨页，文档设置也指出了这一点。设计横跨封面和封底的元素时，这样的文档设置很有帮助。

在"页面"面板中，第 1 个跨页的两个页面上方都有黑色三角形，表明它们都开始了一个新章或新节。

❸ 在"页面"面板中，单击第 1 页（页面 4）以选择它，选择"版面">"页码和章节选项"，在打开的"页码和章节选项"对话框中，可以看到"起始页码"被设置为 4。单击"取消"按钮，关闭"页码和章节选项"对话框。

💡 提示　也可双击页面图标上方的黑色三角形来打开"页码和章节选项"对话框。

图 4.92

❹ 在"页面"面板中，单击第 2 页（页面 1）以选择它，选择"版面">"页码和章节选项"。可以看到勾选了"开始新章节"复选框，且"起始页码"被设置为 1。单击"取消"按钮，关闭"页码和章节选项"对话框。

4.15 复习题

1. 在什么情况下应使用选择工具来选择对象？在什么情况下应使用直接选择工具来选择对象？
2. 如何将对象从一个图层移到另一个图层中？
3. 选择一个对象后，选择了"对象">"排列">"置于顶层"，但这个对象依然在某些对象后面，这是为什么呢？
4. 在不取消对象编组的情况下，如何选择对象组中的对象？
5. 如何让一系列对象与特定的对象对齐？

4.16 复习题答案

1. 选择工具用来完成通用的排版任务，如调整对象的位置和大小、旋转对象；直接选择工具用来完成编辑路径或框架的任务，如移动路径上的锚点、选择对象组中的对象并修改其填充色或描边色。直接选择工具还可用来选择框架中的内容，以便在不修改框架的情况下修改框架中的内容，如在不修改图形框架的情况下旋转或缩放其中的图像。
2. 选择对象后，在"图层"面板中，该对象所属图层右边的空心框将变成实心的，将这个实心框拖曳到其他图层，即可将选定对象移到相应的图层。移动后，你将发现这个对象位于目标图层中的对象的前面或后面，这取决于这个对象被移到更上面的图层还是更下面的图层中。
3. "对象">"排列"中的命令用于在图层内（而不是图层间）排列对象。这个对象之所以依然位于某些对象的后面，是因为它所在的图层并不位于最上面（最前面）。
4. 要选择对象组中的对象，可以先使用选择工具选择对象组，再单击控制面板中的"选择内容"按钮以选择对象组中的对象。单击"选择上一对象"和"选择下一对象"按钮可选择该对象组中的其他对象。还可以使用直接选择工具单击或使用选择工具双击来选择对象组中的对象。
5. 选择要对齐的所有对象，再单击要让这些对象与之对齐的对象，这个对象周围将出现较粗的边框，表明它为关键对象。在"对齐"面板、控制面板或"属性"面板中选择"对齐关键对象"，再单击相应的对齐按钮，如"顶对齐"按钮、"水平居中对齐"按钮等，将所选对象以特定方式对齐。

第 5 课

处理颜色

本课概览

- 设置色彩管理。
- 确定输出需求。
- 创建颜色色板。
- 将颜色应用于对象、描边和文本。
- 查找并替换颜色。

- 创建并应用色调色板。
- 创建并应用渐变色板。
- 使用颜色组。
- 创建颜色主题并将其添加到 CC 库中。

学习本课大约需要 分钟

　　你可以创建印刷色和专色色板并将颜色应用到描边和文本等；使用颜色主题能够轻松地确保版面的色彩和谐、统一；可将颜色主题添加到 CC 库中，确保不同的项目和工作组的不同人员以一致的方式使用颜色；使用印前检查配置文件有助于确保颜色正确输出。

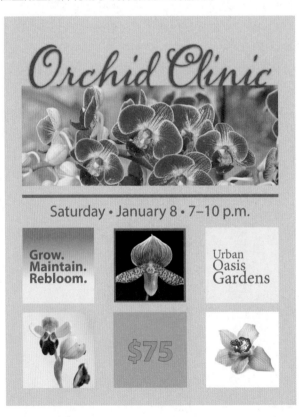

5.1　概述

本课将为一个全页园艺讲座宣传单调整颜色、色调和渐变效果。此宣传单包括 CMYK 颜色和金属专色，以及置入的 CMYK 图像（本课后面将详细地介绍 CMYK 图像）。在这之前，要先完成另外两项工作，以确保文档印刷出来后与屏幕上显示的效果一致：一是检查色彩管理设置，二是使用印前检查配置文件查看置入的图像的颜色模式。宣传单制作完成后，把其中使用的颜色组织成颜色组。

① 为确保你的 InDesign 首选项和默认设置与本课所述一样，请将 InDesign Defaults 文件移到其他文件夹中，详情请参阅"前言"中的"另存和恢复 InDesign Defaults 文件"。

② 启动 InDesign。

③ 在"主页"界面中，单击左边的"打开"按钮（如果没有出现"主页"界面，选择"文件">"打开"来打开它）。

④ 打开 InDesignCIB\Lessons\Lesson05 文件夹中的 05_Start.indd 文件。

⑤ 如果出现一个对话框指出该文件链接的源文件已修改，请单击"更新修改的链接"按钮。

⑥ 选择"文件">"存储为"，将文件重命名为 05_Color.indd 并存储到 Lesson05 文件夹中。

⑦ 为确保你的 InDesign 面板和菜单命令与本课使用的相同，选择"窗口">"工作区">"[高级]"，再选择"窗口">"工作区">"重置'高级'"。

⑧ 如果想查看最终的文档效果，可打开 Lesson05 文件夹中的 05_End.indd 文件，效果如图 5.1 所示。可以让该文件保持打开状态，以供工作时参考。

被转换为对象并用金属专色填充的文本

用颜色填充的背景框架

设置了描边颜色的线段

用线性渐变填充的文本框架

带描边的图形框架

用印刷色填充的文本

带描边并用颜色填充的文本

图 5.1

⑨ 查看完毕后，单击文档窗口左上角的标签 05_Color.indd，切换到需要处理的文档。

5.2　色彩管理

色彩管理能够使一系列输出设备（如显示器、笔记本式电脑、平板电脑、彩色打印机和高分辨率印刷机）显示的颜色一致。InDesign 提供了易于使用的色彩管理功能，可帮助用户获得一致的颜色。

InDesign 默认启用了色彩管理功能，让你在从编辑、校样到最终输出（打印输出或数字输出）的整个过程中看到的颜色都是一致的，还能确保颜色精确。

5.2.1 色彩管理的必要性

任何显示器、胶片、打印机、复印机或印刷机都无法生成肉眼能够看到的所有颜色。每台设备都有特定的功能，在重现彩色图像时有不同的设置。输出设备特有的颜色渲染能力统称为色域。InDesign 和其他图形应用程序（如 Photoshop 和 Illustrator）一样使用颜色值来描绘图像中每个像素的颜色。具体使用的颜色值取决于颜色模式，如表示红色、绿色和蓝色分量的 R、G、B 值，以及表示青色、洋红色、黄色和黑色分量的 C、M、Y、K 值。

> 💡 提示 你在智能手机 App、印刷目录和笔记本式电脑浏览器中看到的红色毛衣，在看到实物之前，你并不能准确地知道这件毛衣有多红。很多因素都会影响输出设备显示的颜色的效果，包括原始图片的质量、对图片所做的修饰、纸张和打印质量、屏幕分辨率等。这就是图形设计人员要使用色彩管理功能的原因。

色彩管理旨在以一致的方式将每个像素的颜色值从源（存储在计算机中的文档或图像）转换到输出设备（如智能手机或彩色打印机）中。由于每个源设备和输出设备能够重现的颜色范围都不同，因此色彩转换的目标是，颜色在不同的设备中都尽量保持一致。

> 💡 提示 有关色彩管理的更多信息，可参阅在线的 InDesign 帮助文档（在 Adobe 官网中搜索"在 InDesign 中管理颜色"即可）。

工作环境

工作环境会影响你在显示器上看到的颜色。为获得最佳效果，在查看文档时请尽量遵循以下几点。

- 在光照强度和色温保持不变的环境中查看文档。例如，太阳光的颜色特性整天都在变化，这将影响颜色在屏幕上的显示效果，因此，请始终拉上窗帘或在没有太阳光的房间工作。
- 为消除荧光灯的蓝 - 绿色色偏，可安装 D50（5000 开尔文）灯。还可使用 D50 看片台查看打印的文档。
- 在墙壁和天花板的颜色为中性色的房间查看文档。房间的颜色会影响你看到的文档的颜色。用于查看文档的房间的最佳颜色是中性灰色。
- 显示器屏幕反射的衣服颜色也可能影响屏幕上显示的颜色。
- 删除显示器桌面的彩色背景图案。文档周围纷乱或明亮的图案会干扰颜色的显示，将桌面设置为以中性灰色显示。
- 在与客户查看最终文档同样的条件下查看文档校样。例如，家用品目录通常可能会在家用白炽灯下查看，而办公家具目录可能会在办公室使用的 LED 或荧光灯下查看。

5.2.2 在全分辨率下显示图像

在色彩管理工作流程中，即使使用默认的颜色设置，也应以高品质（显示器能够显示的最佳颜色）显示图像。

为了查看在不同分辨率下图像的显示差异，可尝试使用"视图">"显示性能"中的不同选项。

- 快速显示：适用于快速编辑文本，因为不显示图像。
- 典型显示：显示图像的速度快，但显示的颜色不那么精确，这是大多数计算机使用的默认设置。
- 高品质显示：以高分辨率显示图像。

本课选择"视图">"显示性能">"高品质显示"。你可在"首选项"对话框中指定"显示性能"的默认设置，还可通过菜单"对象">"显示性能"修改各个对象的显示性能。

5.2.3 在 InDesign 中指定颜色设置

要在 InDesign 中获得一致的颜色，可指定一个包含预设颜色管理方案和默认配置文件的颜色设置文件（CSF 文件）。默认颜色设置为"日本常规用途 2"，这对初学者来说是最佳选择。

本小节将查看 InDesign 中的一些颜色设置预设，并在项目中使用它们来确保颜色一致，不对任何颜色设置进行修改。

> ♀ 提示 除非你熟悉色彩管理，否则不要修改颜色设置预设。InDesign 中的颜色设置预设都是经过专门测试的。图形设计公司和广告公司也可能制订了颜色管理工作流程，并会向你提供颜色管理规范。

① 选择"编辑">"颜色设置"，打开"颜色设置"对话框。该对话框中的颜色设置针对的是 InDesign 本身，而不是各个文档。

② 单击"颜色设置"对话框中的各个选项，了解可设置哪些内容。

③ 将鼠标指针指向字样"工作空间"，并查看对话框底部的"说明"部分显示的有关该选项的描述。

④ 将鼠标指针指向其他选项，查看对应的描述，如图 5.2 所示。

图 5.2

⑤ 单击"取消"按钮，关闭"颜色设置"对话框，不做任何修改。

5.2.4 在屏幕上校样颜色

在屏幕上校样颜色（也被称为软校样）时，InDesign 将根据特定的输出条件显示颜色。模拟的精确程度取决于各种因素，包括房间的光照条件及是否校准了显示器。下面尝试进行软校样。

① 选择"窗口">"排列">"新建'05_Color.indd'窗口"，为本课的文档打开一个新窗口。

② 如果有必要，单击标签 05_Color.indd:2 激活相应的窗口。

③ 选择"视图">"校样颜色"。系统将根据"视图">"校样设置"中的设置显示颜色的软校样，此时，文档的原始视图和软校样视图之间存在细微的差别。

④ 要自定义软校样，需选择"视图">"校样设置">"自定"。

⑤ 在打开的"自定校样条件"对话框中，展开"要模拟的设备"下拉列表，查看可用的印刷机、桌面打印机、显示器、HDTV 等输出设备。

⑥ 在这个下拉列表中选择 Dot Gain 20%，单击"确定"按钮。

Dot Gain 20% 等灰度配置文件让你能够预览以黑白方式打印文档的效果。可以看到，InDesign 文档的标题栏中显示了当前模拟的设备，如"Dot Gain 20%"或"文档 CMYK"，如图 5.3 所示。

图 5.3

⑦ 查看各种选项的效果。

⑧ 查看完各种选项的效果后，单击标签 05_Color.indd:2 的"关闭"按钮，将该窗口关闭。如果有必要，调整 05_Color.indd 窗口的位置和大小。

5.3 确定印刷要求

不管制作的文档最终是以印刷还是以数字格式提供，处理文档前都应了解输出要求。例如，对于要印刷的文档，需在处理文档前与印刷服务提供商联系，同他们讨论文档的设计和颜色使用方案；如果打算使用特殊纸张或金属专色，更应如此。印刷服务提供商熟悉其设备的功能，能提供一些建议，帮助你节省时间和费用、提高质量，避免出现严重的印刷或颜色问题。本课使用的宣传单将由采用 CMYK 颜色和金属专色的商业印刷厂印刷。

💡**提示** 商业印刷厂可能会提供印前检查配置文件，其中包含有关输出的所有规范。你可以载入该配置文件，检查作品是否满足其中指定的条件。

为核实文档是否满足印刷需求，可使用印前检查配置文件对文档进行检查。印前检查配置文件包含一组有关文档的尺寸、字体、颜色、图像、出血等方面的规则。"印前检查"面板将指出文档存在的问题，即没有遵守配置文件规则的地方。本节将载入一个印前检查配置文件，在"印前检查"面板中选择它，并解决本课文档存在的问题。

5.3.1 载入印前检查配置文件

下面来载入印刷厂提供的印前检查配置文件。

① 选择"窗口">"输出">"印前检查"。

② 在"印前检查"面板菜单中选择"定义配置文件"，如图 5.4 所示。

图 5.4

③ 在打开的"印前检查配置文件"对话框中，单击左边的印前检查配置文件列表框下面的"印前检查配置文件菜单"按钮（ ▤ ），并选择"载入配置文件"，如图 5.5 所示。

图 5.5

④ 在弹出的对话框中选择 InDesignCIB\Lessons\Lesson05 文件夹中的配置文件 Flyer Profile.idpp，单击"打开"按钮。

⑤ 在"印前检查配置文件"对话框左侧的列表框中选择 Flyer Profile，查看为该宣传单指定的输出设置。单击各个类别左侧的箭头，以了解可在印前检查配置文件中包含哪些选项。

勾选的复选框表示 InDesign 将把相应的内容标记为错误，例如，由于在"颜色">"不允许使用色彩空间和模式"下勾选了"RGB"复选框，如图 5.6 所示，因此任何 RGB 图像都将被视为错误。

⑥ 单击"确定"按钮，关闭"印前检查配置文件"对话框。

图 5.6

5.3.2 查看印前检查配置文件标出的错误

下面来选择印前检查配置文件 Flyer Profile，看看它标出的错误。

❶ 在"印前检查"面板的"配置文件"下拉列表中选择 Flyer Profile。可以看到这个配置文件检测出当前文档的颜色存在一个错误。

💡 提示　文档窗口左下角会显示当前文档中有多少个印前检查错误，前提是在"印前检查"面板中勾选了左上角的"开"复选框。如果看到很多错误，可打开"印前检查"面板查看更多信息。

❷ 单击"颜色 (1)"左侧的箭头查看这个错误。

❸ 单击"不允许使用色彩空间 (1)"左侧的箭头。

❹ 双击"直线"以选择页面中导致这个错误的线段。

❺ 如果有必要，单击"信息"左侧的箭头，以显示错误的详细信息，如图 5.7 所示。让"印前检查"面板保持打开状态，以供下一个练习使用。

由于这个文档是要进行 CMYK 印刷的，不能使用 RGB 颜色模式中的颜色，但有一条线段的描边色为 RGB 颜色，所以出现了错误。你将在下一小节中解决这个问题。

图 5.7

5.3.3 对色板进行颜色模式转换

下面对错误线段进行颜色模式转换。

❶ 选择"窗口">"颜色">"色板"，打开"色板"面板。

❷ 在"色板"面板中，双击 Green-Dark 色板打开"色板选项"对话框。

❸ 在"颜色模式"下拉列表中选择 CMYK，如图 5.8 所示，单击"确定"按钮。

❹ 可以看到"印前检查"面板中相应的错误消失了。

💡 提示　选择"文件">"打包"将文档打包，用于最终输出，此时 InDesign 可能会报告与颜色模式相关的问题。在这种情况下，可像上面演示的那样修改颜色模式。

❺ 关闭"印前检查"面板，选择"文件">"存储"保存文件。

图 5.8

5.4 创建颜色

为最大限度地提高设计的灵活性，InDesign 提供了各种创建颜色的方法。创建颜色和色板后，就可将其应用给版面中的描边和文本等。为确保颜色的一致性，可在文档和用户之间共享颜色。可以使用如下方式来创建颜色。

- 使用"颜色"面板动态地创建颜色。
- 使用"色板"面板创建并命名颜色色板，以便在反复使用时确保版面的一致性。
- 使用吸管工具从图像中选择颜色。
- 选择根据图像或对象生成的颜色主题。为此可使用颜色主题工具或选择"对象">"从对象中提取">"颜色主题"。
- 在 Adobe Color 中创建和选择主题。

使用 Adobe Creative Cloud 库（后文简称 CC 库）可以与 Photoshop 和 Illustrator、工作组的其他成员，以及其他文档共享颜色。

> ♀ 注意 在执行本课的任务时，请根据需要移动面板和修改缩放比例。有关这方面的详细信息，请参阅 1.3 节和 1.5 节。

在 InDesign 中，你可以在各种颜色模式下定义颜色，包括 RGB、CMYK、HSB，以及 PANTONE 等专色模式。本节后面将讨论专色和印刷色（CMYK 颜色）的差别。

本课使用的宣传单将由商业印刷厂使用 CMYK 颜色印刷，这需要使用 4 个不同的印版——青色、洋红色、黄色和黑色。然而，CMYK 颜色模式的色域较小，此时专色就可派上用场。专色用于添加不在 CMYK 色域内的颜色（如金粉色），以及确保颜色的一致性。

本节使用"色板"面板创建一种用于标题的 PANTONE 金属专色，并使用吸管工具、"颜色"面板和"色板"面板创建一个用于制作宣传单背景色的 CMYK 色板。

5.4.1 创建 PANTONE 色板

出于对美观度和吸引眼球方面的考虑，将使用一种金属油墨来印刷这张宣传单中的标题 Orchid

Clinic。下面创建一个表示该金属专色的色板。请注意，在屏幕上，该金属专色看起来与其他颜色没什么不同，但印刷出来后，差别就将显现出来，尤其是使用高品质纸张印刷时。务必向印刷服务提供商咨询能否使用金属油墨印刷，以及额外的费用情况。

① 使用选择工具单击页面周围的粘贴板，确保没有选择任何对象。

② 如果有必要，选择"窗口">"颜色">"色板"，打开"色板"面板。

> **注意** 如果屏幕空间足够大，可将"色板"面板从面板组中分离出来，以便使用。

③ 在"色板"面板菜单中选择"新建颜色色板"。

④ 在打开的"新建颜色色板"对话框的"颜色类型"下拉列表中选择"专色"。

⑤ 在"颜色模式"下拉列表中选择 PANTONE+ Metallic Coated。

⑥ 在 PANTONE 和 C 之间的文本框中输入 8483，这将使 PANTONE 色板列表自动滚动到本项目所需的颜色 PANTONE 8483 C，如图 5.9 所示。

⑦ 单击"确定"按钮，指定的专色被加入"色板"面板中。

在"色板"面板中，色板右侧的图标（▣）表明它是一种专色，如图 5.10 所示。添加到"色板"面板中的新颜色将随当前文档一起存储。

图 5.9

图 5.10

> **提示** 为印刷品选择 PANTONE 颜色时，最好根据印刷的 PANTONE 颜色指南（可从 PANTONE 官网购买）进行选择，因为屏幕上显示的 PANTONE 颜色可能不可靠。

⑧ 选择"文件">"存储"，保存文件。

本课后面将把刚才添加的专色应用于标题 Orchid Clinic。

5.4.2 创建 CMYK 色板

要从空白开始创建 CMYK 色板，需要明白颜色混合和颜色值的概念。你也可尝试在"颜色"面板中定义颜色，再将其作为色板添加到"色板"面板中。另外，你还可使用吸管工具从图像中采集颜色。

> **提示** 通过在"色板"面板中给颜色命名，你能够轻松地将所需颜色应用于文档中的对象，以及编辑和更新对象的颜色。虽然也可使用"颜色"面板将颜色应用于对象，但这种方法不能实现快速更新颜色的效果，因为它们是"未命名"的。要修改应用于多个对象的未命名颜色，必须分别修改。

本小节先使用吸管工具创建一个 CMYK 色板，再通过输入颜色值的方法来创建另外 3 个色板。

① 如果有必要，放大视图，以便能够看清页面左下角的黄色花朵。

② 选择"编辑">"全部取消选择"，确保没有选择任何对象。

③ 选择"窗口">"颜色">"颜色"，打开"颜色"面板。

④ 按 I 键选择吸管工具。

⑤ 单击页面左下角黄色花朵的浅色区域，"颜色"面板中将显示从该图像中采集的颜色，如图5.11 所示。根据你单击的位置，颜色值可能与图 5.11 所示不同。为创建所需的颜色，下面来微调颜色值。

图 5.11

⑥ 在"颜色"面板中，输入如下颜色值（要进入下一个字段，可按 Tab 键；要确认输入的值，可按 Enter 键）。

- C（青色）: 10。
- M（洋红色）: 0。
- Y（黄色）: 40。
- K（黑色）: 0。

⑦ 在"颜色"面板菜单中选择"添加到色板"。

"色板"面板的列表底部添加了一个色板，并自动被选中。关闭"颜色"面板。

⑧ 在"色板"面板中，单击底部的"新建色板"按钮，创建选定色板的副本。下面以这个色板副本为基础来创建新色板。

💡 注意　要显示所有的色板，可拖曳"色板"面板的右下角以扩大面板。

⑨ 双击"色板"面板中列表末尾的色板，打开"色板选项"对话框。

⑩ 确认"颜色类型"为"印刷色"，"颜色模式"为 CMYK。在文本框中输入如下颜色值以调整颜色，如图 5.12 所示。

- 青色: 25。
- 洋红色: 75。
- 黄色: 0。
- 黑色: 0。

图 5.12

⑪ 单击"确定"按钮让所做的修改生效，关闭"色板选项"对话框。

⑫ 按住 Alt（Windows）或 Option（macOS）键并单击"色板"面板底部的"新建色板"按钮，这将创建一个新色板，并自动打开"新建颜色色板"对话框。

⑬ 确保"颜色类型"为"印刷色","颜色模式"为 CMYK。

⑭ 在文本框中输入如下颜色值。

- 青色：90。
- 洋红色：70。
- 黄色：30。
- 黑色：0。

单击"确定"按钮更新颜色。

⑮ 在"色板"面板菜单中选择"新建颜色色板"。如果有必要，在弹出的对话框中勾选"以颜色值命名"复选框。

⑯ 确保"颜色类型"为"印刷色","颜色模式"为 CMYK。

⑰ 在文本框中输入如下颜色值。

- 青色：65。
- 洋红色：25。
- 黄色：100。
- 黑色：0。

> 💡 提示 要给颜色指定易于识别的名称，如 Aqua 或 ForestGreen，
> 可在"新建颜色色板"对话框中取消勾选"以颜色值命名"复选框，
> 再在"色板名称"文本框中输入名称。

图 5.13

⑱ 单击"确定"按钮更新颜色，选择"文件">"存储"保存文件。

至此，你创建了一个专色色板（金属蓝）和 4 个 CMYK 颜色（黄色、粉色、蓝色和绿色）色板，其中黄色色板是使用吸管工具创建的，如图 5.13 所示。下一节将把这些颜色应用于页面中的对象。

专色和印刷色

可将颜色类型指定为专色或印刷色，这是商业印刷中使用的两种主要的油墨类型。在"色板"面板中，可通过色板名称旁边的图标来识别颜色的类型。在 InDesign 中，务必根据最终的输出方式（印刷输出或数码输出），使用合适的颜色类型来创建和应用颜色。

专色是一种预先混合好的特殊油墨，用于替代或补充 CMYK 印刷油墨，专色印刷时需要有专门的印版。当指定的颜色较少且对颜色准确性要求较高时需要使用专色。虽然专色油墨可准确地重现印刷色色域外的颜色，但是实际印刷出的专色效果取决于印刷服务提供商混合的油墨和印刷纸张，因此，其效果并不仅受指定的颜色值或色彩管理的影响。

印刷色是使用 4 种标准印刷色油墨的组合进行印刷的，即青色（C）、洋红色（M）、黄色（Y）和黑色（K）。需要的颜色较多，导致使用专色油墨不可行或成本很高时（如印刷彩色照片），就需要使用印刷色。

- 要使高品质印刷文档呈现最佳效果，请参考印刷在四色色谱（印刷服务提供商可能会提供）中的 C、M、Y、K 值来指定颜色。
- 印刷色的最终颜色值是其 C、M、Y、K 值，因此如果使用 R、G、B 值指定印刷色，在分色时，这些颜色值将转换为 C、M、Y、K 值。转换方式因色彩管理设置和文档配置文件而异。
- 除非正确地设置了色彩管理系统，且了解它在预览颜色方面的局限性，否则不要根据显示器显示的颜色来指定印刷色。
- 由于 CMYK 的色域比典型显示器能够显示的色域小，因此不要在仅供在屏幕上查看的文档中使用印刷色。

某些情况下，在同一文档中同时使用印刷色油墨和专色油墨是可行的。例如，在年度报告的同一个页面上，可使用专色油墨来印刷公司徽标，并使用印刷色来重现照片。还可使用一个专色印版，在印刷色作用区域中应用上光色。在这种情况下，印刷文档时共使用 5 种油墨：4 种印刷色油墨和一种专色（或上光色）油墨。

每使用一种专色，印刷时都将增加一个专色印版。一般而言，商业印刷厂可提供双色印刷（黑色和一种专色），以及增加一种或多种专色的 4 色 CMYK 印刷。使用专色通常会增加印刷费用，因此在文档中使用专色之前，应咨询印刷服务提供商。

> 💡提示　除专色和印刷色之外，InDesign 还提供了混合油墨颜色，这让你能够在出版物中应用更多的颜色。要使用混合油墨颜色，可在"色板"面板菜单中选择"新建混合油墨色板"，然后混合专色和黑色（或两种专色）来创建新颜色，从而指定双色图像的色调范围。如果"新建混合油墨色板"命令不可用，请确保当前文档至少包含一种专色色板。

5.5　应用颜色

创建颜色色板后，可将其应用于文本等。"色板"面板、控制面板、"属性"面板和 CC Libraries 面板都提供了颜色应用工具。应用颜色色板的过程包括以下三大步骤。

1️⃣ 选择对象。

2️⃣ 根据要修改的颜色单击"描边"框或"填色"框。

3️⃣ 选择色板。

工具面板、"色板"面板和"颜色"面板都包含"描边"框与"填色"框，你可通过它们来指定要将颜色应用于描边（轮廓）还是填充区域（背景）。应用颜色时，务必注意观察"描边"框与"填色"框，因为很容易出错。

> 💡提示　控制面板和"属性"面板提供了"填色"和"描边"下拉列表，让用户能够更轻松地应用颜色。

InDesign 提供了很多其他的颜色应用方式，包括将色板拖曳到对象上，使用吸管工具复制对象的颜色，以及在样式中指定颜色。在使用 InDesign 的过程中，你将知道哪种方式对你来说是最合适的。

下面练习使用各种面板和方法将颜色应用于描边、填充和文本。

5.5.1　指定对象的填充色

下面给页面中的各种对象指定填充色，需要使用"色板"面板，拖曳色板，以及使用吸管工具。

① 如果有必要，选择"视图">"使页面适合窗口"，再选择"窗口">"颜色">"色板"。

② 选择"视图">"屏幕模式">"正常"，以便能够看到框架边缘。

③ 使用选择工具单击页边距（边距参考线外面）的任何地方，以选择大型的背景框架，出现方形的调整手柄表明这个框架被选定，如图 5.14 所示。

图 5.14

④ 在"色板"面板中，单击"填色"框。

⑤ 选择名为"C=65 M=25 Y=100 K=0"的绿色色板。

⑥ 将"色板"面板顶部的"色调"滑块拖曳到 40% 处，如图 5.15 所示。

图 5.15

⑦ 使用选择工具选择右下角包含文本 Urban Oasis Gardens 的文本框架。

⑧ 在单击了"填色"框的情况下，选择名为"C=10 M=0 Y=40 K=0"的黄色色板，如图 5.16 所示。

⑨ 单击粘贴板，确保没有选择页面中的任何对象。

⑩ 在"色板"面板中，将粉色色板（名为"C=25 M=75 Y=0 K=0"）拖曳到页面底部中央包含文本 $75 的文本框架上，如图 5.17 所示。

图 5.16

图 5.17

⓫ 单击粘贴板，确保没有选择任何对象。

⓬ 使用选择工具单击页面顶部的文本 Orchid Clinic。

⓭ 在单击了"填色"框的情况下，选择专色色板 PANTONE 8483 C，如图 5.18 所示。

图 5.18

> ♀提示　页面顶部的文本 Orchid Clinic 是一个对象，它是通过选择相应的文本框架，再选择"文字"＞"创建轮廓"生成的。使用这种方法将创建一个形状类似于相应文本的框架，并在其中填充无法编辑的图形。

⓮ 单击粘贴板，确保没有选择任何对象，选择"视图"＞"使页面适合窗口"，为下一个练习做好准备。选择"文件"＞"存储"，保存文件。

5.5.2 给描边指定颜色

通过"描边"面板（选择"窗口">"描边"）可给线段、框架和文本添加描边。下面使用控制面板中的选项给一条线段和一个图形框架指定描边色。

① 使用选择工具单击页面中间的日期上方的线段。

② 在控制面板中，打开"描边"下拉列表。

③ 必要时可调整"色板"面板的尺寸或向下滚动，选择色板 Green-Dark，如图 5.19 所示。

图 5.19

💡注意 如果将颜色应用到了错误的对象，可选择"编辑">"还原"，再重新操作。

④ 使用选择工具单击包含兰花的图形框架。务必单击内容抓取工具的外面，以选择框架。

⑤ 在"色板"面板中，单击"描边"框。

⑥ 向下滚动并选择色板 Green-Dark，如图 5.20 所示。

⑦ 选择"文件">"存储"，保存文件。

图 5.20

5.5.3 将颜色应用于文本

下面使用文字工具选择文本，并通过"色板"面板和控制面板来指定文本的填充色。

为创建反白字（深色背景上的浅色文字），可将文本的颜色设置得较浅，并将段落背景或文本框架的颜色设置得较深。

① 使用文字工具在包含日期 Saturday•January 8 • 7–10 p.m. 的文本框架中单击，通过拖曳选择其中的所有文本。

在"色板"面板中，可以看到"填色"框发生了变化，其反映的是选定文本的填充色。

② 在单击了"填色"框的情况下，选择色板 Green-Dark。

③ 使用文字工具单击左边包含文本 Grow. Maintain. Rebloom. 的文本框架，按 Ctrl + A（Windows）或 Command + A（macOS）组合键选择段落中的所有文本。

④ 在单击了"填色"框的情况下，选择色板 Green-Dark。

⑤ 使用文字工具在右边包含文本 Urban Oasis Gardens 的文本框架中单击，再单击 4 次选择其中的所有文本。

⑥ 在控制面板中找到并单击"填色"框，选择色板 Green-Dark。

⑦ 选择"编辑">"全部取消选择"以查看颜色，结果如图 5.21 所示。

如果"色板"面板占用了太多的屏幕空间，可将其关闭。

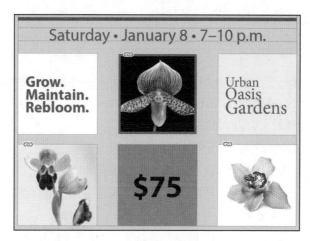

图 5.21

> 💡 提示　创建并应用颜色时，务必遵循公司或客户的风格指南。风格指南通常包含颜色、字体和徽标使用规则等内容。

⑧ 选择"窗口">"属性"，打开"属性"面板。

⑨ 使用文字工具在页面底部中央包含 $75 的文本框架中单击，选择"编辑">"全选"以选择文本框架中的所有文本。

⑩ 在"属性"面板中，单击"填色"框并选择绿色色板（名为"C=65 Y=25 M=100 K=0"）。

⑪ 单击"描边"框并选择蓝色色板（名为"C=90 M=70 Y=30 K=0"）。

⑫ 在"描边"框旁边的"粗细"文本框中输入"1 点"，按 Enter 键，如图 5.22 所示。

单击粘贴板取消对文本的选择，查看结果（如果有必要，可放大视图）。此时页面的中部如图 5.23 所示。选择"窗口">"属性"，关闭"属性"面板。

图 5.22

图 5.23

⑬ 选择"编辑">"全部取消选择",再选择"文件">"存储"保存文件。

5.6 查找并替换色板

如果要对文档中使用的颜色做选择性修改,可通过查找并替换来完成。例如,你可能想修改书中每章第 1 页的段落线,但不修改其他页面中的段落线。

💡 提示 对于文档中不再使用的颜色,可将其从"色板"面板中删除。

"色板"面板菜单中有一个"查找此颜色"命令,它让用户能够选择性地查找并替换颜色。下面将尝试使用这项功能查找出在哪些地方应用了色板 Green-Dark,再将其替换为不同的颜色。使用这项功能可节省时间,还可确保长文档的一致性。

① 使用选择工具单击页面中间位于日期上方的水平线。

② 从"色板"面板可知,这条水平线应用了色板 Green-Dark。

③ 在选择了色板 Green-Dark 的情况下,从"色板"面板菜单中选择"查找此颜色",如图 5.24 所示。

④ "查找/更改"对话框中显示的是"颜色"选项卡。保持"查找颜色"为 Green-Dark 不变,从"更改颜色"下拉列表中选择蓝色色板(名为"C=90 M=70 Y=30 K=0")。

💡 注意 如果有必要,将"查找/更改"对话框移到不碍事的地方。

⑤ 单击"查找下一个"按钮找到并选择应用了该颜色的文本或对象,如图 5.25 所示。如果选择的是文本,单击"查找下一个"按钮忽略它。

图 5.24

图 5.25

⑥ 选择的是花朵图像时,单击"更改"按钮;选择的是前述日期上方的水平线时,也单击"更改"按钮。

⑦ 更改上述两个对象的描边色后,单击"完成"按钮关闭"查找/更改"对话框。

⑧ 选择"文件">"存储",保存文件。

5.7 使用色调色板

色调色板是特定颜色的较浅版本，可将颜色快速而一致地应用于对象。色调色板存储在"色板"面板及控制面板等面板的颜色列表框中。要共享其他文档中的色调色板，可在"色板"面板菜单中选择"载入色板"。下面创建一个浅绿色色调色板，并将其应用于黄色文本框架。

5.7.1 创建色调色板

下面使用一个既有颜色色板来创建色调色板。

① 选择"视图">"使页面适合窗口"，使页面位于文档窗口中央。

② 选择选择工具，单击粘贴板，确保没有选择任何对象。

③ 在"色板"面板中，选择名为"C=25 M=75 Y=0 K=0"的粉色色板。

④ 在"色板"面板菜单中选择"新建色调色板"。

⑤ 在打开的"新建色调色板"对话框中，只有底部的"色调"选项可以修改。在"色调"文本框中输入 65，单击"确定"按钮。

> ♀ 注意　要显示所有的色板，可拖曳"色板"面板的右下角以放大它。

新建的色调色板出现在色板列表末尾。"色板"面板的顶部显示了有关选定色板的信息，其中"色调"文本框中的值表明该颜色为原始颜色的 65%，如图 5.26 所示。

图 5.26

5.7.2 应用色调色板

> ♀ 提示　色调色板很有用，因为 InDesign 会维持色调同其父颜色之间的关系。如果修改父颜色色板，这个色调色板将相应变成新颜色的较浅版本。

下面用前面创建的色调色板填充文本框架。

① 使用选择工具单击页面底部包含文本 $75 的文本框架。

② 在"色板"面板中，单击"填色"框。

③ 在"色板"面板中，选择刚创建的色调色板（名为"C=25 M=75 Y=0 K=0 65%"），可以看到

文本框架的填充色发生了变化，如图 5.27 所示。

图 5.27

④ 选择"文件">"存储"，保存文件。

5.8 使用渐变色板

渐变是多种颜色之间或同一种颜色的不同色调之间的逐渐混合。在 InDesign 中，可创建线性渐变或径向渐变，如图 5.28 所示。本节将使用"色板"面板创建一个线性渐变色板，然后将其应用给一个对象，并使用渐变色板工具（）调整渐变效果。

> 💡提示 最好在目标输出设备（无论是数码输出设备还是印刷设备）上对渐变效果进行测试。

线性渐变　　　　径向渐变

图 5.28

5.8.1 创建渐变色板

在"新建渐变色板"对话框中，渐变是在渐变曲线中使用一系列颜色站点定义的。站点是渐变从一种颜色变成另一种颜色的地方，由位于渐变曲线下方的方块标识。每种 InDesign 渐变都至少有两个颜色站点。编辑每个站点的颜色及新增颜色站点，可创建自定义渐变。

① 选择"编辑">"全部取消选择"，确保没有选中任何对象。

② 在"色板"面板菜单中选择"新建渐变色板"。

③ 在"新建渐变色板"对话框的"色板名称"文本框中输入 Pink/Yellow，保持"类型"为"线性"不变。

④ 单击渐变曲线上的左站点标记（ 🔒 ）。

⑤ 在"站点颜色"下拉列表中选择"色板"，在色板列表框中选择名为"C=25 M=75 Y=0 K=0"的粉色色板。

可以看到渐变曲线的左端变成了粉色。

⑥ 在依然选择了左站点的情况下，在"位置"文本框中输入 5。

⑦ 单击右站点标记，在"站点颜色"下拉列表中选择"色板"，在色板列表框中选择名为"C=10 M=0 Y=40 K=0"的黄色色板，再在"位置"文本框中输入 70，如图 5.29 所示。

⑧ 单击"确定"按钮，新建的渐变色板将出现在"色板"面板中的列表末尾。

⑨ 选择"文件">"存储"，保存文件。

图 5.29

5.8.2　应用渐变色板

下面将上一小节创建的渐变色板用作一个文本框架的填充色。

① 使用选择工具单击左边包含文本 Grow. Maintain. Rebloom. 的文本框架。

② 在"色板"面板中单击"填色"框。

③ 在"色板"面板中，选择刚创建的渐变色板 Pink/Yellow，如图 5.30 所示。

④ 选择"文件">"存储"，保存文件。

图 5.30

5.8.3　调整渐变的方向

使用渐变色填充对象后，可修改对象中渐变的方向。为此，可使用渐变色板工具拖曳一条虚构的线段，从而沿该线段重绘渐变。这个工具让你能够修改渐变的方向、起点和终点。使用渐变色板工具时，拖曳的起点离对象的外边缘越远，渐变的变化越平滑。下面来修改渐变的方向。

① 选择包含文本 Grow. Maintain. Rebloom. 的文本框架，按 G 键选择工具面板中的渐变色板工具。

② 为创建变化更快的渐变效果，将鼠标指针指向选定文本框架左边缘的内侧并向右拖曳，如图 5.31 左图所示。

松开鼠标左键后，发现从粉色到黄色的过渡比以前更快，如图 5.31 右图所示。

图 5.31

③ 要创建对角方向的渐变，可使用渐变色板工具从对象左上角拖曳到右下角，如图 5.32 所示。继续尝试使用渐变色板工具，直到理解其工作原理为止。

④ 试验完毕后，使用渐变色板工具从文本框架的顶端拖曳到底端，为文本框架应用最终的渐变

效果，如图 5.33 所示。

图 5.32 图 5.33

⑤ 选择"文件">"存储"，保存文件。

5.9　使用颜色组

如果文档包含很多具有特殊用途（如用于章、节序言或分隔页面）的颜色，可在"色板"面板中将色板分组，这样可轻松地同其他文档或其他设计人员共享颜色组。

5.9.1　将颜色添加到颜色组中

下面将这个文档使用的颜色放到一个新的颜色组中。

① 按 V 键切换到选择工具。

② 单击粘贴板，确保没有选择任何对象。

③ 在"色板"面板菜单中选择"新建颜色组"。

④ 在打开的"新建颜色组"对话框中输入 Orchid Clinic Flyer，如图 5.34 所示，单击"确定"按钮。

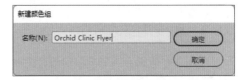

图 5.34

下面将为这个宣传单创建的颜色色板、色调色板和渐变色板移动到颜色组 Orchid Clinic Flyer 中。

⑤ 为选择这些色板，按住 Shift 键单击要移动的第 1 个色板和最后一个色板（不需要选择色板"[无]""[套版色]""[纸色]""[黑色]"）。

⑥ 在选定的色板左边的蓝色区域中按住鼠标左键，拖曳到 Orchid Clinic Flyer 文件夹的下方，等到出现线段后松开鼠标左键，结果如图 5.35 所示。

⑦ 选择"文件">"存储"，保存文件。

图 5.35

💡提示　在设计文档时，通常创建的颜色色板数比实际使用的多。确定最终的设计和色板后，应将未使用的颜色色板删除。为此，可在"色板"面板菜单中选择"选择所有未使用的样式"，再单击面板底部的"删除选定的色板 / 组"按钮进行删除。

5.9.2 预览最终的文档

下面对最终的文档进行预览。

① 选择"视图">"屏幕模式">"预览"。

② 选择"视图">"使页面适合窗口"。

③ 按 Tab 键隐藏所有的面板并预览你的工作成果，如图 5.36 所示。

④ 按 Tab 键显示所有面板。

图 5.36

5.10 练习

请完成下面的练习，以更深入地学习如何使用颜色主题。

5.10.1 创建颜色主题

要创建与文档中的图像使用的颜色互补的颜色，可使用 InDesign 颜色主题工具。使用这个工具可以对图像或对象进行分析，从中选择有代表性的颜色，并生成 5 个不同的主题。你可选择并应用颜色主题中的色板、将颜色主题中的色板添加到"色板"面板中，以及通过 CC 库共享颜色主题。要创建颜色主题，可用以下 3 种方法。

- 使用颜色主题工具单击图像或对象，通过一个很小的区域创建颜色主题。
- 使用颜色主题工具拖曳出一个覆盖图像或对象的方框，并通过这些图像或对象创建颜色主题。
- 按住 Alt（Windows）或 Option（macOS）键并使用颜色主题工具单击，以清除既有的颜色主题并创建新的颜色主题。

5.10.2 查看颜色主题

下面先查看通过兰花图像创建的颜色主题，再从中选择要使用的颜色主题。

① 在工具面板中的吸管工具图标上按住鼠标左键，并在打开的工具组中选择颜色主题工具。

> ♀提示 可按 Shift + I 组合键选择颜色主题工具。

② 找到页面中央的兰花图像。

③ 使用颜色主题工具在这幅图像的任意位置单击。

可以看到出现了颜色主题面板，其中包含在这幅图像中挑选出来的颜色主题，如图 5.37 所示。

④ 在颜色主题面板的"当前主题"下拉列表中选择主题"柔色"，如图 5.38 所示。

图 5.37　　　　　　　　　　　　　　　　　图 5.38

可选择并使用这里显示的任何色板，但这里不这样做，这里将整个颜色主题都添加到"色板"面板中。

5.10.3　将颜色主题添加到"色板"面板中

除了将整个颜色主题添加到"色板"面板中，还可将颜色主题中的特定颜色添加到"色板"面板中。在颜色主题面板中选择相应色板，按住 Alt（Windows）或 Option（macOS）键并单击"将此主题添加到色板"按钮（）。

颜色主题"柔色"非常适合本课的宣传单。下面先把它添加到"色板"面板中，再与工作组中其他负责制作营销材料的人分享。

1 在颜色主题面板中选择颜色主题"柔色"，单击"将此主题添加到色板"按钮，如图 5.39 所示。

2 如果有必要，选择"窗口">"颜色">"色板"，打开"色板"面板。

3 向下滚动，查看以颜色组的方式添加到"色板"面板中的"柔色_主题"，如图 5.40 所示。

图 5.39　　　　　　　　　　　　　　　　　图 5.40

> 💡 注意　你计算机中的"柔色_主题"中颜色的 C、M、Y、K 值可能与这里显示的稍有不同，但这不会影响你完成本课后面的任务。

4 选择"文件">"存储"，保存文件。

5.10.4　将颜色主题添加到 CC 库中

InDesign 的 CC 库让你能够轻松地在工作组中共享颜色色板和颜色主题等素材。在多名设计人员协作处理杂志或营销材料时，这可确保创意团队的每位成员都能轻松地访问同样的内容。下面将两个颜色主题添加到 CC 库中。有关 CC 库的详细信息，请参阅第 11 课。

在颜色主题面板中，选择"柔色"主题，单击"将此主题添加到我的当前 CC 库"按钮（ ），如图 5.41 所示。

图 5.41

> **注意**　要使用 CC 库功能，请确保你的系统正运行着 Adobe Creative Cloud 应用程序。

另一种创建并添加颜色主题的方式是使用"从图像中提取"命令。下面就来使用这种方式。

❶ 使用选择工具单击页面标题 Orchid Clinic 下方的兰花图像。

❷ 选择"对象">"从图像中提取">"颜色主题"，打开"从图像中提取"对话框。

❸ 展开"颜色模式"下拉列表，查看从该图像中提取的各种颜色主题，如图 5.42 所示。

图 5.42

❹ 在"颜色模式"下拉列表中选择一个颜色主题，单击"保存到 CC Libraries"按钮。单击"关闭"按钮将"从图像中提取"对话框关闭。

❺ 为了在 CC Libraries 面板中查看颜色主题，选择"窗口">CC Libraries。

❻ 如果有必要，单击"对选项排序"按钮（ ），并选择"分组依据"下的"类型"，以查看颜色主题，如图 5.43 所示。

⑦ 打开 CC Libraries 面板菜单，你将看到其中包含协作选项"邀请人员"和"获取链接"。

⑧ 选择"文件">"存储"，保存文件。

图 5.43

管理颜色主题

在 InDesign 中，有很多创建和管理颜色主题的方式。使用下面的这些工具可在应用程序和项目之间同步颜色，还可方便地与其他用户协作。

Adobe Capture 可在 iOS 和 Android 系统上运行，让你能够根据设备相机对准的地方创建颜色主题。

Adobe Color 网站让你能够创建自己的颜色主题，探索其他用户的颜色主题，以及查看自己的颜色主题。

CC Libraries 面板让你能够在工作组内共享颜色主题，以及通过复制、移动和删除颜色主题来管理它们。

有关这些工具的详细信息，请参阅 InDesign 帮助文档。

5.11　复习题

1. 比起使用"颜色"面板，使用"色板"面板来创建颜色有何优点？
2. 应用颜色色板的 3 个基本步骤是什么？
3. 比起使用印刷色，使用专色有何优缺点？
4. 创建渐变色板并将其应用于对象后，如何调整渐变的方向？

5.12　复习题答案

1. 如果使用"色板"面板将一种颜色应用于多个对象，在需要为这些对象更新颜色时，无须分别更新每个对象，只需在"色板"面板中修改这种颜色即可，这一点"颜色"面板无法做到。
2. 应用颜色色板的基本步骤如下：首先选择对象，然后根据要修改描边色还是填充色单击"描边"框或"填色"框，最后选择色板。可在各种面板中选择颜色色板，包括"色板"面板、控制面板、"属性"面板和工具面板。
3. 使用专色可确保颜色的准确性。然而，由于每一种专色都需要一个独立的印版，因此使用专色的成本更高。当文档使用的颜色非常多，导致使用专色油墨不可行或成本非常高时（如打印彩色照片时），应使用印刷色。
4. 要调整渐变的方向，可使用渐变色板工具沿所需方向拖曳出一条虚构的线段，从而沿该线段重新绘制渐变。

编排文本

本课概览

- 在既有文本框架中置入和编排文本。
- 自动调整文本框架大小。
- 串接文本框架以便将文本排入多栏和多页。
- 创建自动串接的文本框架。
- 自动编排文本。
- 删除多余的换行符。
- 对文本应用段落样式。
- 添加分栏符。
- 让文本对齐到基线网格。
- 添加跳转说明。

学习本课大约需要 **60** 分钟

在 InDesign 中，可将文本排入既有文本框架，还可在编排文本时创建框架和页面，从而轻松地对产品目录、杂志文章等内容进行排版。

PEAS, PLEASE
Plant: May
Soil: Moist
Fertilizer: Dairy dressing
Sow: 5″ deep
Thin: 1″ apart
Pick: August

How to grow
peas, please!

Peas grow well in heavy, moist soil that is not suitable for some other vegetables. However, the land for peas, as for all vegetable plants, should be drained and free from standing water. Nothing is quite so good as dairy dressing for peas, and it is worthwhile to get it if possible.

Fertilizing

When dairy dressing is at hand, be sure the ground is soft and fine; then open furrows about eight inches deep. These should be three feet apart for the Nott's Excelsior type, and

four feet for the climbing types. Into these furrows throw a liberal layer of dairy dressing to cover the bottom of the furrow. If you can spare it, put in a wheelbarrow load to twenty feet since peas are great feeders and need nourishment during the hot days of July when the crop is ripening.

Here is one case where dairy dressing may be used that is rather fresh, as peas seem to do well with dairy dressing at any stage. Stable dressing, which contains straw and horse manure, is more likely to develop heat, which will hurt the seed;

Peas continued on 2

6.1　概述

本课将处理一个小册子。这个小册子的第 1 个跨页已基本完成，其他几页也为置入文本做好了准备。处理这个小册子时，你将尝试各种排版方法，并添加跳转说明以指出文章转到哪一页。

①　为确保你的 InDesign 首选项和默认设置与本课所述一样，请将 InDesign Defaults 文件移到其他文件夹中，详情请参阅"前言"中的"另存和恢复 InDesign Defaults 文件"。

②　启动 InDesign。

③　在出现的"主页"界面中，单击左边的"打开"按钮（如果没有出现"主页"界面，就选择"文件" > "打开"）。

④　打开 InDesignCIB\Lessons\Lesson06 文件夹中的 06_Start.indd 文件。

⑤　如果出现一个对话框指出该文件链接的源文件已修改，请单击"更新修改的链接"按钮。

⑥　选择"文件" > "存储为"，将文件重命名为 06_FlowText.indd，并将其存储到 Lesson06 文件夹中。

⑦　为确保你的 InDesign 面板和菜单命令与本课使用的相同，选择"窗口" > "工作区" > "[基本功能]"，再选择"窗口" > "工作区" > "重置'基本功能'"。

⑧　要查看完成后的文档效果，可打开 Lesson06 文件夹中的 06_End.indd 文件，效果如图 6.1 所示。可让该文件保持打开状态，供工作时参考。

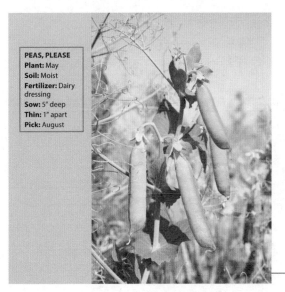

图 6.1

⑨　查看完毕后，单击文档窗口左上角的 06_FlowText.indd 选项卡以切换到该文档。

6.2　在既有文本框架中置入文本

置入文本时，可将文本置入新文本框架或既有文本框架中。如果当前文本框架是空的，可在其中单击来置入文本。在第 1 个跨页的左对页中，有个空的旁注文本框架，可用于放置文本。下面将一个

Word 文档中的文本置入该文本框架，并对置入的文本应用段落样式，再自动调整这个文本框架的高度。

6.2.1 将文本置入既有文本框架中

❶ 选择"文字">"显示隐含的字符"，以便能够看到换行符、空格、制表符和其他隐藏的字符。这有助于放置文本及设置文本格式。

❷ 增大缩放比例，以便能够看清第 1 个跨页的左对页中的旁注文本框架。这个文本框架宽约 1 英寸且有描边。

❸ 选择"编辑">"全部取消选择"，确保没有选择任何对象。

💡 提示　你将使用文字工具编辑文本，并使用选择工具串接文本框架，但置入文本时选择什么工具都可以。

❹ 选择"文件">"置入"。在打开的"置入"对话框底部，确保没有勾选"显示导入选项""替换所选项目""创建静态题注"复选框（在 macOS 中，如果有必要，可单击"选项"按钮来显示这些复选框）。

❺ 在 Lesson06 文件夹中，找到并双击 06_Highlights.docx 文件。

鼠标指针将变成置入文本图标，并显示将置入的内容的前几行。将置入文本图标指向空文本框架时，该图标两侧将出现括号。

❻ 将置入文本图标指向旁注文本框架。

❼ 单击以置入文本，如图 6.2 所示。

图 6.2

❽ 选择"文件">"存储"，保存文件。

这个文本框架容不下置入的文本，未显示的部分被称为溢流文本。存在溢流文本时，文本框架右下方的出口处有一个红色加号图标。本节后面将会解决溢流文本的问题。

6.2.2 应用段落样式

下面给旁注文本应用段落样式。这里要应用的段落样式包含一个嵌套样式，它自动将段落开头的内容（第 1 个冒号之前的内容）设置为粗体。

❶ 使用文字工具在旁注文本框架中单击，以便设置文本的格式。

② 选择"编辑">"全选",选择这个框架中的所有文本（包括那些看不到的文本）。

③ 在"属性"面板的"文本样式"部分，单击"段落样式"选项卡，再展开该选项卡顶部的下拉列表，显示可供使用的样式。

> 💡提示 处理文档时可根据需要将面板组拆散，调整面板的大小及移动面板。一般来说，采用什么样的面板配置取决于可用屏幕空间的大小。有些 InDesign 用户会使用辅助显示器来管理面板。

④ 单击 Body Text 样式组左边的箭头，展开这个样式组。

⑤ 单击段落样式 Sidebar Text，如图 6.3 所示。

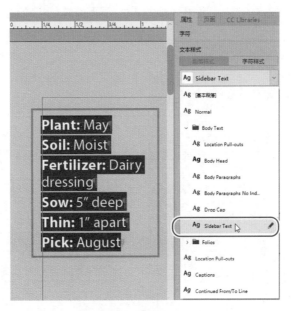

图 6.3

⑥ 在粘贴板中单击以取消对文本的选择，选择"文件">"存储"保存文件。

6.2.3 自动调整文本框架的大小

添加、删除和编辑文本时，经常需要调整文本框架的大小。启用"自动调整大小"功能，可让文本框架自动调整大小。下面使用"自动调整大小"功能让旁注文本框架根据文本的长度自动调整大小。

> 💡提示 带描边色或填充色的文本框架表明了文本的边界，对于这样的文本框架，启用"自动调整大小"功能是不错的选择。启用该功能后，如果文本缩短了，文本框架将自动缩小；如果文本加长了，文本框架将自动增大以免出现溢流文本。对于串接在一起的一系列文本框架，"自动调整大小"功能只对最后一个框架有效。

① 使用文字工具在旁注文本框架中的单词 Plant 前单击。

② 按 Caps Lock 键，输入标题 PEAS, PLEASE。

③ 按 Enter 键，按 Caps Lock 键切换到小写。

添加标题 PEAS, PLEASE 后，文本框架容纳不下全部文本，因此存在溢流文本——文本框架右下角的红色加号图标表明了这一点。

④ 在光标依然位于旁注文本框架中的情况下,选择"对象">"文本框架选项"。在"文本框架选项"对话框中,单击"自动调整大小"选项卡。

⑤ 勾选左下角的"预览"复选框,以便修改设置时能够看到效果。

⑥ 在"自动调整大小"下拉列表中选择"仅高度"。

⑦ 如果有必要,单击第 1 行中间的图标,指出要让文本框架向下延伸,就像手动向下拖曳文本框架底部的手柄一样,如图 6.4 所示。

⑧ 单击"确定"按钮。

⑨ 单击粘贴板以取消文字的选择,选择"视图">"屏幕模式">"预览",查看旁注的效果,如图 6.5 所示。

图 6.4

图 6.5

⑩ 选择"视图">"屏幕模式">"正常",显示排版辅助元素,如参考线和隐藏的字符。

⑪ 选择"文件">"存储",保存文件。

6.3 手动置入文本

将文本置入多个串接的文本框架中称为串接文本。InDesign 支持手动置入和自动置入,前者为用户提供了更大的控制权,而后者可节省时间。InDesign 还支持在编排文本的同时添加页面。

下面把专题文章的文本置入第 1 个跨页的右对页的两栏中。首先,把一个 Word 文档中的文本置入第 1 栏既有的文本框架中;然后,把第 1 个文本框架与第 2 个文本框架串接起来。

① 选择"视图">"使跨页适合窗口",找到右对页中标题 How to grow peas, please! 下方的两个文本框架。

② 如果有必要,可放大视图以便能够看清这些文本框架。

③ 使用文字工具在左边的文本框架中单击,如图 6.6 所示。

④ 选择"文件">"置入"。

⑤ 在 Lesson06 文件夹中找到并选择 06_Peas.docx 文件。

⑥ 勾选"置入"对话框底部的"替换所选项目"复选框（在 macOS 中，如果有必要，请单击"选项"按钮以显示这个复选框），单击"打开"按钮，结果如图 6.7 所示。

图 6.6   图 6.7

文本将被置入左栏既有的文本框架中。注意文本框架的右下角有个出口，其中的红色加号图标表明有溢流文本，即文本框架无法容纳所有文本。下面将溢流文本排入第 2 栏的文本框架中。

⑦ 使用选择工具单击该文本框架的出口，如图 6.8 所示，这时将显示置入文本图标（如果有必要，可先单击文本框架以选中它，再单击其出口）。

⑧ 将置入文本图标指向右边文本框架的任何位置并单击，如图 6.9 所示。

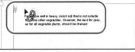

图 6.8   图 6.9

⑨ 溢流文本将排入第 2 栏的文本框架中，但此文本框架的出口也包含红色加号图标，表明还有溢流文本，如图 6.10 所示。

Peas grow well in heavy, moist soil that is not suitable for some other vegetables. However, the land for peas, as for | ing for peas, and it is worthwhile to get it if possible.¶ Fertilizing¶

图 6.10

⑩ 选择"文件">"存储"，保持该页面的位置不变，供下一个练习使用。

置入多个文本文件

在"置入"对话框中，可同时选择要置入的多个文本文件，再分别置入它们，方法如下。

① 选择"文件">"置入"或单击"属性"面板中的"导入文件"按钮。

② 在打开的"置入"对话框中，按住 Ctrl（Windows）或 Command（macOS）键单击以选择多个不相邻的文件，或按住 Shift 键单击以选择多个相邻的文件。

③ 单击"打开"按钮后，置入文本图标的括号中将指出置入了多少个文件，如(4)。

④ 按箭头键选择要置入的文本文件，按 Esc 键删除当前的文本文件。

⑤ 通过单击以每次一个文件的方式置入文件。

💡 提示 可同时置入图形文件和文本文件。

6.4 编排文本时创建文本框架

下面尝试两种不同的编排文本的方式。先使用半自动编排文本方式将文本置入一栏中（使用半自动编排文本方式能够每次创建一个串接的文本框架，在每栏排入文本后，鼠标指针都将自动变成置入文本图标），然后使用置入文本图标手动创建一个文本框架。

💡 提示 根据用户采用的是手动编排文本、半自动编排文本还是自动编排文本，置入文本图标的外观稍有不同。

请注意，要成功地完成这些练习，必须按住正确的键盘键，并在正确的位置单击。因此，做每个练习前，先阅读所有步骤可能会对你有所帮助。如果出错，务必选择"编辑">"还原"，然后重新操作。

❶ 使用选择工具单击第 1 页第 2 栏的文本框架的出口。这将显示包含溢流文本的置入文本图标，如图 6.11 所示。

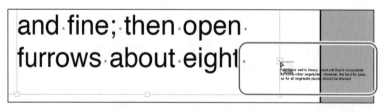

图 6.11

下面在第 2 页新建一个文本框架以容纳溢流文本。参考线指出了要创建的文本框架的位置。

❷ 选择"版面">"下一跨页"以显示第 2 页和第 3 页，选择"视图">"使跨页适合窗口"。在鼠标指针为置入文本图标的情况下，仍可导航到其他文档页面或创建新页面。

❸ 将置入文本图标指向第 2 页左上角两条参考线的交点。为保证单击的位置正确，需等待置入文本图标中的黑色箭头变成白色。

❹ 按住 Alt（Windows）或 Option（macOS）键并单击，如图 6.12 所示。

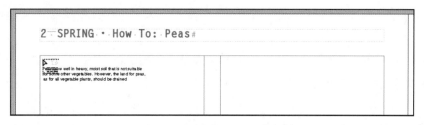

图 6.12

> 💡 **提示** 鼠标指针变成置入文本图标后,将鼠标指针指向空文本框架并按住 Alt 键时,该图标中将出现一根链条,这表明可串接到该框架。也可将溢流文本排入空的图形框架,在这种情况下,图形框架将自动转换为文本框架。

文本将排入第 1 栏。因为按住了 Alt(Windows)或 Option(macOS)键,所以鼠标指针还是置入文本图标,能够继续将文本排入其他文本框架。

⑤ 松开 Alt(Windows)或 Option(macOS)键,将置入文本图标指向第 2 栏。

⑥ 在第 2 栏中单击,在栏参考线内新建一个文本框架并将文本排入栏内,如图 6.13 所示。

图 6.13

> 💡 **提示** 如果在鼠标指针为置入文本图标时单击,InDesign 将在单击的栏内创建一个文本框架,其宽度与单击的栏相同。虽然这样创建的框架在栏参考线内,但必要时可移动它们,还可调整它们的形状和大小。

第 2 个文本框架的右下角有红色加号图标,表明还存在溢流文本,后面将解决这个问题。

⑦ 选择"文件">"存储",保持该页面的位置不变,供下一个练习使用。

6.5 创建自动串接的文本框架

为提高创建与分栏等宽的串接文本框架的速度,InDesign 提供了一种快捷方式。如果在拖曳文字工具以创建文本框架时按→键,InDesign 会自动将该文本框架分成多个串接起来的分栏。例如,如果创建文本框架时按→键一次,文本框架将被划分一次,即分成两个等宽的分栏;如果按→键 5 次,文本框架将被划分 5 次,即分成 6 个等宽的分栏。

> 💡 **提示** 可以通过串接文本框架来创建多栏,也可将文本框架分成多栏,方法为选择"对象">"文本框架选项",在打开的对话框的"常规"选项卡中指定栏数。将文本框架分成多栏,可以使版式更灵活。

下面在第 3 页中创建一个两栏的文本框架，并将其与第 2 页中的文本框架串接，以便将溢流文本排入。

① 选择"视图">"使跨页适合窗口"，让第 2 页和第 3 页出现在文档窗口中央。

② 选择文字工具并将鼠标指针指向第 3 页的第 1 栏，大概位于紫色栏参考线与粉色边距参考线的交点处。

③ 向右下方拖曳以创建一个横跨这两栏的文本框架，拖曳时按 → 键一次，InDesign 自动将该文本框架分成两个串接起来的、宽度相等的文本框架，如图 6.14 所示。

图 6.14

> 💡 注意　如果不小心按了→键多次，导致生成的串接文本框架的分栏数超过 2，可选择"编辑">"还原"，再重新操作；也可在拖曳时按←键删除多余的分栏。

④ 向下拖曳，让文本框架位于栏参考线和边距参考线内。如果有必要，使用选择工具调整这个文本框架，使其位于上述参考线内，如图 6.15 所示。

图 6.15

⑤ 使用选择工具单击以选择第 2 页第 2 栏的文本框架，再单击该文本框架右下角的出口，这将显示置入文本图标和溢流文本。

> 💡 提示　在分栏之间添加较粗的栏线可提高版面的格调和可读性。你可在"文本框架选项"对话框的"栏线"选项卡中进行自动添加栏线的设置。

⑥ 单击第 3 页中创建的文本框架。

文本将排入该页面的两栏中，如图 6.16 所示。

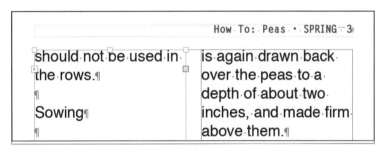

图 6.16

⑦ 选择"文件">"存储"，保持该页面的位置不变，供下一个练习使用。

6.6　自动编排文本

下面使用自动编排文本功能将溢流文本排入小册子中。采用自动编排文本功能时，InDesign 将自动在后续页面的栏参考线内新建文本框架，直到排完所有溢流文本为止。对较长的文本来说，这是很不错的选择，但就本课的项目来说，使用这个方法将导致一些已置入的图像被文本遮住。这种问题很容易解决，只需将遮住图像的文本框架删除即可，其中的文本将自动排入余下的文本框架中。

① 使用选择工具单击第 3 页第 2 栏的文本框架右下角的出口，此时，将显示置入文本图标和溢流文本（如果有必要，可先单击该框架以选中它，再单击其出口）。

② 选择"版面">"下一跨页"以显示第 4 页和第 5 页。

③ 将置入文本图标指向第 4 页的第 1 栏——栏参考线与边距参考线相交的地方。

④ 按住 Shift 键并单击。

> 💡 提示　鼠标指针变为置入文本图标时，按住 Shift 键并单击，InDesign 将自动创建文本框架，并将文本排入；如果有必要，还可添加页面，以便将所有文本都排入当前文档。

可以看到，余下的页面中添加了新文本框架（包含图片的页面中亦是如此），如图 6.17 所示。

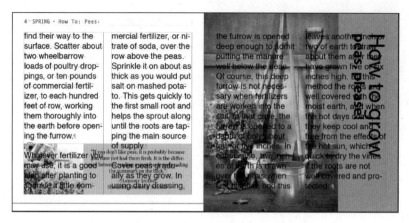

图 6.17

这是因为按住了 Shift 键，InDesign 将自动编排文本。

⑤ 按住 Shift 键，使用选择工具单击第 5 页中新创建的两个文本框架（覆盖园艺工具图像的文本框架）以选择它们。

⑥ 选择"编辑">"清除"，删除这些文本框架。

⑦ 选择"版面">"下一跨页"，显示第 6 页和第 7 页。此时，文本依次排入第 4 页、第 6 页和第 7 页中。

⑧ 按住 Shift 键，使用选择工具单击第 7 页中新创建的两个文本框架（覆盖豌豆图像的文本框架）。

⑨ 选择"编辑">"清除"，删除这些文本框架，如图 6.18 所示。

图 6.18

💡 注意　新建的文本框架位于页边距内，其中的文本覆盖了页面中既有的旁注文本框架。本课后面将解决这个问题。

第 8 页还存在溢流文本，本课后面将通过两种方式来解决这个问题。

⑩ 选择"文件">"存储"，保存文件。

在编排文本时添加页面

除了可在既有页面中串接文本框架，还可在编排文本时添加页面。实现这种操作的功能称为"智能文本重排"功能，该功能在排大篇幅的文本（如书中章节）时非常有用。启用"智能文本重排"功能后，用户在主文本框架中输入文本时，InDesign 将自动添加页面和串接的文本框架，以便容纳所有文本。如果文本因编辑或重新设置格式而缩短，多余的页面也将自动删除。下面在一个新建文档中尝试使用这项功能。

> ♀ 提示　请尝试各种文本编排方式，找到对你和你的项目来说最合适的串接方法。例如，创建商品目录模板时，你可能需先串接多个小型文本框架，再将商品描述文本排入。

❶ 选择"文件">"新建">"文档"。在打开的"新建文档"对话框中做以下操作。

- 单击"打印"选项卡。
- 选择预设 Letter-Half。
- 单击"方向"部分的"横向"按钮。
- 勾选"主文本框架"复选框。

❷ 单击"边距和分栏"按钮，在弹出的对话框中单击"确定"按钮。

❸ 选择"编辑">"首选项">"文字"（Windows）或 InDesign>"首选项">"文字"（macOS），打开"首选项"对话框。在"智能文本重排"部分，可指定以下使用"智能文本重排"功能时的设置。

- 在哪里（文章末尾、章节末尾或文档末尾）添加页面。
- 是只将"智能文本重排"功能用于主文本框架，还是用于文档中的所有文本框架。
- 如何在对页跨页中插入页面。
- 当文本变短时是否删除空白页面。

❹ 默认情况下，"智能文本重排"复选框被勾选，请确保勾选了该复选框，再单击"确定"按钮，如图 6.19 所示。

图 6.19

❺ 选择"文件">"置入"。在打开的"置入"对话框中，选择 Lesson06 文件夹中的 06_Peas.docx 文件，单击"打开"按钮。

❻ 在新建文档的第 1 页中，在页边距内单击将所有文本排入主文本框架，必要时这种操作将添加页面。请注意"页面"面板中的页数。

❼ 关闭该文档但不保存所做的修改。

6.7　使用"查找 / 更改"功能删除多余的换行符

有些人在 Word 文档中输入文字时，经常按 Enter 键来增大段间距，使内容方便阅读。但很多出版物都通过缩进（而不是段间距）来标识段落，即便出版物使用段间距来标识段落，在段落之间空一行充当段间距的做法也会让版面因间距太大而显得不协调。因此，图形设计人员喜欢将文档中多余的换行符删除。可以快速查找两个换行符并将其替换为一个。下面来删除前面置入的文本中多余的换行符。

💡 **提示** 无论是在 Word 还是 InDesign 中，都可通过设置段落格式来指定段前间距和段后间距，以增大段落间距。这样做既方便书写和编辑，又能避免出现多余的换行符。

① 在"页面"面板中，双击第 1 页的页面图标，让它在文档窗口中居中显示。

② 在"文字"菜单中，确认最后一个菜单命令为"不显示隐藏字符"，因为这样才能看到多余的换行符，如图 6.20 所示。

Fertilizing是这篇文章中的一个标题，如果你查看06_End.indd文件，将发现在最终的格式设置中，这个标题后面没有空一行。下面使用"查找/更改"功能来删除这个多余的换行符

图 6.20

③ 使用文字工具在文章开头的 Peas grow well（它位于第 1 页最左边的那一栏中）前面单击。

④ 选择"编辑">"查找/更改"，单击打开的对话框顶端的"文本"选项卡。

⑤ 在"方向"部分，单击"向前"单选按钮。

⑥ 在"搜索"下拉列表中选择"文章"，以指定搜索范围。

在"查找/更改"对话框中，可使用"搜索"下拉列表来指定搜索范围，如文章或全部文档。

⑦ 在"查找内容"部分的"要搜索的特殊字符"（ @, ）下拉列表中选择"段落结尾"，这将在"查找内容"文本框中输入换行符的编码（ ^p ）。

⑧ 在光标依然在"查找内容"部分的文本框中的情况下，再次在"要搜索的特殊字符"下拉列表中选择"段落结尾"，如图 6.21 所示。

至此，你设置好了"查找内容"部分，以便在文本中查找两个相连的换行符。下面来设置"更改为"部分，以便将两个换行符替换为一个。

⑨ 按 Tab 键跳转到"更改为"部分的文本框中，并在它右边的"要替换的特殊字符"下拉列表中选择"段落结尾"。

这样设置后，"查找/更改"功能将查找 ^p^p 并将其更改为 ^p。

💡 **提示** 需要将句号后面的两个空格替换为一个空格时，"查找/更改"功能也很有用。在出版物中，如果句号后面带两个空格，留白的空间就太大了。在使用过打字机的作者和编辑提交的文章中，可能包含多余的空格，必须将这些空格删除。

⑩ 单击"查找下一个"按钮，这将找到第一对相连的换行符，并高亮显示它们。单击"全部更改"按钮。

⑪ 在出现的对话框（它指出替换了 18 处）中，单击"确定"按钮，结果如图 6.22 所示。

💡 **注意** 如果替换结果不正确，请选择"编辑">"还原'替换文本'"，并检查"查找/更改"对话框中的设置是否正确。

图 6.21

possible.¶
Fertilizing¶
When·dairy·dressing·

图 6.22

⑫ 单击"完成"按钮，关闭"查找 / 更改"对话框。

⑬ 选择"版面">"下一跨页"切换到其他页面，可以看到相邻段落紧紧地挨在一起，下面通过为文本应用段落样式来解决这个问题。

⑭ 选择"文件">"存储"，保存文件。

6.8 为文本应用段落样式

创建好所有串接的文本框架，并将文本排入其中后，即可开始设置文本的格式，并指定它们在版面中的排列方式和外观。下面先把样式 Body Paragraphs 应用于整篇文章，再设置第 1 段文本和子标题的格式。

① 在"页面"面板中，双击第 1 页的页面图标。

② 选择文字工具，在前面置入的主文章所在的任意文本框架中单击。必要时放大视图，以便能够看清文本。

③ 选择"编辑">"全选"，选择文章中的所有文本（位于一系列串接的框架中的文本）。

④ 在"属性"面板的"文本样式"部分，单击"段落样式"选项卡，再展开这个选项卡顶部的下拉列表，显示可供使用的样式。

⑤ 如果有必要，单击样式组 Body Text 旁边的三角形将其展开。

♀ 提示 在"段落样式"和"色板"等面板中，可使用组来组织样式或色板。将组展开后，便可选择其中的选项。

⑥ 选择段落样式 Body Paragraphs，将其应用于整篇文章，如图 6.23 所示。滚动到其他页面，查看应用段落样式后的文本。

⑦ 选择"版面">"转到页面"。在弹出的对话框的"页面"文本框中输入 1，并单击"确定"按钮。如果有必要，选择"视图">"使页面适合窗口"。

⑧ 在第 1 页中，单击文章的第 1 个段落（以 Peas grow well in heavy 开头的段落）。在"属性"面板中，选择段落样式 Drop Cap，如图 6.24 所示。

图 6.23

图 6.24

下面来设置这篇文章中 7 个子标题的格式。

⑨ 使用文字工具单击第 1 页左边那一栏的子标题 Fertilizing，指定要设置格式的段落。

⑩ 在"属性"面板中，选择段落样式 Body Head。

⑪ 单击子标题 Fertilizing 后面那个段落（以 When dairy dressing 开头的段落），在"段落样式"面板中选择段落样式 Body Paragraphs No Indent，如图 6.25 所示。

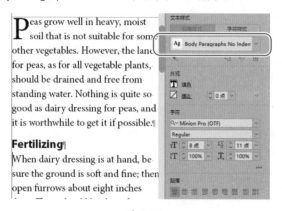

图 6.25

⑫ 重复第 9 ~ 11 步，将段落样式 Body Head 应用于这篇文章中的其他子标题，并将段落样式 Body Paragraphs No Indent 应用于各个子标题后面的段落。这些子标题如下。

- 第 2 页左栏的 Snowing。
- 第 3 页左栏的 Thinning Out。
- 第 3 页右栏的 Protection from Birds。
- 第 3 页右栏的 Caring for the Vines。
- 第 4 页左栏的 Picking Peas。
- 第 4 页面右栏的 Follow Crops。

⑬ 选择"文件">"存储"，不要切换到其他页面，以便完成下一个练习。

6.9　调整分栏长度

InDesign 提供了很多调整分栏长度的方法。调整分栏长度一方面可以让文本框架适合版面，另一方面可以将特定主题放在一起。要调整分栏长度，一种方法是使用选择工具来调整文本框架的大小，另一种方法是手动添加分栏符将文本"推"到下一栏。下面调整文本框架的大小，使其适合版面。

❶ 在"页面"面板中，双击第 4 页的图标，使这个页面显示在文档窗口中央。

❷ 使用选择工具单击左边那个包含主文章的文本框架。

❸ 向上拖曳这个文本框架的下边缘，使框架高度大约为 2.1 英寸。

> 💡 注意　如果有必要，在控制面板中的 H 文本框中输入"2.1 英寸"再按 Enter 键，以调整这个文本框架的大小。

❹ 选择右边的文本框架（它包含第 2 栏文本），向上拖曳其下边缘，使其高度与左边的文本框架一致。

调整这些文本框架的大小，可避免文本遮住带阴影的旁注文本框架，如图 6.26 所示。

图 6.26

❺ 选择"版面">"下一跨页"以显示第 6 页和第 7 页。第 6 页底部是一句来自爱德华·摩根·福斯特（E.M. Forster）的引言。

❻ 使用选择工具单击第 6 页左边的文本框架，向上拖曳其下边缘，使其高度约为 2.5 英寸，如图 6.27 所示。

❼ 选择右边的文本框架，它包含第 2 栏文本。向上拖曳其下边缘，使其高度与左边的文本框架一致。

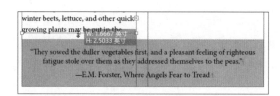

图 6.27

⑧ 单击粘贴板以取消对所有对象的选择，选择"文件">"存储"保存文件。

> 💡 提示　要调整文本在文本框架中的排列方式，可添加分隔符，如分栏符和框架分隔符，为此可使用"文字">"插入分隔符"中的命令。

6.10　调整文本的垂直间距（行间距）

InDesign 提供了以下方法用于定制和调整文本框架中文本的垂直间距。

- 使用基线网格设置所有文本行的间距。
- 使用"字符"面板中的"行距"下拉列表设置行间距。
- 使用"段落"面板中的"段前间距"和"段后间距"文本框设置段落的间距。
- 使用"文本框架选项"对话框"常规"选项卡中的"垂直对齐"和"平衡栏"选项来对齐文本框架中的文本。
- 在"段落"面板菜单中选择"保持选项"，并在打开的"保持选项"对话框中，使用"保持续行""接续自""保持各行同页"来控制段落如何从一栏排入下一栏。

本节将使用基线网格来对齐文本。

6.10.1　使用基线网格对齐文本

设置垂直间距可以让不同分栏中的文本行水平对齐，为此可为整个文档设置基线网格（也叫作行间距网格）。基线网格描述了文档正文的行间距，用于对齐相邻文本栏和页面中文字的基线。下面先设置基线网格，再设置段落格式，让段落与基线网格对齐，效果如图 6.28 所示。

Peas grow well in heavy, moist soil that is not suitable for some other vegetables. However, the land for peas, as for all vegetable plants, should be drained and free from standing water. Nothing is quite so good as dairy dressing for peas, and it is worthwhile to get it if possible.

Fertilizing
When dairy dressing is at hand, be sure the ground is soft and fine; then open furrows about eight inches deep. These should be three feet apart for the Nott's Excelsior type, and

four feet for the climbing types. Into these furrows throw a liberal layer of dairy dressing to cover the bottom of the furrow. If you can spare it, put in a wheelbarrow load to twenty feet since peas are great feeders and need nourishment during the hot days of July when the crop is ripening.

Here is one case where dairy dressing may be used that is rather fresh, as peas seem to do well with dairy dressing at any stage. Stable dressing, which contains straw and horse manure, is more likely to develop heat, which will hurt the seed;

段落与基线网格对齐后，相邻分栏中的文本行便是对齐的

图 6.28

可在文本框架中设置基线网格，此功能非常适合不同文章使用不同行间距的情形。为此，可先选择"对象">"文本框架选项"，再在打开的对话框中单击"基线选项"选项卡，并在其中进行设置。

设置基线网格前，需要查看正文的行间距。

❶ 选择"版面">"转到页面"，在弹出的对话框的"页面"文本框中输入1，单击"确定"按钮。

❷ 在工具面板中选择文字工具。

❸ 在文章第1段（以Peas grow well开头）中的任意位置单击。从"属性"面板中"行距"（ 🔼 ）文本框可知，行间距为11点，如图6.29所示。

图 6.29

❹ 选择"编辑">"首选项">"网格"（Windows）或InDesign>"首选项">"网格"（macOS），设置基线网格选项。

❺ 在"基线网格"部分的"开始"文本框中输入"0点"，并在"相对于"下拉列表中选择"页面顶部"。

该选项决定了文档的第1条网格线的位置。如果使用默认值0.5英寸，第1条网格线将在上边距上方。

❻ 在"间隔"文本框中输入"11点"，使其与行间距匹配；保留"视图阈值"的默认设置（75%）不变，如图6.30所示。

图 6.30

视图阈值指定了缩放比例至少为多少后，才能在工作区中看到基线网格。若将其设置为100%，则仅当缩放比例不小于100%时，才会在文档窗口中显示基线网格。

❼ 单击"确定"按钮。

❽ 选择"编辑">"全部取消选择"，再选择"文件">"存储"保存文件。

6.10.2 查看基线网格

下面让设置的基线网格在工作区中可见。

❶ 要在文档窗口中显示基线网格，先选择"视图">"网格和参考线">"显示基线网格"，再选择"视图">"实际尺寸"，结果如图 6.31 所示，可以看到两栏中的文本并未水平对齐。

Fertilizing

When dairy dressing is at hand, be sure the ground is soft and fine; then open furrows about eight inches deep. These should be three feet apart for the Nott's Excelsior type, and

Here is one case where dairy dressing may be used that is rather fresh, as peas seem to do well with dairy dressing at any stage. Stable dressing, which contains straw and horse manure, is more likely to develop heat, which will hurt the seed;

图 6.31

在 InDesign 中，可让选定段落或文章中的所有段落对齐到基线网格。文章指的是一系列串接的文本框架中的所有文本。下面使用"段落"面板将主文章与基线网格对齐。

❷ 使用文字工具在跨页中第 1 段的任意位置单击，选择"编辑">"全选"以选择主文章中的所有文本。

❸ 如果"段落"面板不可见，选择"文字">"段落"使其可见。

❹ 在"段落"面板菜单中选择"网格对齐方式">"罗马字基线"，如图 6.32 所示。文本将移动至字符基线与网格线对齐。

图 6.32

💡 **提示** 与其他大多数段落格式控制方式一样，菜单命令"网格对齐方式">"罗马字基线"也包含在控制面板中。

⑤ 单击"段落"面板的关闭按钮将其关闭，再单击粘贴板，取消对文本的选择，选择"视图">"网格和参考线">"隐藏基线网格"。

⑥ 在文档中滚动，查看现在的文本编排情况。

⑦ 选择"文件">"存储"，保存文件。

6.10.3 更新段落样式以对齐基线网格

现在，这篇文章的格式与应用于各个段落的段落样式指定的格式不一致，因为在应用样式后又应用了其他格式。对于单用途文档来说，经常需要反复微调格式，这不是问题，但在很多情况下，都将样式应用到整个文档中，如书籍或杂志。为确保样式与实际格式一致，下面介绍如何快速更新样式。

① 选择"版面">"转到页面"，在弹出的对话框的"页面"文本框中输入 1 并单击"确定"按钮。

② 选择"文字">"段落样式"，打开"段落样式"面板。必要时将"段落样式"面板拖离面板停放区，以便能够调整其位置。

③ 使用文字工具在文章的第 1 个段落（以 Peas grow well 开头的段落）中单击（选择"视图">"使页面适合窗口"，如果这样做有助于你查找文章）。

在"段落样式"面板中，样式 Drop Cap 高亮显示，因为它被应用于这个段落。样式名 Drop Cap 后面有一个加号（+），表明段落的实际格式与样式 Drop Cap 指定的格式不一致。

④ 在"段落样式"面板菜单中选择"重新定义样式"，如图 6.33 所示，段落样式 Drop Cap 将反映前面所做的修改（让文本与基线网格对齐），同时它后面的加号消失了。

图 6.33

⑤ 为更新其他段落样式，可在应用了这些样式的段落中单击，再在"段落样式"面板菜单中选择"重新定义样式"。被用来设置文本格式的其他段落样式包括 Body Head、Body Paragraphs、Body Paragraphs No Indent。

⑥ 选择"文字">"段落样式"关闭"段落样式"面板，再选择"文件">"存储"保存文件。

6.11 添加跳转说明

如果文章跨越多页，读者必须翻页才能阅读后面的内容，那么最好添加一个跳转说明（如"下转第 x 页"）。InDesign 支持添加跳转说明，跳转说明将自动指出文本流中下一页的页码。

① 在"页面"面板中双击第 1 页的页面图标，让该页在文档窗口中居中显示。向下滚动以便能够看到粘贴板。必要时放大视图，以便能够看清文本。

② 选择文字工具，在粘贴板中拖曳创建一个宽为 1.7 英寸、高为 0.25 英寸的文本框架。

③ 使用选择工具将新创建的文本框架拖曳到第 1 页第 2 栏的底部，确保该文本框架的顶部与既有文本框架的底部相连，如图 6.34 所示。

dressing, which contains straw and horse manure, is more likely to develop heat, which will hurt the seed:

X: 6.0833 英寸
Y: 3.6667 英寸

图 6.34

④ 使用文字工具在新文本框架中单击。输入 Peas continued on 和一个空格。如果新输入的文本与原来的文本重叠，不用担心。

⑤ 单击鼠标右键（Windows）或按住 Control 键并单击（macOS），显示上下文菜单，选择"插入特殊字符">"标志符">"下转页码"，如图 6.35 所示。跳转说明将变成 Peas continued on 2。

图 6.35

⑥ 选择"文字">"段落样式"，打开"段落样式"面板。如果有必要，单击样式组 Folios 旁边的箭头将样式组展开。

⑦ 在光标仍位于跳转说明中的情况下，选择样式组 Folios 中的段落样式 Continued From/To Line，根据模板设置文本的格式，如图 6.36 所示。

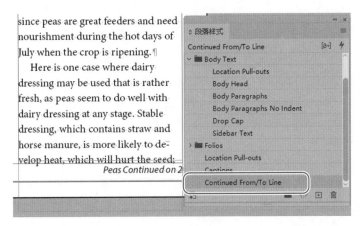

图 6.36

⑧ 选择"文字">"段落样式"关闭"段落样式"面板，再选择"文件">"存储"保存文件。

⑨ 选择"视图">"使跨页适合窗口"。

⑩ 选择"视图">"屏幕模式">"预览"，在文档窗口中滚动以查看所有页面，如图 6.37 所示。

图 6.37

6.12 练习

本练习将学习如何创建指出下转页码的跳转说明，并创建指出上接页码的跳转说明。

❶ 选择"视图">"屏幕模式">"正常"以显示框架边缘。在"页面"面板中，双击第 1 页的页面图标。

❷ 使用选择工具选择第 1 页中包含跳转说明的文本框架，选择"编辑">"复制"。

③ 选择"版面">"下一跨页",再选择"编辑">"粘贴",将跳转说明文本框架粘贴到第 2 页。

④ 拖曳该文本框架使其与第 1 栏的文本框架的顶部相连。如果有必要,向下拖曳主文本框架的上边缘,以免跳转说明文本框架与页眉相连。

⑤ 使用文字工具将该文本框架的文字从 Peas continued on 改为 Peas continued from,并删除数字 2。

现在需要使用"上接页码"字符替换"下转页码"字符。

⑥ 选择"文字">"插入特殊字符">"标志符">"上接页码"。

跳转说明变成了 Peas continued from 1,如图 6.38 所示。

图 6.38

⑦ 选择"文件">"存储",保存文件。

6.13 复习题

1. 使用哪种工具可串接文本框架?
2. 如何显示置入文本图标?
3. 在鼠标指针为置入文本图标的情况下，在栏参考线之间单击将发生什么?
4. 在使用文字工具拖曳以创建文本框架时，按什么键可自动将文本框架分成多个串接的文本框架?
5. 有一种功能可自动添加页面和串接的文本框架以容纳置入文件中的所有文本，这种功能叫什么?
6. 使用哪项功能可根据文本长度自动调整文本框架的大小。
7. 若要确保在跳转说明中插入正确的"下转页码"和"上接页码"字符，需要做什么?
8. 如何更新段落样式，使其与特定文本的格式一致?

6.14 复习题答案

1. 选择工具。
2. 选择"文件">"置入"并在弹出的对话框中选择一个文本文件，单击"打开"按钮，或单击包含溢流文本的文本框架的出口；也可以将文本文件从桌面拖曳到页面中。
3. 将在单击的位置创建文本框架，该框架位于垂直的栏参考线之间。
4. 按→键。相反，按←键可减少串接的文本框架数。
5. "智能文本重排"功能。
6. "文本框架选项"对话框和"对象"菜单中的"自动调整大小"功能。
7. 包含跳转说明的文本框架必须与包含文章的串接文本框架相连或重叠。
8. 在特定文本中单击，再从"段落样式"面板菜单中选择"重新定义样式"。

编辑文本

本课概览

- 输入和置入文本。
- 查找并修改文本和格式。
- 在文档中进行拼写检查。
- 编辑用户词典。
- 自动校正拼错的单词。

- 拖放式文本编辑。
- 使用文章编辑器。
- 显示修订。
- Adobe Fonts 服务。

学习本课大约需要 45 分钟

InDesign 提供了专用文字处理程序才有的众多文本编辑功能，包括查找并修改文本和格式、检查拼写、输入文本时自动更正拼写有误的单词，以及编辑时显示修订。

Protect Your Peas
HIGH-PROTEIN, LOW-CALORIE, VITAMIN-RICH PEAS ARE EASY TO GROW AND DELICIOUS TO EAT.

GARDENING > MAY 2023   3

Peas are easy to grow, but once they pop up they need a little protection. A little daily attention will ensure an awesome crop and a supply of nutritious side dishes and snacks. Enjoy the fresh air and satisfaction of gardening during the day, and peruse your cookbooks for ideas at night. Next month, we'll have plenty of great recipes for you to try.

Cover. Cover peas gradually as they grow. In using dairy dressing, the furrow is opened deep enough to admit putting the manure well below the peas. Of course this deep furrow is not necessary when fertilizers are worked into the soil. In that case, the furrow is opened to a depth of only about four or five inches. In either case, two inches of earth is drawn over the peas when first planted, and this leaves another inch or two of earth to draw about them after they have grown five or six inches high.

Thinning Out. When the peas are up an inch or so, it is time to thin them out. Crowding is responsible for many poor crops of peas. Thin out the dwarf peas so that they stand about an inch apart, and the tall ones so that they stand about an inch and a half apart. Pull out the weaker sprouts first. TIP: It may take some courage to thin them out, but it pays in the end.

Protection from Blackbirds. Blackbirds are fond of pea vines when they are young and tender. Sometimes they will nip off the sprouts and spoil a long row in one early breakfast. A white string, stretched above the row, with white rags tied here and there, will usually keep them away. Small flags, made by tying a strip of white cotton cloth to a stick will serve well also. TIP: If there are many blackbirds about, it is a wise gardener who takes this easy precaution. It is a little too late after the blackbirds have been there.

Caring for the Vines. The dwarf peas need no further care, except cultivation to keep the earth soft and free from weeds. The blossoms form in about four weeks, and the peas ripen quickly after that. The season for peas begins early in May, and they are picked in August along the northern belt. Because of its fondness for cool climates and moist earth, the pea is most delicious and profitable in those states where the summer days are not extremely hot.

Picking Peas. It does not pay to pick peas before they are fairly well filled out, as they are wasted in that way. You can soon learn to tell, by a gentle pressure of the thumb near the lower end of the pod, whether the peas are large enough to pick. On the other hand, it is unwise to leave them on the vines to dry, as that will tend to check the growth of the peas forming at the top of the vine. In taking the pod from the vines, be careful to use both hands. Hold the vine with one hand just above the pea, to save the tender branches from being torn. TIP: Remember the new peas which are coming above those you are picking, and give them a free chance to mature.

Follow Crops. As soon as the crop of peas is harvested, pull out the vines, put away the supports you wish to save for the next season, and dig over the ground for a crop of something else. Bush string beans, turnips, cabbage, winter beets, lettuce, and other quick growing plants may be put in the same rows.

Recipes. Next month look for recipes for Soupe Aux Pois (Pea Soup), Balsamic Pea Salad, Lemon Orzo with Peas, Fregola with Peas and Ricotta, and Peas with Pancetta.

Source. "Protecting Your Peas" excerpted from Garden Steps: A Manual for the Amateur in Vegetable Gardening, by Ernest Cobb, 1917.

7.1 概述

本课将执行图形设计人员经常面临的编辑任务，包括置入包含文章的 Word 文档，以及使用 InDesign 编辑功能查找并修改文本和格式、执行拼写检查、修改文本和显示修订等。

❶ 为确保你的 InDesign 首选项和默认设置与本课所述一样，请将 InDesign Defaults 文件移到其他文件夹中，详情请参阅"前言"中的"另存和恢复 InDesign Defaults 文件"。为确保后面的拼写检查练习情况与书中说的一致，请务必完成这一步。

❷ 启动 InDesign。

❸ 在出现的 InDesign"主页"界面中，单击左边的"打开"按钮（如果没有出现"主页"界面，就选择"文件">"打开"）。

❹ 如果可能的话，登录桌面应用程序 Adobe Creative Cloud，以便能够使用相应的字体。

❺ 打开 InDesignCIB\Lessons\Lesson07 文件夹中的 07_Start.indd 文件。

- 这个文件使用了来自 Adobe Fonts 服务的字体 Urbana Light。

- 如果连接了 Internet 并登录了 Adobe Creative Cloud，系统将自动安装这种字体。

- 如果没有安装这种字体，那么在"正常"模式下，标题 Protecting Your Peas 将带有粉色背景。在这种情况下，可能需要将这个标题指定为其他字体，如 Myriad Regular。

- 有关 Adobe Fonts 服务的详细信息，请参阅本课末尾。

❻ 选择"文件">"存储为"，将文件重命名为 07_Text.indd，并将其存储到 Lesson07 文件夹中。

❼ 为确保你的 InDesign 面板和菜单命令与本课使用的相同，选择"窗口">"工作区">"[基本功能]"，再选择"窗口">"工作区">"重置'基本功能'"。

❽ 要查看完成后的文档效果，可打开 Lesson07 文件夹中的 07_End.indd 文件，效果如图 7.1 所示。打开这个文档时，如果你登录了 Adobe Creative Cloud，将自动激活字体 Minion Pro Bold。可让该文件保持打开状态，以便工作时参考。

图 7.1

❾ 查看完毕后，单击文档窗口左上角的标签 07_Text.indd 以切换到要处理的文档。

7.2 输入和置入文本

在 InDesign 中，可直接输入文本，也可置入在其他程序（如文字处理程序）中创建的文本。要输入文本，需要使用文字工具选择文本框架、文本路径或表格单元格。要置入文本，可从计算机桌面拖曳文件（将出现置入文本图标），也可直接将文件置入选定的文本框架中。

7.2.1 输入文本

虽然图形设计人员通常不负责版面中的文本（文字），但经常需要根据修订方案修改文本，这些修订方案是以 Adobe PDF 等形式提供的。下面使用文字工具修订标题。

① 选择"视图">"屏幕模式">"正常"，以便能够看到参考线、框架边缘和隐含字符等版面辅助元素。

选择"视图">"其他">"显示框架边缘"，文本框架周围将出现金色轮廓，这样能更易看清文本框架。

在左对页中，找到包含标题 Protecting Your Peas 的文本框架。下面将这个标题中的 Protecting 改为 Protect。

② 使用文字工具在 Protecting 后面单击。

③ 按 Backspace（Windows）或 Delete（macOS）键 3 次，将 ing 删除，如图 7.2 所示。

图 7.2

④ 选择"文件">"存储"，保存文件。

7.2.2 置入文本

使用模板处理项目（如杂志）时，设计人员通常需要将文本置入既有文本框架中。下面置入一个 Word 文档，并使用段落样式设置其格式。

① 使用文字工具单击右对页文本框架中的第 1 栏，如图 7.3 所示。

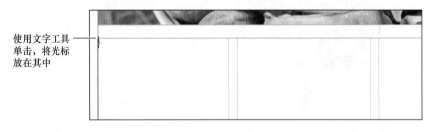

图 7.3

② 选择"文件">"置入"。在打开的"置入"对话框中，确保没有勾选左下角的"显示导入选项"复选框。

在"置入"对话框中，可按住 Shift 键并单击来选择多个文本文件。这样做时，鼠标指针将变成置入文本图标，让你能够在文本框架中或页面中单击以置入每个文件中的文本。这非常适合用来置入存储在其他文件中的内容，如图注。

③ 在 InDesignCIB\Lessons\Lesson07 文件夹中，选择 07_Gardening.docx 文件。

④ 单击"打开"按钮。如果出现"缺失字体"对话框，单击"跳过"按钮将其关闭，后面将使用段落样式指定不同的字体。

文本将从一栏排入另一栏，直至填满 3 栏。

⑤ 选择"编辑">"全选"，选择文章中的所有文本。

⑥ 在面板停放区找到"属性"面板，在"文本样式"部分单击"段落样式"选项卡，在其中的下拉列表中选择样式 Body Paragraph。

⑦ 在第 1 个段落（以 Peas are easy to grow 开头的段落）中单击，在"属性"面板的"段落样式"下拉列表中选择样式 First Body Paragraph，如图 7.4 所示。

修改格式后，文本框架可能无法容纳所有文本。在右对页中，文本框架的右下角可能有红色加号图标，这表明有溢流文本。后面将使用文章编辑器来解决这个问题。

图 7.4

本章后面将介绍的"查找 / 更改"和"拼写检查"功能也适用于溢流文本。

⑧ 如果有必要，选择"编辑">"全部取消选择"。

⑨ 选择"文件">"存储"，保存文件。

7.3　查找并修改文本和格式

和大多数流行的文字处理程序一样，在 InDesign 中也可以查找并修改文本和格式。通常，在图形设计人员处理版面时，稿件还在修订中。当编辑要求进行全局修改时，使用"查找 / 更改"命令有助于确保修改准确且一致。

7.3.1　查找并修改文本

对于这篇文章，需要将所有的 bird 都改为 blackbird。下面通过"查找 / 更改"命令来修改文档中的所有 bird。

① 使用文字工具在文章开头（右对页第 1 栏的 Peas are eary to grow 前面）单击。

② 选择"编辑">"查找 / 更改"。

③ 在打开的对话框中展开"查询"下拉列表，看看内置的"查找 / 更改"选项。单击对话框顶部的每个选项卡，包括"文本""GREP""字形""对象""全角半角转换"查看其中的选项。

④ 单击"文本"选项卡，以便进行简单的文本查找和替换。

💡 注意　如果有必要，请调整缩放比例，以便能够看清文本。

⑤ 在"方向"部分，单击"向前"单选按钮。

💡 提示　要在两个搜索方向之间切换，可按 Ctrl + Alt + Enter（Windows）或 Command + Option + Enter（macOS）组合键。

⑥ 在"查找内容"文本框中输入 bird。

按 Tab 键移到"更改为"文本框，并输入 blackbird。

在"查找 / 更改"对话框中，可通过"搜索"下拉列表指定搜索范围，如文章或文档。

⑦ 在"搜索"下拉列表中选择"文章"。

将鼠标指针指向"搜索"下拉列表框下方的各个图标以显示工具提示，从而了解它们如何影响查找与更改操作。例如，单击"全字匹配"按钮（ ≡ ），可避免查找内容出现在另一个单词中时被找出并被更改（就这里而言，如果没有单击"全字匹配"按钮，查找 bird 时将会找出 birds 中的 bird）。

⑧ 确保没有单击"区分大小写"按钮（ Aa ）和"全字匹配"按钮，如图 7.5 所示。

⑨ 单击"查找下一个"按钮，找到第 1 个 bird 后，单击"全部更改"按钮。

⑩ 此时将出现一个消息框，指出进行了 4 处替换，如图 7.6 所示，单击"确定"按钮。

图 7.5

图 7.6

💡 提示　打开"查找 / 更改"对话框时，仍可使用文字工具在文本中单击并进行编辑，而且可在编辑文本后继续搜索。

⑪ 让"查找 / 更改"对话框保持打开状态，供下一个练习使用。

7.3.2　查找并修改格式

现在需要对这篇文章进行另一项全局性修改，这次修改的是格式而不是文本。在这篇文章中，小贴士前面都有文本 Tip:，下面将其改为紫色、粗体且全大写。

① 使用文字工具在文章开头（右对页第 1 栏的 Peas are eary to grow 前面）单击。

② 在"查找内容"文本框中输入 Tip:。

③ 按 Tab 键进入"更改为"文本框，并按 Backspace 或 Delete 键删除其中的内容。

④ 在"更改为"文本框中输入 TIP:。

⑤ 单击"搜索"下拉列表框下方的"区分大小写"按钮，如图 7.7 所示。

> 💡 提示　使用"查找 / 更改"功能将所有的 Tip: 都改为 TIP: 的另一种方式是应用样式"全部大写字母"。根据使用这种效果的频率，你可以先创建一种指定"全部大写字母"和紫色的字符样式，再通过"查找 / 更改"功能来应用它。

⑥ 在"查找 / 更改"对话框底部的"更改格式"部分，单击"指定要更改的属性"按钮（ ），这将打开"更改格式设置"对话框。

> 💡 提示　如果有必要，单击"更多选项"按钮，在对话框中显示查找文本的格式选项。

图 7.7

⑦ 在"更改格式设置"对话框左侧列表框中，选择"基本字符格式"。

⑧ 在"字体样式"下拉列表中选择 Bold（如果不能激活字体 Minion Pro Bold，可跳过这一步）。

⑨ 在"更改格式设置"对话框左侧列表框中选择"字符颜色"。

⑩ 在"字符颜色"部分，选择 Purple-Cool，如图 7.8 所示。

图 7.8

⑪ 单击"确定"按钮，返回"查找 / 更改"对话框。

可以看到"更改为"文本框上方有个警告标记（ ），表明 InDesign 将把找到的文本修改为指定格式，如图 7.9 所示。

图 7.9

⑫ 先单击"查找下一个"按钮再单击"更改"按钮来测试设置。确定 Tip: 被更改为紫色的 TIP: 后，再单击"全部更改"按钮。

⑬ 在出现的指出进行了两处修改的消息框中，单击"确定"按钮。

⑭ 单击"完成"按钮，关闭"查找 / 更改"对话框，选择"编辑">"全部取消选择"，查看所做的修改。

⑮ 选择"文件">"存储"，保存文件。

7.4 拼写检查

InDesign 包含拼写检查功能，该功能与文字处理程序使用的拼写检查功能相似。可对选定的文本、整篇文章、文档中的所有文章或多个打开的文档中的所有文章执行拼写检查。可将单词加入文档的词典中，以指定哪些单词可被视为拼写不正确。还可让 InDesign 在输入单词时指出并校正可能的拼写错误。

> 💡 提示　务必与客户确认是否由你来进行拼写检查，因为很多客户喜欢自己进行拼写检查。

"拼写检查"对话框提供了如下按钮，让你能够对显示在"不在词典中"文本框中的单词（即存在疑问的单词）进行处理。

- "跳过"按钮。如果确定当前单词的拼写没错，同时要审阅其他这样的单词，可单击"跳过"按钮。
- "更改"按钮。单击"更改"按钮可将当前单词改为"更改为"文本框中的内容。
- "全部忽略"按钮。确定在整个选定范围、文章或文档内，所有这样的单词都拼写正确时，可单击"全部忽略"按钮。需注意，重启 InDesign 后再执行拼写检查，以前被忽略的单词依然会被视为拼写不正确。
- "全部更改"按钮。确定在整个选定范围、文章或文档内，需要对所有这样的单词进行修改时，可单击"全部更改"按钮。

7.4.1 在文档中进行拼写检查

在对文档进行打印或以电子方式分发前进行拼写检查是个不错的习惯。下面对 07_Text.indd 文件中的文章进行拼写检查。

① 使用文字工具在文章的第 1 个单词（Peas）前面单击。

② 选择"编辑">"拼写检查">"拼写检查"，InDesign 将自动开始拼写检查。

虽然拼写检查已开始，但你还是可通过"拼写检查"对话框中的"搜索"下拉列表来修改搜索范围。例如，你可将搜索范围指定为"所有文档""文档""文章""到文章末尾""选区"。

③ 在对话框底部的"搜索"下拉列表中选择"文章"。

④ InDesign 将找出所有与拼写词典不匹配的单词。

> ♀注意 根据"首选项"对话框中"词典"和"拼写检查"选项卡中的设置，以及你是否在自定义词典中添加了单词，InDesign 拼写检查找出的单词可能不同。请尝试调整各种拼写检查选项，以熟悉它们。

对于找出的单词，做如下处理。

· 对于 coton，在"建议校正为"列表框中选择 cotton，单击"更改"按钮，如图 7.10 所示。

· 对于 gardner，在"更改为"文本框中输入 gardener，单击"更改"按钮。

· 对于 Soupe 和 Pois，单击"全部忽略"按钮。

· 对于 Orzo，单击"添加"按钮，将这个常见的单词添加到用户词典中。

· 对于 Fregola、Ricotta 和 Pancetta，单击"全部忽略"按钮。

⑤ 单击"完成"按钮。

⑥ 选择"编辑">"全部取消选择"。

⑦ 选择"文件">"存储"，保存文件。

图 7.10

7.4.2 将单词加入用户词典中

在 InDesign 中，可将单词加入用户词典或文档专用词典中。

如果你与多位拼写习惯不同的客户合作，最好将单词添加到文档专用词典中。下面将单词 pancetta 添加到用户词典中。

① 选择"编辑">"拼写检查">"用户词典"，打开"用户词典"对话框。

② 如果有必要，在"目标"下拉列表中选择"用户词典"。

> ♀提示 如果单词并非特定语言专有的，如人名，可选择"所有语言"，将该单词加入所有语言的拼写词典中。

③ 在"单词"文本框中输入 pancetta。

④ 单击"添加"按钮，如图 7.11 所示，再单击"完成"按钮。

图 7.11

⑤ 选择"编辑">"全部取消选择"。

⑥ 选择"文件">"存储",保存文件。

动态拼写检查

无须等到文档制作完成就可进行拼写检查。启用"动态拼写检查"功能,可在文本中看到拼写错误的单词。下面来看看这个功能的操作技巧。

① 选择"编辑">"首选项">"拼写检查"(Windows)或 InDesign>"首选项">"拼写检查"(macOS),以显示"拼写检查"首选项。

② 在"查找"部分,可指定让拼写检查指出哪些可能的错误,包括拼写错误的单词、重复的单词、首字母未大写的单词、首字母未大写的句子。例如,如果你处理的是包含数百个名字的词典,可勾选"首字母未大写的单词"复选框,但不勾选"拼写错误的单词"复选框。

③ 如果有必要,勾选"启用动态拼写检查"复选框。

💡 提示 要快速启用或禁用"动态拼写检查"功能,可选择"编辑">"拼写检查">"动态拼写检查"。

④ 在"下划线颜色"部分指定用哪种颜色的下划线指出拼写错误,如图 7.12 所示。

图 7.12

⑤ 单击"确定"按钮,关闭"首选项"对话框并返回文档。

根据默认的用户词典,被认为有拼写错误的单词将带有下划线。

⑥ 在带有下划线的单词上单击鼠标右键(Windows)或按住 Control 键并单击(macOS),以显示上下文菜单,选择如何修改单词。

7.4.3 自动更正拼错的单词

"自动更正"功能比"动态拼写检查"功能更进了一步。启用这个功能后,InDesign 将在用户输入拼错的单词时进行自动更正。这种更改是根据常见的拼写错误单词列表进行的,你可将经常拼错的单词(包括其他语言的单词)添加到该列表中。

① 选择"编辑">"首选项">"自动更正"(Windows)或 InDesign>"首选项">"自动更正"(macOS),以显示"自动更正"首选项。

② 勾选"启用自动更正"复选框。在默认情况下,列出的是中文简体中常见的容易拼写错误的单词。

单词 gardener 常被错误地拼写成 gardner（遗漏了中间的 e），为防止这种错误出现，在自动更正列表中添加该单词的错误拼写和正确拼写。

③ 单击"添加"按钮，打开"添加到自动更正列表"对话框。在"拼写错误的单词"文本框中输入 gardner，在"更正"文本框中输入 gardener，如图 7.13 所示。

图 7.13

④ 单击"确定"按钮添加该单词。单击"确定"按钮，关闭"首选项"对话框。

⑤ 确保菜单命令"编辑">"拼写检查">"自动更正"前面有对钩。

⑥ 使用文字工具在文本的任意位置单击，输入单词 gardner。

⑦ 可以看到"自动更正"功能将 gardner 改为了 gardener。选择"编辑">"还原"，删除刚才添加的单词。

💡 提示 启用"自动更正"功能后，当输入空格、句号、逗号、斜杠、大于号或小于号，表明输入了一个完整的单词时，InDesign 将立即自动更正它。

⑧ 选择"文件">"存储"，保存文件。

7.5 拖放式文本编辑

为了让用户能够在文档中快速剪切并粘贴单词，InDesign 提供了"拖放式文本编辑"功能，使用该功能可在文章内部、文本框架之间和文档之间移动文本。下面使用"拖放式文本编辑"功能将文本从一个段落移到另一个段落。

① 选择"编辑">"首选项">"文字"（Windows）或 InDesign>"首选项">"文字"（macOS），以显示"文字"首选项。

图 7.14

② 在"拖放式文本编辑"部分，勾选"在版面视图中启用"复选框，如图 7.14 所示，以能够在版面视图中拖放文本。单击"确定"按钮。

💡 提示　当你在拖放文本时，InDesign 会在必要时自动在单词前后添加或删除空格。要关闭这项功能，可在"文字"首选项中取消勾选"剪切和粘贴单词时自动调整间距"复选框。

③ 找到左对页中标题 Protect Your Peas 下方的子标题。如果有必要，修改缩放比例，以便能够看清这个子标题。

④ 使用文字工具拖曳出方框以选择 LOW-CALORIE 及其后面的逗号和空格。

⑤ 将鼠标指针指向选定的内容，鼠标指针变成拖放图标（▸），如图 7.15 所示。

Protect·Your·Peas¶
LOW-CALORIE,·HIGH-PROTEIN,·VITAMIN-RICH·PEAS·ARE¬
EASY·TO·GROW·AND·DELICIOUS·TO·EAT.#

图 7.15

⑥ 将这些内容拖曳到正确的位置（即 VITAMIN 前面），如图 7.16 所示。

Protect·Your·Peas¶
·HIGH-PROTEIN,·VITAMIN-RICH·PEAS·ARE¬
EASY·TO·GROW·AND·DELICIOUS·TO·EAT.#

Protect·Your·Peas¶
HIGH-PROTEIN,·LOW-CALORIE,·VITAMIN-RICH·PEAS·ARE¬
EASY·TO·GROW·AND·DELICIOUS·TO·EAT.#

图 7.16

💡 注意　如果是要复制而不是移动选定的单词，可在开始拖曳时按住 Alt（Windows）或 Option（macOS）键。

⑦ 单击粘贴板以取消对文本的选择，选择"文件">"存储"保存文件。

7.6　使用文章编辑器

如果需要输入很多文本，修改文章或缩短文章，可使用文章编辑器来隔离文本。文章编辑器的作用如下。

· 显示没有应用任何格式的文本（粗体、斜体等字体样式除外），使所有图形和非文本元素都被省略，让文本编辑更容易。

- 文本的左边有一个垂直深度标尺，显示了应用于每个段落的段落样式名称。
- 与在文档窗口中一样，"动态拼写检查"功能会指出拼错的单词。
- 如果在"文字"首选项中勾选了"在文章编辑器中启用"复选框，将可以像前面的操作那样在文章编辑器中拖曳文本。
- 在"文章编辑器显示"首选项中，可指定文章编辑器使用的字体、字号、背景颜色等。

右对页中的文章太长，文本框架容纳不下，为解决这个问题，下面使用文章编辑器删除一个句子。

① 选择"视图">"使跨页适合窗口"。

② 使用文字工具在第 3 栏的第 1 个完整段落（以 Follow Crops 开头的段落）中单击。

③ 选择"编辑">"在文章编辑器中编辑"。将文章编辑器拖曳到跨页最右边一栏的旁边。必要时放大视图，以便能够看清文本。

💡 注意　如果文章编辑器位于文档窗口后面，可在"窗口"菜单中选择它，让它位于文档窗口前面。

④ 拖曳文章编辑器中的垂直滚动条以到达文章末尾，注意有一条红色竖线指出了溢流文本。

⑤ 在文章编辑器中滚动到以 Follow Crops 开头的段落，选择这个段落中的最后一个句子 If the peas have been well enriched, two or three pounds of commercial fertilizer for each hundred feet of row will be sufficient for the second crop.。务必选中最后的句号，但不要选择换行符，如图 7.17 所示。

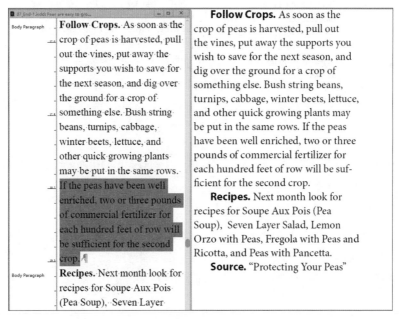

图 7.17

⑥ 按 Backspace 或 Delete 键。如果有必要，将光标置于 Recipes 前面并按 Enter 键，让 Recipes 依然位于段落开头。

⑦ 选择"文件">"存储"，让文章编辑器保持打开状态，供下一个练习使用。

7.7　显示修订

对有些项目来说，需要在整个设计和审阅过程中显示对文本做了哪些修订。另外，审阅者可能会提出一些修改建议，而其他用户可以接受，也可以拒绝。与文字处理程序一样，使用文章编辑器也可以显示添加、删除或移动的文本。

下面来显式修订部分文本。

❶ 选择"文字">"修订">"在当前文章中进行修订"。

💡 提示　InDesign 提供了"附注"面板和"修订"面板，供审阅和协作时使用。要打开这些面板，可在菜单"窗口">"审稿"中选择相应命令。通过"修订"面板菜单，可访问众多与修订相关的选项。

❷ 在文章编辑器中，找到以 Recipes 开头的段落。

❸ 在文章编辑器中，使用文字工具选择 Seven Layer，并输入 Balsamic Pea。

可以看到文章编辑器标出了所做的修改，如图 7.18 所示。

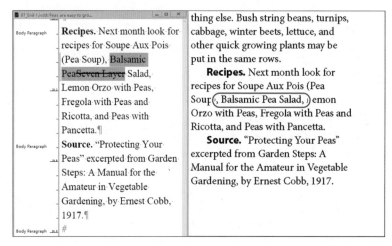

图 7.18

❹ 打开文章编辑器，查看菜单"文字">"修订"中接受和拒绝更改的命令。查看完毕后，在该子菜单中选择"接受所有更改">"在此文章中"。

❺ 在出现的"警告"对话框中单击"确定"按钮。

❻ 单击文章编辑器的"关闭"按钮将其关闭。如果有必要，选择"编辑">"拼写检查">"动态拼写检查"，以禁用这项功能，再选择"编辑">"全部取消选择"。

❼ 选择"视图">"使跨页适合窗口"，选择"视图">"屏幕模式">"预览"，然后选择"文件">"存储"保存文件。

7.8　练习

了解 InDesign 的基本文本编辑工具后，下面练习使用它们来编辑本课使用的文档并设置相应的格式。

❶ 使用文章编辑器和显示修订来校对和编辑文章。看看各种更改是如何标识的，并尝试接受和拒绝这些更改。

❷ 使用文字工具和"属性"面板中的选项来修改文本的格式。你可尝试调整字体、字号、缩进、间距等来改变文本的外观。

❸ 如果你的计算机中有其他文本文件，可尝试将它们从计算机桌面拖曳到页面中以了解它们是如何被置入的。如果不希望置入的文件留在该文档中，可选择"编辑">"还原"。

Adobe Fonts 服务

要了解 Adobe Fonts 服务，首先必须明白字体是独立的文件，并非文档的组成部分。字体安装在操作系统中，应用程序使用它们来设置文本的格式。虽然很多应用程序都自带一整套基本字体，但在高端图形设计项目中，需要使用大量的字体。Adobe Creative Cloud 的成员可使用数千种已获得授权的字体，而无须支付额外的费用。

当你打开文档时，如果它使用了操作系统缺失的字体，且这些字体可从 Adobe Fonts 中获得，InDesign 将自动安装它们，前提是你的计算机连接了 Internet，且登录了 Adobe Creative Cloud。要探索可通过 Adobe Fonts 获得的字体，请访问 Adobe Fonts 官网。除了能够访问字体外，这项服务还可帮助你管理系统中的字体，为此可单击网页上方的"管理字体"，如图 7.19 所示。单击"活动字体""之前处于活动状态""Web 项目""收藏夹"选项卡，看看这些选项卡中都有哪些选项。

图 7.19

当你打开文档时，如果它使用了 Adobe Fonts 服务未提供的字体，将出现"缺失字体"对话框。通过这个对话框，你可获悉缺失字体的使用情况，进而决定是否要将缺失的字体替换为其他字体。你还可随时选择"文字">"查找 / 替换字体"来获悉文档使用了哪些字体。一般而言，最好继续使用文档设计时使用的字体，因此收到文档后，如果它使用了你没有的字体，应想办法从字体供应商购买这些字体。有了缺失的字体后，就可使用字体管理软件来安装它或将字体文件添加到 InDesign 的 Fonts 文件夹中。

7.9　复习题

1. 应使用哪种工具编辑文本?
2. 用于编辑文本的命令主要集中在哪里?
3. 实现查找并替换的命令叫作什么?
4. 对文档进行拼写检查时,InDesign 将词典中没有的单词视为拼写不正确,但这些单词实际上拼写正确。如何避免这些单词在你每次执行拼写检查时都被视为拼写不正确?
5. 如果经常错误地拼写某个单词,该怎么办?
6. 如果文档使用了你的操作系统中未安装的字体,打开文档时将出现什么情况?

7.10　复习题答案

1. 文字工具。
2. 在"编辑"和"文字"菜单中。
3. "查找 / 更改"(位于"编辑"菜单中)。
4. 选择"编辑" > "拼写检查" > "用户词典",将这些单词添加到文档专用词典或 InDesign 默认词典中,并指定使用的语言。
5. 在"自动更正"首选项中添加该拼写错误的单词及其正确的拼写。
6. 打开文档时,对于文档中使用的字体,如果 Adobe Fonts 服务提供了,InDesign 将自动安装它们。如果你没有连接到 Internet、没有登录 Adobe Creative Cloud,或者 Adobe Fonts 服务没有提供文档使用的字体,将出现"缺失字体"对话框,通过此对话框,你能够解决缺失字体的问题:获取并安装字体或者替换为其他字体。

第 8 课

版面设计

本课概览

- 调整文本的垂直间距。
- 修改字体和字体样式。
- 插入特殊字符。
- 创建跨栏的标题。
- 调整换行和换栏位置。

- 将标点悬挂在文本框架边缘外面。
- 添加下沉效果并设置其格式。
- 调整换行位置。
- 指定带前导符的制表符及悬挂缩进。
- 添加段落底纹和段落线。

学习本课大约需要 **60** 分钟

InDesign 提供了很多排版功能，使用这些功能，能够给文档设置合适的字体，微调字符间距、字间距、行间距和段间距，以及添加分数和首字母下沉等效果。

A BITE OF DELIGHT

Strawberries

Heart-shaped fruit that's good for your heart? Check. Fruit that can boost your immunity, lower your cholesterol, protect your vision, prevent cancer (and wrinkles!) and help with weight management? Check. Vitamin C and vitamin K? Check, check. And on top of all that, strawberries are easy to grow.

Plant your strawberries in the full sun, 12 to 18 inches apart. Cover the roots, keep the central growing bud at soil level, and use a balanced fertilizer. In the spring, add compost and fertilizer, and then in fall mulch with straw. As your strawberries grow, keep them moist and weeded. As strawberries begin to ripen, cover them with lightweight netting to keep the birds at bay.

Pick strawberries when they're cool and refrigerate them immediately. Wash before use and enjoy! Your yogurt, pancakes, shortcakes and more are waiting.

"You stand out like a strawberry in a bowl of peas."

Chocolate-Covered Strawberries

½ lb strawberries with stems
½ cup chocolate chips
¼ cup sprinkles

1. Wash the strawberries.
2. Melt chocolate in the microwave in 30-second bursts; stir in between.
3. Dip the strawberries in the chocolate, and then in the sprinkles.
4. Place on wax paper to set, about 30 minutes.

<u>Nutritional Facts</u>

Serving Size	6
Calories	280
Calories from Fat	35%
Protein	0g

8.1 概述

本课将微调一篇介绍植物园咖啡厅的文章的版面。为满足杂志对版面美观度的要求,需精确地设置间距和格式,并使用装饰效果。

① 为确保你的 InDesign 首选项和默认设置与本课所述一样,请将 InDesign Defaults 文件移到其他文件夹中,详情请参阅"前言"中的"另存和恢复 InDesign Defaults 文件"。

② 你的计算机中最好没有安装 Adobe Caslon Pro 字体。

③ 启动 InDesign。

④ 在 InDesign"主页"界面中,单击"打开"按钮(如果没有出现"主页"界面,就选择"文件">"打开")。

⑤ 打开 InDesignCIB\Lessons\Lesson08 文件夹中的 08_Start.indd 文件。

⑥ 选择"文件">"存储为",将文件重命名为 08_Type.indd,并将其存储到 Lesson08 文件夹中。

⑦ 为确保你的 InDesign 面板和菜单命令与本课使用的相同,选择"窗口">"工作区">"[基本功能]",再选择"窗口">"工作区">"重置'基本功能'"。

⑧ 要查看完成后的文档效果,可在资源管理器(Windows)或 Finder(macOS)中切换到 Lesson08 文件夹,双击 08_End.pdf 文件,效果如图 8.1 所示。

A BITE OF DELIGHT

Strawberries

Heart-shaped fruit that's good for your heart? Check. Fruit that can boost your immunity, lower your cholesterol, protect your vision, prevent cancer (and wrinkles!) and help with weight management? Check. Vitamin C and vitamin K? Check, check. And on top of all that, strawberries are easy to grow.

Plant your strawberries in the full sun, 12 to 18 inches apart. Cover the roots, keep the central growing bud at soil level, and use a balanced fertilizer. In the spring, add compost and fertilizer, and then in fall mulch with straw. As your strawberries grow, keep them moist and weeded. As strawberries begin to ripen, cover them with lightweight netting to keep the birds at bay.

Pick strawberries when they're cool and refrigerate them immediately. Wash before use and enjoy! Your yogurt, pancakes, shortcakes and more are waiting.

"You stand out like a strawberry in a bowl of peas."

Chocolate-Covered Strawberries

½ lb strawberries with stems
½ cup chocolate chips
¼ cup sprinkles

1. Wash the strawberries.
2. Melt chocolate in the microwave in 30-second bursts; stir in between.
3. Dip the strawberries in the chocolate, and then in the sprinkles.
4. Place on wax paper to set, about 30 minutes.

Nutritional Facts	
Serving Size	6
Calories	280
Calories from Fat	35%
Protein	0g

图 8.1

这里之所以预览 PDF 格式的最终文档,是因为这个文件嵌入了必要的字体。如果你打开 InDesign

格式的最终文档，InDesign 将自动激活必要的字体，导致你在本课后面无法练习激活字体的操作。

本课将处理大量文本，相关操作既可使用"属性"面板中设置字符格式和段落格式的控件来完成，也可使用"字符"面板和"段落"面板来完成，前一种方法更方便，而后一种方法提供了更强大的功能。

⑨ 选择"文字">"字符"和"文字">"段落"，打开这两个用于设置文本格式的面板。让这两个面板保持打开状态，直到完成本课的学习。

💡 注意　如果需要，可通过拖曳标签的方式将"段落"面板拖曳到"字符"面板中，以创建一个面板组。

⑩ 选择"文字">"显示隐含的字符"，以便能够看到空格、换行符、制表符、链接等。

8.2　调整文本的垂直间距

InDesign 提供了以下几种定制和调整文本框架中文本垂直间距（段间距）的方法。

- 使用基线网格设置段落中文本行的间距（这在第 6 课中介绍过）。
- 使用"字符"面板中的"行距"下拉列表设置行间距。
- 使用"段落"面板中的"段前间距"和"段后间距"文本框设置段间距。为避免间距不合适的情况发生，"段前间距"设置不会应用于分栏开头，而"段后间距"设置不会应用于分栏末尾。
- 使用"文本框架选项"对话框"常规"选项卡的"垂直对齐"和"平衡栏"选项来对齐文本框架中的文本。
- 在"段落"面板菜单中选择"保持选项"，并在打开的"保持选项"对话框中，使用"接续自""保持续行""保持各行同页"来控制段落如何从一栏排入下一栏，如图 8.2 所示。

本节练习调整段间距的操作。

图 8.2

调整段间距

要调整段间距，可选择段落并指定其段前间距和段后间距（两个段落之间的间距为前一个段落的段后间距和后一个段落的段前间距之和，为避免混淆，通常只指定段前间距和段后间距中的一个）。可先将段前间距和段后间距存储在段落样式中，再为文本应用段落样式，以确保整个文档格式的一致性。

💡 提示　指定段前间距或段后间距比在段落之间添加额外的换行符更好。使用额外的换行符添加的间距通常太大，还可能在页面或分栏开头等处留下不必要的空白。

下面来增大菜谱 Chocolate-Covered Strawberries 中段落的间距，这个菜谱位于页面底部。

❶ 根据需要对页面进行缩放和滚动，以便能够看到绿色框中的菜谱。

❷ 使用文字工具在这个菜谱的第 1 行（1/2 lb strawberries with stems）开头单击。

③ 通过拖曳选择这个菜谱中从 1/2 lb strawberries with stems 到 Protein 0g 的文本。

④ 在"段落"面板中，单击"段后间距"选项旁边的上箭头一次。

这将在段落之间增加 0.0625 英寸（4.5 点）的间距，如图 8.3 所示。文本框架中出现了溢流文本，后面将通过添加分栏来解决这个问题。

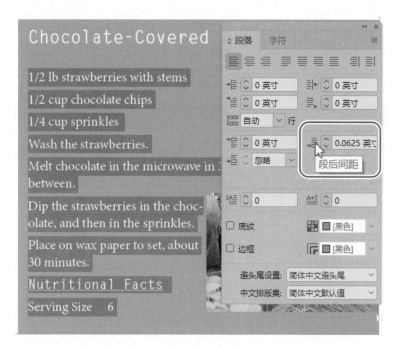

图 8.3

⑤ 选择"编辑">"全部取消选择"。

⑥ 选择"文件">"存储"，保存文件。

8.3　使用字体、字体样式和字形

修改文本的字体和字体样式，可改变文档的外观。InDesign 自动安装了一些字体，其中包括 Letter Gothic 和 Myriad Pro 等。Creative Pro 成员可通过 Adobe Fonts 免费访问数千种已获得许可的字体。

安装字体后，就可将其应用于文本，并修改字号、选择样式（如粗体或斜体）等。另外，你还可访问该字体中的所有字形（每个字符的各种形式）。例如，字体包含特殊字符的不同形式。

8.3.1　添加来自 Adobe Fonts 的字体

Adobe Caslon Pro 字体可从 Adobe Fonts 中免费获得。如果你的系统中已经安装了这种字体，可按下面的步骤添加其他字体。

> ♀注意　要通过 Adobe Fonts 服务激活字体，计算机必须联网。

① 在"字符"面板中，展开"字体"下拉列表。

② 单击这个下拉列表顶部的"查找更多",如图 8.4 所示。

③ 向下滚动并找到 Adobe Caslon Pro。

④ 单击该字体系列文件夹右边的"激活"按钮（ ⬇ ），再单击"确定"按钮。

💡 提示　字体系列是特定字体的一系列样式。Adobe Caslon Pro 字体包含如下样式：Bold、Bold Italic、Italic、Regular、Semibold、Semibold Italic。你可激活整个字体系列，也可激活字体系列中的部分样式。

⑤ 在"字体"下拉列表中，你将看到安装的字体，如图 8.5 所示。

图 8.4

图 8.5

OpenType 字体

　　Adobe Caslon Pro 等 OpenType 字体可能会显示很多字形（字形是字体中字符的表现形式）。OpenType 字体包含的字符和替代字可能比其他字体多得多。InDesign 还支持新的 OpenType 字体格式 Variable Font，这种字体格式提供了方便的滑块，让你能够轻松地调整字体的粗细、宽度、倾斜度和光学尺寸（Optical Size）等。有关 OpenType 字体的更多信息，请参阅 Adobe 官网。

💡 注意　Adobe 已于 2023 年 1 月停止使用历史悠久的字体格式 Type 1。当你打开使用了 Type 1 字体的文档时，可能出现警告对话框。对于 Type 1 字体，可替换为同名的 OpenType 字体。

8.3.2　设置字体、字体样式、字号和行间距

　　下面给文章中的标题指定不同的字体，并给标题的首字母指定不同的字体，再修改页面左边引文的字体、字体样式、字号和行间距。

① 根据需要对页面进行缩放和滚动，以便能够看清标题。

② 使用文字工具选择页面顶部的文章标题（Strawberries）。

③ 展开"字符"面板中的"字体"下拉列表，在该下拉列表中观察使用不同的字体时文本 Strawberries 的效果。

💡 提示　要逐个查看字体，可按箭头键，以在"字体"下拉列表中的各个字体间切换。

④ 在下拉列表中找到前面激活的字体系列 Adobe Caslon Pro（它被归在以字母 C 开头的字体类别中）。

⑤ 在"样式"下拉列表中选择 Regular，如图 8.6 所示。

图 8.6

⑥ 使用文字工具在标题 Strawberries 中第一个字符 S 的左边单击，拖曳以选择这个字符。

⑦ 在"字符"面板的"样式"下拉列表中选择 Italic，如图 8.7 所示。

图 8.7

下面来处理页面左边的引文"You stand out like a strawberry in a bowl of peas."。根据需要对页面进行缩放和滚动，以便能够看到这段引文。

⑧ 使用文字工具在引文所在的文本框架中单击，再快速地连续单击 4 次以选择整个段落。

⑨ 在"字符"面板中设置如下选项，如图 8.8 所示。

- 字体：Adobe Caslon Pro。
- 样式：Semibold Italic。
- 字体大小：25 点。
- 行距：35 点。

💡 提示　要快速选择字体，可在"字体"文本框中输入字体名的前几个字母，直到 InDesign 能够识别字体名为止。

⑩ 打开"字符"面板菜单中的 OpenType 子菜单，可以看到勾选了"花饰字"命令，表明有一些

图 8.8

字符的字形已被替换为更华丽的字形。

> 💡 提示　在 OpenType 子菜单中，包含在中括号中的菜单命令对当前字体来说不可用。

⑪ 取消勾选"花饰字"命令，禁用这项功能，可以看到有些字符（如Y）发生了变化。再次在 OpenType 子菜单中勾选"花饰字"命令，启用这项功能。

⑫ 如果引文段落中没有出现 OpenType 图标（⟨0⟩），在其中快速单击 4 次以重新选择引文段落。

⑬ 单击 OpenType 图标，这是另一种访问当前字体支持的 OpenType 功能的途径。

⑭ 勾选"自由连笔字"和"花饰字"命令，可以看到两个 st 的字形都被替换为连笔字，如图 8.9 所示。

> 💡 提示　连笔字就是将两个或 3 个字符连在一起，使其显得更流畅。常见的连笔字包括字符对 fi 和 fl。

⑮ 选择"编辑">"全部取消选择"。

⑯ 选择"文件">"存储"，保存文件。

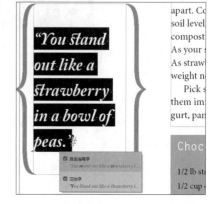

图 8.9

8.3.3　添加特殊字符

在文档中，可使用特殊字符进行装饰，如项目符号、复选框、重音字符和花饰字。下面在页面左下角添加一个装饰字符。

> 💡 提示　你可通过菜单"文字">"插入特殊字符"和上下文菜单，访问一些常用的特殊字符（如版权符号、商标符号、项目符号和破折号）。要打开上下文菜单，可在光标处单击鼠标右键（Windows）或按住 Control 键并单击（macOS）。

① 如果有必要，向下滚动以便能够看到前述引文下方的文本框架。

② 使用文字工具在这个文本框架中单击，将光标插入其中。

③ 选择"文字">"字形"。可以使用"字形"面板来查看和插入 OpenType 字符，如花饰字、花式字、分数和标准连笔字。

④ 在"字形"面板的"显示"下拉列表中选择"花饰字 (ornm)"。

⑤ 找到心形字符并双击，如图 8.10 所示。

图 8.10

⑥ 选择"文字">"字形"关闭"字形"面板，再选择"文件">"存储"保存文件。

查找字体

InDesign 提供了以下几种在"字体"下拉列表中快速查找字体的方式。

· 根据字体名搜索。一种快速查找字体的方式是在"字体"文本框中输入字体名。例如，当你输入 Cas 时，系统将列出名称中包含这 3 个字符的所有字体。默认情况下，InDesign 在整个字体名中查找；若需要 InDesign 只在第 1 个单词中查找，可单击字体名左边的搜索图标（ ），在这种情况下，需要输入 Adobe Cas 才能找到 Adobe Caslon Pro。

· 根据类别过滤。在"过滤器"下拉列表中选择一种字体类别，如哥特体，如图 8.11 所示。

· 访问收藏字体。要快速查找已收藏的字体，可打开"字体"下拉列表，并单击字体名右边的星号，再单击下拉列表顶部的"显示收藏的字体"按钮（ ★ ）。

· 查找相似字体。单击字体名右边的"显示相似字体"按钮（ ≈ ），对"字体"下拉列表进行过滤，使其只显示外观上与当前字体相似的字体。

"过滤器"下拉列表中的图标指出了每种字体类别的外观特征

图 8.11

> 💡 提示 登录 Adobe Creative Cloud 后，可通过 Adobe Fonts 激活字体，还可通过 Adobe Creative Cloud 串的"管理字体"链接来管理字体。

8.3.4 设置文本的填充色和描边色

下面给前面添加的花饰字设置填充色和描边色。

❶ 使用文字工具选择心形字符。

❷ 在"属性"面板"字符"部分的"字体大小"文本框中输入"122 点"并按 Enter 键。

❸ 在"属性"面板的"外观"部分，执行如下操作。

· 单击"填色"框并选择 Strawberry Red 色板。

· 单击"粗细"文本框旁边的上箭头，将描边粗细设置为"1 点"。

· 单击"描边"框并选择 Stem Green 色板。

❹ 在心形字符旁边单击以取消选择它，以便能够查看设置填充色和描边色后的效果，如图 8.12 所示。

图 8.12

⑤ 按 Shift + Ctrl + A（Windows）或 Shift + Command + A（macOS）组合键，确保没有选择任何对象，再选择"文件">"存储"保存文件。

8.3.5 插入分数字符

在这篇菜谱中，使用的并非实际的分数字符，其中的 1/2 是由数字 1、斜杠和数字 2 组成的。大多数字体都包含表示常见分数（如 1/2、1/4 和 3/4）的字符。与使用数字和斜杠表示的分数相比，字体提供的分数字符看起来要专业得多。下面来尝试多种插入分数字符的方法。

> 💡 提示　制作菜谱或其他需要各种分数的文档时，大多数字体内置的分数字符一般不包含你需要的所有值。因此你需要研究需要的 OpenType 字体中的分子和分母格式或购买特定的分数字体。

① 根据需要对页面进行缩放和滚动，以便能够看到菜谱。

② 使用文字工具拖曳以选择第 1 个 1/2（第 1 行的 1/2）。

③ 选择"文字">"字形"，打开"字形"面板。

④ 在"显示"下拉列表中选择"数字"。

> 💡 提示　"字形"面板包含很多用于筛选字体中字形的选项，如"标点"和"花饰字"。有些字体包含数百个替代字，而有些只有几个。

⑤ 找到分数字符 ½。如果有必要，调整"字形"面板的大小并向下滚动，以便能够看到更多字符。

⑥ 双击分数字符 ½，用它替换选定的文本（½），如图 8.13 所示。

图 8.13

可以看到分数字符 ½ 被存储到"字形"面板顶部的"最近使用的字形"部分。下面来替换菜谱第 2 行的 1/2。

⑦ 通过拖曳选择菜谱第 2 行的 1/2。

⑧ 在"字形"面板的"最近使用的字形"部分，双击分数字符 ½ 。

图 8.14

⑨ 通过拖曳选择菜谱第 3 行的 1/4。

⑩ 将鼠标指针指向选定文本下方的蓝色线条，单击出现的分数字符 ¼ ，如图 8.14 所示，用它替换选定文本。

> 💡 注意　只有 OpenType 字体会以这样的方式显示替代字形。

⑪ 关闭"字形"面板，选择"编辑">"全部取消选择"。

⑫ 选择"文件">"存储"，保存文件。

8.4　使用分栏

在 InDesign 中可指定文本框架的栏数、栏宽、栏间距。将文本框架分成多栏后，就可创建横跨多栏的标题（跨栏标题）。本节将把一个文本框架分成多栏，并让标题横跨多栏。

> 💡 提示　页面是否美观且易于阅读，取决于很多因素，如字体、字号、行长（栏宽）、行间距、对齐方式等。设计页面时可尝试调整这些内容，确保页面易于阅读。

8.4.1　将文本框架分成多栏

如果将绿色文本框架中的菜谱分成两栏，并在分栏之间添加栏线，可让它看起来将更美观、更清晰。

① 使用选择工具单击包含菜谱的文本框架以选择它。

② 选择"对象">"文本框架选项"，打开"文本框架选项"对话框，单击"常规"选项卡。勾选"预览"复选框以预览调整效果。

③ 在"栏数"文本框中输入 2。

④ 按 Tab 键跳转到"栏间距"文本框，输入"0.25 英寸"并按 Enter 键，如图 8.15 所示。

图 8.15

⑤ 单击"栏线"选项卡，勾选"插入栏线"复选框。

⑥ 在"描边"部分，将"粗细"设置为"1 点"，并在"颜色"下拉列表中选择 Strawberry Red，如图 8.16 所示。拖曳对话框，以便能够看清版面中相应内容的变化。

图 8.16

⑦ 单击"确定"按钮，选择"文件">"存储"保存文件。

8.4.2 创建跨栏的标题

菜谱的标题需要横跨两栏，可通过设置段落格式来实现，而不将标题放在独立的文本框架中。

① 使用文字工具在标题 Chocolate-Covered Strawberries 中单击，以便能够设置这个段落的格式。

② 在"段落"面板菜单中选择"跨栏"。

> ♀ 提示　也可通过控制面板来访问"跨栏"控件。

③ 在打开的"跨栏"对话框的"段落版面"下拉列表中选择"跨栏"。

④ 在"跨越"下拉列表中选择"全部"，再勾选"预览"复选框以预览结果，如图 8.17 所示。

图 8.17

⑤ 单击"确定"按钮。

⑥ 选择"文件">"存储",保存文件。

8.4.3　调整分栏

调整标题后,下面通过平衡每栏的文本量完成对旁注文本框的微调。为此,你可在"文本框架选项"对话框的"常规"选项卡中选择"平衡分栏",也可手动插入分隔符,将文本移到下一栏、下一个框架或下一页中。

① 使用文字工具在菜谱中的文本 Nutritional Facts 前面单击。

② 选择"文字">"插入分隔符">"分栏符",结果如图 8.18 所示。

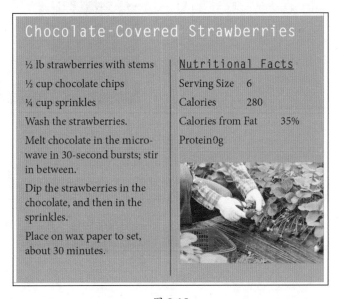

图 8.18

💡提示　设计人员通常采取插入分隔符的做法来平衡每栏的文本量,因为这样比较快捷。然而,文本被编辑或重排后,分隔符将保留,可能会导致文本进入错误的分栏或出现溢流文本。因此,通常仅在编辑和设计工作接近尾声时采用这种方法。

③ 选择"文件">"存储",保存文件。

8.5　修改段落的对齐方式

修改段落的对齐方式,可轻松地控制段落如何适合文本框架。可让文本与文本框架的一个或两个边缘对齐,还可设置内边距。本节将使用不同的方法来设置段落的对齐方式。

① 选择"视图">"使页面适合窗口",以便能够看到整个页面。

② 选择文字工具,将光标插到页面顶部的宣传语 A BITE OF DELIGHT 中。如果有必要,放大视图以便能够看清文本。

③ 在"段落"面板中单击"居中对齐"按钮(▤),如图 8.19 所示。

④ 在文章标题 Strawberries 后面的第 1 个段落(以 Heart-shaped fruit 开头)中单击。

⑤ 选择"编辑">"全选"，再在"段落"面板中单击"双齐末行齐左"按钮（▤），如图 8.20 所示。

图 8.19

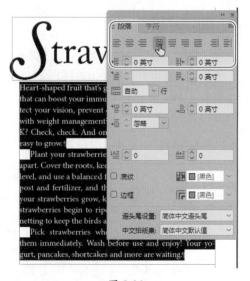

图 8.20

⑥ 在菜谱名 Chocolate-Covered Strawberries 中单击，按 Shift + Ctrl + C（Windows）或 Shift + Command + C（macOS）组合键，让这个单行段落中对齐。

⑦ 在左边的引文中单击，在"属性"面板中单击"居中对齐"按钮，如图 8.21 所示。

⑧ 选择"编辑">"全部取消选择"。

⑨ 选择"文件">"存储"，保存文件。

图 8.21

将标点悬挂在文本框架边缘外面

有时候，文章的边距看起来并不相等，尤其在标点位于行首或行尾时。为修复这种视觉差异，设计人员通常会使用视觉边距对齐方式将标点和字符的突出部分悬挂在文本框架的外面一点，如图 8.22 所示。

"I can't get enough strawberries," she said, "especially with chocolate!" The waiter rushed off with her order, returning with a plate of fresh berries and a fondue pot of melted chocolate. "Oh, I didn't know if was fondue—even better," she added.

"I can't get enough strawberries," she said, "especially with chocolate!" The waiter rushed off with her order, returning with a plate of fresh berries and a fondue pot of melted chocolate. "Oh, I didn't know if was fondue—even better," she added.

请注意应用视觉边距对齐方式之前（左）和之后（右），引号、连字符和破折号的对齐情况，右侧的文本看起来对齐得更准确

图 8.22

下面练习对主文章应用视觉边距对齐。

❶ 使用选择工具单击包含主文章（以 Heart-shaped fruit that's good for your heart? 开头）的文本框架以选择它。

❷ 选择"文字">"文章"，打开"文章"面板。

❸ 勾选"视觉边距对齐方式"复选框，在"按大小对齐"（▦）文本框中输入"14 点"并按 Enter 键，如图 8.23 所示。

> 💡 **注意** 勾选"视觉边距对齐方式"复选框时，它将应用于文章中所有的文本（一系列串接的文本框架中的文本）。对于有些段落，如果不希望它们的某些部分悬挂在边缘外面，可选择这些段落，并在"段落"面板菜单中选择"忽略视觉边距"。

图 8.23

> 💡 **提示** 使用视觉边距对齐方式时，将"按大小对齐"设置成与框架中文本的字体大小相同，可获得最佳的效果。

❹ 单击"文章"面板的关闭按钮将这个面板关闭，再选择"文件">"存储"保存文件。

8.6 创建下沉效果

使用 InDesign 的特殊字体功能，可在文档中添加富有创意的点缀效果。例如，可使段落中第 1 个字符或单词下沉，再给下沉字符指定其他格式。下面给文章第 1 段的第 1 个字符创建下沉效果。

> 💡 **提示** 下沉效果可存储到段落样式中，让你能够快速且一致地应用这种效果。

❶ 使用文字工具在文章第 1 段（以 Heart-shaped fruit that's good for your heart? 开头）中单击。

❷ 在"段落"面板的"首字下沉行数"（▦）文本框中输入 2 并按 Enter 键，让字母下沉两行，如图 8.24 所示。"首字下沉一个或多个字符"（▦）文本框用于指定下沉的字符数。

图 8.24

③ 使用文字工具选择这个下沉的字符。

现在，可根据需要设置字符样式了。

④ 在"属性"面板的"填色"下拉列表中选择 Stem Green，如图 8.25 所示。

⑤ 单击粘贴板，取消对该字符的选择，查看下沉效果。

💡 提示 要同时创建首字下沉效果并应用字符样式，可通过"段落"面板菜单打开"首字下沉和嵌套样式"对话框。这样做以后，还可将格式存储到段落样式中。

图 8.25

⑥ 选择"文件">"存储"，保存文件。

8.7 调整字符间距和字间距

使用字符间距调整和字偶间距调整功能可调整字符间距和字偶间距，还可以使用 Adobe 单行书写器和 Adobe 段落书写器控制整个段落中文本的间距。

调整字符间距和字偶间距

调整字符间距，可增大或缩小一系列字母的间距；调整字偶间距，可增大或缩小两个特定字符的间距。可同时调整文本的字符间距和字偶间距。

下面增大宣传语 A BITE OF DELIGHT 的字符间距，缩小标题 Strawberries 的字符间距，并调整标题 Strawberries 中字符 S 和 t 的字偶间距。

① 为方便看清调整字符间距和字偶间距后的效果，通过缩放和滚动操作显示页面顶部的 1/4。

② 使用文字工具在页面顶部的宣传语 A BITE OF DELIGHT 中单击，再快速单击 3 次选择整个标题。

③ 在"字符"面板的"字符间距"（ 🔽 ）下拉列表中选择 100，如图 8.26 所示。

A · BITE · OF · DELIGHT

图 8.26

④ 在单词 Strawberries 中单击，然后双击选择整个标题。

⑤ 在"字符"面板的"字符间距"文本框中输入 -20 并按 Enter 键。

⑥ 通过单击将光标置于 Strawberries 的字符 S 和 t 之间。

⑦ 按 Alt + ←（Windows）或 Option + ←（macOS）组合键两次，缩小这两个字符之间的距离。
在"字符"面板和控制面板中，"字偶间距"（ꟼ̅）文本框用于调整字符之间的距离，如图 8.27 所示。

图 8.27

> **注意** 调整字偶间距时，在按住 Alt（Windows）或 Option（macOS）键的同时按←键将缩小间距，按→键将增大间距。要修改这些快捷键增减字偶间距的量，可在"单位和增量"首选项中修改"键盘增量"部分的设置。

⑧ 单击粘贴板取消对文本的选择。选择"视图">"使页面适合窗口"，查看结果。

⑨ 选择"文件">"存储"，保存文件。

8.8　调整换行位置

行尾的连字符和换行符会影响文本的可读性和疏密程度。例如，当段落左对齐时，其右边缘可能依然参差不齐，过于参差不齐会影响文本的可读性。导致这种情况出现的因素众多，包括字体、字号、行间距、栏宽等。还有以下 3 种段落格式会影响文本的可读性。

- Adobe 单行书写器和 Adobe 段落书写器。这两种段落格式由 InDesign 自动判断在哪里换行。
- 连字设置，如是否用连字符连接大写的单词。
- 平衡未对齐的行。

> **提示** 对于对齐的文本，对齐设置、Adobe 段落书写器和连字设置一起决定了段落的疏密程度。要对选定的段落调整这些设置，可在"段落"面板菜单中选择相应的命令。

通常，图形设计人员会尝试用不同的设置让示例文本的排版效果看起来不错，然后将所有设置保存为段落样式，这样就能方便地应用它们。

图 8.28 所示为使用不同设置的文本排版效果。注意应用不同的分行方法时，分行位置存在差别。

第 1 栏应用了 Adobe 单行书写器，第 2 栏应用了 Adobe 段落书写器。可以看到，第 2 栏的右边缘比第 1 栏要整齐得多。第 3 栏同时应用了 Adobe 段落书写器和"平衡未对齐的行"，这有助于平衡段落中各行的长度。

Adobe Single-Line Composer	Adobe Paragraph Composer	Adobe Paragraph Composer with Balance Ragged Lines
A perusal of the menu, while munching fresh bread and savoring a glass of wine, tempts you with its carefully planned variety. "The menu is all designed to teach cooking methods," says Kleinman. "It covers 80 to 85 percent of what students have been learning in class—saute, grill, braise, make vinaigrettes, cook vegetables, bake and make desserts." In a twist on "You have to know the rules to break them," Kleinman insists that students need to first learn the basics before they can go on to create their own dishes.	A perusal of the menu, while munching fresh bread and savoring a glass of wine, tempts you with its carefully planned variety. "The menu is all designed to teach cooking methods," says Kleinman. "It covers 80 to 85 percent of what students have been learning in class—saute, grill, braise, make vinaigrettes, cook vegetables, bake and make desserts." In a twist on "You have to know the rules to break them," Kleinman insists that students need to first learn the basics before they can go on to create their own dishes.	A perusal of the menu, while munching fresh bread and savoring a glass of wine, tempts you with its carefully planned variety. "The menu is all designed to teach cooking methods," says Kleinman. "It covers 80 to 85 percent of what students have been learning in class—saute, grill, braise, make vinaigrettes, cook vegetables, bake and make desserts." In a twist on "You have to know the rules to break them," Kleinman insists that students need to first learn the basics before they can go on to create their own dishes.

图 8.28

8.8.1　连字设置

是否在行尾连字及如何连字取决于段落格式设置。一般而言，连字设置属于编辑决策，而非设计决策。例如，出版风格指南可能规定不对大写单词进行连字。

❶ 选择文字工具，将光标插入主文章（以 Heart-shaped fruit that's good for your heart? 开头）中。

❷ 选择"编辑">"全选"，选择这篇文章中的所有段落。

❸ 在"段落"面板菜单中选择"连字"，在打开的"连字设置"对话框中，确保勾选了"预览"复选框。

> 💡 提示　编辑文本时，可使用控制面板菜单或"段落"面板菜单中的"连字"命令对选定的段落启用或禁用连字。

❹ 取消勾选"连字"复选框，并观察禁用连字后的文本效果。

❺ 重新勾选"连字"复选框，在"连字符限制"文本框中输入 2，以防连续两行出现连字符，如图 8.29 所示。

❻ 单击"确定"按钮，关闭对话框，但不要取消对文本的选择。

连字可避免对齐的文本行出现空缺，但对于该段文本来说，前面设置的对齐方式不合适。

❼ 选择文本，按 Ctrl + Shift + L（Windows）或 Shift + Command + L（macOS）组合键将文本设置为左对齐。

❽ 选择"编辑">"全部取消选择"，再选择"文件">"存储"，保存文件。

图 8.29

8.8.2 手动插入换行符

版面的文本和设计即将完成时，可能需要你手动插入换行符。下面在页面左边的引文中添加换行符。

1 使用文字工具在引文第 4 行的单词 of 前面单击。

2 输入一个强制换行符。为此，可选择"文字">"插入分隔符">"强制换行"或按 Shift + Enter 组合键，结果如图 8.30 所示。

> 💡提示　另一种控制排版的方式是在单词之间使用不间断空格。例如，你可能想使用不间断空格将两个单词（如 et al.）粘贴起来，以防在它们之间换行。要使用不间断空格，可先删除既有空格，再选择"文字">"插入空格">"不间断空格"。

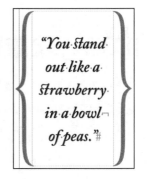

3 选择"编辑">"全部取消选择"，再选择"文件">"存储"，保存文件。

图 8.30

Adobe 段落书写器和 Adobe 单行书写器

段落中文字的疏密程度是由使用的排版方法决定的。InDesign 排版方法根据用户指定的字间距、字符间距、字形缩放和连字选项，评估并选择最佳的换行方式。InDesign 提供了两种排版方法：Adobe 段落书写器和 Adobe 单行书写器。前者考虑段落中的所有行，而后者分别考虑段落中的每一行。

使用 Adobe 段落书写器时，InDesign 对每一行进行排版时都将考虑段落中的其他行会受到的影响，最终获得最佳的段落排版方式。在用户修改某一行的文本时，同一段落中该行前面和后面的行的换行位置可能会发生改变，以确保整个段落中文字间距是均匀的。

使用 Adobe 单行书写器（这是其他排版和文字处理程序使用的标准排版方式）时，InDesign 只重排被编辑的文本后面的文本行。Adobe 单行书写器用于分别处理每一行，因此可能导致段落中的某些行比其他行更稀疏或更紧密。由于 Adobe 段落书写器会同时考虑多行，因此使用它时，段落中各行的疏密程度更为一致。需要手动调整文档（如婚礼邀请函）中所有的换行位置时，Adobe 单行书写器很有用。

要访问 Adobe 段落书写器和 Adobe 单行书写器，可使用"段落"面板菜单，该菜单还包含其他连字和对齐控件，如图 8.31 所示。

图 8.31

> 💡 **注意** 图 8.31 中的"Adobe 全球通用单行书写器"和"Adobe 全球通用段落书写器"是为全球通用的语言准备的。使用这些书写器时,可以输入包含阿拉伯语、英语、法语、德语、俄语等语言的文本。

8.9 设置制表符

使用制表符可将文本放置到分栏或框架的特定水平位置。默认情况下,制表符前移 0.5 英寸,但这个距离对一般用途来讲太大了。要微调制表符前移的距离,可指定制表符的位置及文本与之对齐的方式。"制表符"面板提供了添加和修改制表符所需的各种控件,如图 8.32 所示。

图 8.32

> 💡 **提示** 制表符属于段落格式,因此若要使用制表符来组织文本,文本的每一行都必须自成一段。

选择"文字">"显示隐含的字符"以显示制表符,这将对处理制表符有所帮助。在用文字处理程序制作的文件中,作者或编辑经常为对齐文本而输入了多个制表符,有时甚至输入的是空格而不是制表符。要处理并解决这样的问题,唯一的途径是显示隐藏的字符。例如,在 Word 文档中输入图 8.33 所示的文本时,作者为了对齐文本,输入了多个制表符和空格。要使用制表符来对齐文本,仅当字体和字号不变时才管用;而使用空格对齐是一种不精确的对齐方式。在 InDesign 中,必须将这些多余的制表符和空格删除。

Nutritional Facts
Serving Size → → ····6
Calories → → 280
Calories from Fat → → 35%
Protein → → ····0g

图 8.33

> 💡 **提示** 有关如何使用"查找 / 更改"功能来快速删除多余字符(如制表符和空格)的详细信息,请参阅第 6 课。

8.9.1 让文本与制表符对齐及添加制表符前导符

下面使用制表符来设置菜谱 Chocolate-Covered Strawberries 中的 Nutritional Facts 列表的格式。由于这些文本中已输入了制表符标记,因此只需设置文本的最终位置。另外,还要输入前导符,以填充文本和制表符之间的空白。

① 如果有必要,滚动并缩放页面以便能够看到菜谱。

② 要看到文本中的制表符标记,应确保显示了隐藏的字符(选择"文字">"显示隐含的字符"),并在工具面板的"屏幕模式"菜单中选择了"正常"。

③ 使用文字工具在 Serving Size 前面单击，再选择从当前位置到最后一行（Protein 0g）的所有文本。

④ 选择"文字">"制表符"，打开"制表符"面板。

当光标位于文本框架中且文本框架上方有足够的空间时，"制表符"面板将与文本框架对齐，使"制表符"面板中的标尺与文本对齐。无论"制表符"面板位于什么地方，都可通过输入值来精确地设置制表符。

⑤ 在"制表符"面板中，单击"右对齐制表符"按钮（↓），让文本与制表符右对齐。

⑥ 在 X 文本框中输入"2 英寸"并按 Enter 键，再按 Tab 键跳转到"前导符"文本框。

下面来指定前导符，如目录中用于引导浏览方向的点。下面在前导符中使用空格来增大点间距。

⑦ 在"前导符"文本框中输入一个点（.）和一个空格并按 Enter 键。

现在，在选定的文本中，每个制表符标记后面的信息都与新的制表符对齐，且每行都有一条虚线（由点和空格组成），引导读者看向行尾的数值，如图 8.34 所示。

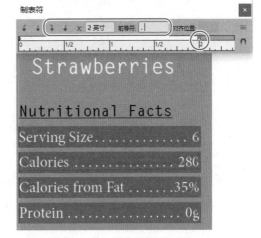

图 8.34

⑧ 选择"文字">"制表符"，关闭"制表符"面板，选择"编辑">"全部取消选择"。

⑨ 选择"文件">"存储"，保存文件。

使用制表符

InDesign 中用于创建和定制制表符的控件与文字处理程序中的控件极其相似。用户可精确地指定制表符的位置、在栏中重复制表符、为制表符指定前导符、指定文本与制表符的对齐方式，以及轻松地修改制表符。制表符是一种段落格式，应用于光标所在的段落或选定的段落。所有用于处理制表符的控件都在"制表符"面板中，可选择"文字">"制表符"打开该面板。

下面是制表符控件的用法。

· 输入制表符。要在文本中输入制表符，可按 Tab 键。

· 指定制表符的对齐方式。要指定文本与制表符的对齐方式（如传统的左对齐或对齐小数点），可单击"制表符"面板左上方的对应按钮。这些按钮分别是"左对齐制表符"（↓）、"居中对齐制表符"（↓）、"右对齐制表符"、"对齐小数位（或其他指定字符）制表符"（↓）。

· 指定制表符的位置。要指定制表符的位置，可单击对齐方式按钮后，在 X 文本框中输入一个值并按 Enter 键；也可单击对齐方式按钮后，单击标尺上方的空白区域。

· 重复制表符。要创建多个间距相同的制表符，可先选择标尺上的一个制表符位置，再在"制表符"面板菜单中选择"重复制表符"。如此，InDesign 将根据选定的制表符位置与前一个制表符位置之间的距离（或左缩进量）创建多个覆盖整栏的制表符。

- 指定文本中对齐的字符。要指定文本中某个字符（如小数点）与制表符对齐，可单击“对齐小数位（或其他指定字符）制表符”按钮，然后在“对齐位置”文本框中输入或粘贴一个字符（如果文本中没有包含该字符，文本将与制表符左对齐）。

- 指定制表符前导符。要填充文本和制表符之间的空白区域，例如，在目录中的文本和页码之间添加点，可在“前导符”文本框中输入需要重复的字符，最多可输入 8 个这样的字符。

- 移动制表符。要调整制表符的位置，可先选择标尺上的制表符，再在 X 文本框中输入新值并按 Enter 键；也可将标尺上的制表符拖曳到新位置。

- 删除制表符。要删除制表符，可将其拖离标尺；也可选择标尺上的制表符，然后在“制表符”面板菜单中选择“删除制表符”。

- 重置默认制表符。要恢复默认制表符，可在“制表符”面板菜单中选择“清除全部”。默认每隔 0.5 英寸放置一个制表符。

- 修改制表符的对齐方式。要修改制表符的对齐方式，可在标尺上选择制表符，然后单击其他制表符按钮。也可按住 Alt（Windows）或 Option（macOS）键单击标尺上的制表符，这将在 4 种对齐方式之间切换。

8.9.2　创建悬挂缩进的编号列表

在 InDesign 中，可轻松地创建项目符号列表和编号列表，从而清晰地呈现信息。这些列表通常采用悬挂缩进的方式，让文本与右端的制表符对齐。

❶ 如果有必要，滚动并缩放页面以便能够看到底部的菜谱。

❷ 使用文字工具在菜谱的第 1 步（Wash the strawberries.）前面单击，并选择从当前位置到 minutes. 的 4 个段落。

❸ 在“属性”面板中，单击“编号列表”按钮（▤），如图 8.35 所示。

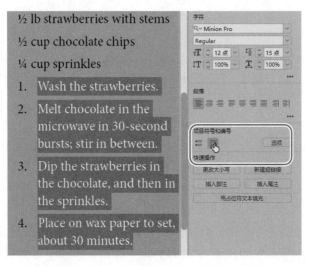

图 8.35

💡 提示　若要微调编号、项目符号字符、间距等，可单击“编号列表”按钮右边的“选项”按钮。

④ 取消对文本的选择，查看带悬挂缩进效果的编号列表。

⑤ 选择"文件">"存储"，保存文件。

悬挂缩进和项目符号列表

要调整段落缩进，包括左缩进、右缩进、首行左缩进和末行右缩进，可在控制面板或"段落"面板（选择"文字">"段落"）中输入值。除了可以指定值进行缩进外，还可以用如下方式设置悬挂缩进。

· 拖曳制表符标尺上的缩进标记。向右拖曳缩进标记，再按住 Shift 键向左拖曳上面的缩进标记。按住 Shift 键，可独立地调整各个缩进标记。

· 插入一个"在此缩进对齐"字符。将光标插入段落的第 1 行，再按 Ctrl + \（Windows）或 Command + \（macOS）组合键插入一个"在此缩进对齐"字符（也可选择"文字">"插入特殊字符">"其他">"在此缩进对齐"），后续各行将悬挂到该字符右边。

可结合使用悬挂缩进和项目符号（编号）来创建项目符号（编号）列表，但一种更快捷的方式是使用"项目符号和编号"功能，这种功能可通过"属性"面板或菜单"文字">"项目符号列表和编号列表"来访问。可将项目符号列表和编号列表等格式的设置存储在段落样式中。

8.10 段落底纹和段落线

要将读者的注意力引向文章中特定的内容，如子标题、引文或作者小传，可对这些特定内容所在的段落应用段落边框和段落底纹，还可在它们前面或后面添加段落线。InDesign 提供了很多用于调整这些段落的颜色、位置和外观的选项。

虽然可使用其他方式来实现段落边框、段落底纹和段落线效果，但使用设置段落格式的方式有很多优点：重排文本时，这些格式会随段落一起移动；这些格式可包含在段落样式中，让你在文档中能快速且一致地应用它们。

下面给一个段落应用段落底纹和段落线。给段落应用段落边框的方式与应用段落底纹和段落线的方式类似。

8.10.1 添加段落底纹

下面对本课处理的文章的版面做最后的修饰，给菜谱名添加反白字效果。

① 使用文字工具在菜谱名 Chocolate-Covered Strawberries 中单击，以指定要设置格式的段落。

② 在"段落"面板中，勾选"底纹"复选框。

③ 为设置底纹的颜色，在"底纹"复选框右边的"底纹颜色"下拉列表中选择 Strawberry Red 色板，如图 8.36 所示。

💡 提示 控制面板中也包含用于设置段落底纹的控件。为微调底纹，可在"段落"面板菜单中选择"段落边框和底纹"，再在打开的对话框中单击"底纹"选项卡，在其中进行设置。也可以按住 Alt（Windows）或 Option（macOS）键单击控制面板或"段落"面板中的"底纹颜色"按钮，打开"段落边框和底纹"对话框，在其中进行设置。

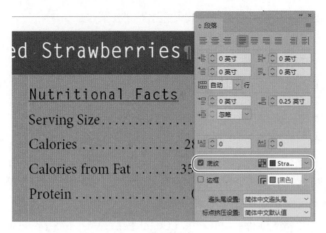

图 8.36

④ 选择"编辑">"全部取消选择"。

⑤ 选择"文件">"存储",保存文件。

8.10.2　添加段落线

下面在页面顶部的宣传语 A BITE OF DELIGHT 下方添加段落线。

① 选择"视图">"使页面适合窗口"。

② 选择文字工具,将光标插入宣传语 A BITE OF DELIGHT 中,如图 8.37 所示。

A·BITE·OF·DELIGHT#

图 8.37

③ 在"段落"面板菜单中选择"段落线"。

④ 在打开的"段落线"对话框左上方的下拉列表中选择"段后线",并勾选"启用段落线"复选框。

⑤ 勾选"预览"复选框。将对话框移到一边,以便能够看到段落。

⑥ 在"段落线"对话框中设置如下选项,如图 8.38 所示。

· 在"粗细"下拉列表中选择"8 点"。

· 在"颜色"下拉列表中选择 Stem Green 色板。

· 在"宽度"下拉列表中选择"文本"。

· 在"类型"下拉列表中选择空心菱形。

· 将"位移"设置为"0.0625 英寸"(单击上箭头一次)。

⑦ 单击"确定"按钮,让修改生效。可以看到 A BITE OF DELIGHT 下方出现了一条段落线。

⑧ 选择"文件">"存储",保存文件。

⑨ 为在全屏模式下查看效果,选择"视图">"屏幕模式">"演示文稿",效果如图 8.39 所示。

⑩ 查看完毕后按 Esc 键。

为制作好这篇文章,你可能还需要与编辑或校对人员一起解决文本行过紧或过松、换行位置不合适、孤寡词等问题。

图 8.38

图 8.39

8.11　练习

InDesign 提供了一项功能——"从图像中提取",让用户能够借鉴现有数码图像的设计理念。为此,可先将图像置入文档,再提取其中的颜色主题、形状和字体。下面就来尝试使用这项功能。

① 新建一个文档，其尺寸无关紧要。

② 选择"文件">"置入"。在弹出的对话框中切换到 Lesson08 文件夹，并双击其中的 MenuFontIdea.jpg 文件。在页面中单击，置入这个图像文件。

③ 选择"对象">"从图像中提取">"文字"。在打开的对话框中移动蓝色框，使其环绕图像中的文字，再单击"查找类似字体"按钮，结果如图 8.40 所示。

图 8.40

④ 单击"从图像中提取"对话框中的其他两个选项卡——"颜色主题"和"形状"，在其中可从图像中提取颜色主题和形状。

8.12　复习题

1. 与通过添加换行符来增大间距相比，设置段前间距和段后间距有何优点？

2. 何谓字形？如何在文本中插入字形？

3. 下沉效果影响的是字符，为何要将其指定为一种段落格式？

4. 何谓制表符前导符？

5. 字偶间距和字符间距有何区别？

6. Adobe 段落书写器和 Adobe 单行书写器有何区别？

8.13　复习题答案

1. 设置段前间距和段后间距可精确地控制间距，并可通过段落样式以一致的方式设置它们。添加换行符通常会导致段间距过大，而且它们还可能出现在不合适的地方，如分栏开头或末尾。

2. 字形是字体中特定字符的表现形式。例如，某种字体（如 Warnock Pro）可能提供美元符号的两种不同表示形式。"字形"面板让用户能够访问字体库中的所有字形。可选择"文字">"字形"打开"字形"面板，然后选择合适的字形并将其插入文本中。

3. 下沉效果之所以被指定为段落格式，是因为它并非应用于选定文本，而是应用于段落。对段落应用下沉效果后，即便段落中的文本被重新编辑，这种效果也不会消失。另外，使用段落样式，可以用一致的方式设置下沉效果。

4. 制表符前导符是一个或多个字符，用于填充文本和制表符之间的空白区域。

5. 字偶间距调整的是两个字符的间距，字符间距调整的是一系列选定字符的间距。

6. Adobe 段落书写器可在确定最佳换行位置的同时评估多行文本的效果，而 Adobe 单行书写器每次只考虑一行文本的效果。

使用样式

本课概览

- 创建和应用段落样式。
- 创建和应用字符样式。
- 在段落样式中嵌套字符样式。
- 创建和应用对象样式。
- 创建和应用单元格样式。

- 创建和应用表样式。
- 更新样式。
- 导入并应用其他 InDesign 文档中的样式。

学习本课大约需要 **60**分钟

在 InDesign 中，可创建样式（一组格式属性）并将其应用于文本、单元格、表格等。修改样式时，InDesign 将自动调整应用了相应样式的所有对象的效果。使用样式可快速、一致地设置文档的格式。

anese, tropical or wildflower, your dream garden
s Gardens. Start with your favorite color and
and interest as the seasons change. We can put
fingertips as well with our fast-growing trees.
onger and cost far less than store-bought.

ries

ensures that your gardening efforts are not
ardens offers high-quality, durable, sustainable
illers, trowels and more. Garden tool sets help
d at a great price. Your plants won't go hungry
on of organic fertilizers, and our expert sprayers
proper application.

ABULOUS FLOWER TIPS

WHAT	WHERE TO PLANT	WHAT TO WATCH FOR
Sunflower	Sunny, sheltered soil	Support stems for taller flowers
Marigold	Sunny, fertile soil	Plant around tomato plants to prevent flies
Pansy	Full sun or dappled shade	Deadhead to encourage more blooms
Sweet Pea	Sunny spot, support	Protect from mice

9.1 概述

本课创建一些样式，并将其应用于 Urban Oasis Gardens 产品目录的一些页面。样式是一组格式属性，让你能够快速、一致地设置文档中文本、表格等的格式。例如，段落样式 Body Text 指定了字体、字号、行间距和对齐方式等属性。这里的产品目录页面包含文本、表格和图像，需要设置它们的格式，并根据这些内容创建样式。这样，如果以后需要置入更多的产品目录内容，就可使用已创建的样式来设置新的文本、表格和图像的格式。

1 为确保你的 InDesign 首选项和默认设置与本课所述一样，请将 InDesign Defaults 文件移到其他文件夹中，详情请参阅"前言"中的"另存和恢复 InDesign Defaults 文件"。

2 启动 InDesign。

3 在出现的 InDesign"主页"界面中，单击左边的"打开"按钮（如果没有出现"主页"界面，就选择"文件">"打开"）。

4 打开 InDesignCIB\Lessons\Lesson09 文件夹中的 09_Start.indd 文件。

5 选择"文件">"存储为"，将文件重命名为 09_Styles.indd，并将其保存到 Lesson09 文件夹中。

6 确保选择了"基本功能"工作区（选择"窗口">"工作区">"[基本功能]"），选择"窗口">"工作区">"重置'基本功能'"。

7 如果想查看完成后的文档效果，请打开 Lesson09 文件夹中的 09_End.indd 文件，效果如图 9.1 所示。选择"版面">"下一跨页"和"版面">"上一跨页"，查看所有的页面。可让该文件保持打开状态，以便工作时参考。

Premium Vegetable Seeds, Starter Plants & Tools

Grow your best garden yet with URBAN OASIS GARDENS. Our experts have selected a wide variety of vegetables, flowers and fruit that fit our growing zone. We guarantee our seeds, bulbs and starters plants will bring a bumper crop while brightening your garden. Plus, we offer gardening tools that make your toughest tasks easier.

Start dreaming and planning, and then get your orders in just in time for growing season. As always, URBAN OASIS GARDENS offers various courses to ensure your gardening success.

Heirloom Vegetable Seeds

Look for your tried-and-true favorites and the rare varieties you love. We offer seeds and some starter plants for everything from carrots and cucumbers to peas and peppers to watermelon radishes. Our heirloom seeds are organic, non-GMO and time tested.

Fruits & Flowers

Whether it's English, Japanese, tropical or wildflower, your dream garden awaits with URBAN OASIS GARDENS. Start with your favorite color and design for constant color and interest as the seasons change. We can put your favorite fruit at your fingertips as well with our fast-growing trees. Home-grown fruits last longer and cost far less than store-bought.

Tools & Accessories

The right tool for the job ensures that your gardening efforts are not wasted. URBAN OASIS GARDENS offers high-quality, durable, sustainable rakes, shovels, pruners, tillers, trowels and more. Garden tool sets help gardeners-to-be get started at a great price. Your plants won't go hungry with our superior selection of organic fertilizers, and our expert sprayers and spreaders help with proper application.

FABULOUS FLOWER TIPS

WHAT	WHERE TO PLANT	WHAT TO WATCH FOR
Sunflower	Sunny, sheltered soil	Support stems for taller flowers
Marigold	Sunny, fertile soil	Plant around tomato plants to prevent flies
Pansy	Full sun or dappled shade	Deadhead to encourage more blooms
Sweet Pea	Sunny spot, support	Protect from mice

URBAN OASIS GARDENS

图 9.1

查看完毕后，单击文档窗口左上角的标签 09_Styles.indd 切换到要处理的文档。

理解样式

InDesign 提供了样式，让你能够快速设置所有文本、表格和对象的格式。无论是段落样式、字符样式、对象样式、表样式还是单元格样式，其创建、应用、修改和共享的方式都相同。所有样式面板都可通过菜单"窗口">"样式"来打开。所有样式面板都包含相似的图标和面板菜单命令。在每个样式面板中，其底部都有能够创建新样式组、清除优先选项、创建新样式及删除选定样式的图标，如图 9.2 所示，请将鼠标指针指向各个图标，以查看相应的工具提示。有些样式面板有其特有的图标。

1. 基本样式

在新建的 InDesign 文档中，所有对象的默认格式都由相应的基本样式决定，如图 9.3 所示。例如，创建新的文本框架时，其格式由对象样式"[基本文本框架]"决定。因此，如果要让所有新的文本框架的描边粗细都为 1 点，可修改"[基本文本框架]"样式。若要给所有新建的 InDesign 文档指定不同的默认格式，可在没有打开任何文档的情况下修改基本样式。每当你发现自己在反复执行相同的格式设置任务时，都应停下来想一想，是否应该修改相关的基本样式或创建新的样式来减轻工作量。

图 9.2   图 9.3

2. 创建样式

所有样式面板的底部都有"创建新样式"按钮（），同时面板菜单中也包含"新建样式"命令。

最直观、最灵活的样式创建方式是先设置作为样本的文本、表格等对象的格式，再基于样本创建样式。这种方法让你能够根据自身喜好使用控件，如使用"色板"面板和"字符"面板。

每种样式的选项对话框都包含"预览"复选框，你可勾选这个复选框，以便在修改各个选项时能对效果进行预览，直到对样式满意为止。"样式选项"对话框很大，在设置时，你可能需要将其拖曳到不碍事的地方，以便能够看到修改选项带来的影响。

还可在没有选择任何文本、表格等对象的情况下，从空白开始创建样式。

对文本、表格等对象的外观有大概的想法后，便可以创建样式并进行应用。然后，在你尝试不同的设计和修改时，只需通过修改样式来更新格式。

3. 应用样式

要应用样式，只需选择要对其应用样式的对象，再在相关的样式面板中选择相应样式。例如，要设置表格的格式，可选择表格，再在"表样式"面板中选择相应样式。你也可以设置用于应用样式的快捷键。另外，在使用"查找 / 更改"对话框中进行查找并替换操作时，可以应用段落样式和字符样式。

4. 使用"快速应用"功能

一种应用样式的简单方式是使用"快速应用功能"。按 Ctrl + Enter（Windows）或 Command + Enter（macOS）组合键即可打开"快速应用"对话框，在其中输入样式名的前几个字母，直到对话框中出现所需样式，如图 9.4 所示，选择它并按 Enter 键。其他打开"快速应用"对话框的方式包括选择"编辑" > "快速应用"以及单击控制面板中的"快速应用"按钮（⚡）。

5. 指定用于应用样式的快捷键

可给所有样式指定快捷键，以提高设置格式的速度。下面是一些有关指定样式快捷键的小提示。

如果你使用的是扩展键盘，可指定包含数字的快捷键，这可降低它与其他 InDesign 快捷键和系统快捷键发生冲突的可能性。

使用快捷键来设置文本格式非常方便。要记住快捷键，一种方法是在样式名中包含一个层级数字，并将快捷键设置为这个数字。例如，如果创建了一个名为 1 Headline 的段落样式，可将其快捷键设置为 Shift + Ctrl + 1，如图 9.5 所示。

图 9.4

图 9.5

6. 修改和重新定义样式

使用样式的主要优点是可以用一致的方式应用格式，还可以快速地执行全局修改。要修改样式，可在样式面板中双击其名称，打开"样式选项"对话框，在其中对样式进行修改。还可对应用了样式的文本、表格等对象进行修改，然后在样式面板菜单中选择"重新定义样式"。

9.2　创建和应用段落样式

段落样式让用户能够将样式应用于文本以及对格式进行全局性修改，这样可提高格式设置效率并保持整体设计的一致性。段落样式涵盖了所有的文本格式元素，包含字体、字号、字体样式和颜色等字符属性及缩进、对齐、制表符和连字等段落属性。段落样式不同于字符样式，它们应用于整个段落，而不仅是选定的字符。

9.2.1　创建段落样式

本小节将创建一个段落样式，并在下一小节将其应用于选定段落。你将先手动设置文档中部分文本的格式（不基于样式），再使用这些格式新建一个段落样式。

❶ 切换到 09_Styles.indd 文件的第 2 页，调整缩放比例以便能看清文本，并根据需要进行滚动。

❷ 使用文字工具选择子标题 Heirloom Vegetable Seeds，它位于导言部分的后面，如图 9.6 所示。

图 9.6

❸ 在"属性"面板的"外观"部分，单击"填色"框并选择 Red-Tomato 色板。

❹ 在"字符"部分的"字体大小"文本框中输入"18 点"。

❺ 在"段落"部分，单击"更多选项"按钮，再将"段前间距"增大到 0.05 英寸，将"段后间距"减小到 0.025 英寸，如图 9.7 所示。

下面根据这些格式创建一个段落样式，以便使用它来设置文档中其他子标题的格式。

❻ 确保依然选择了子标题 Heirloom Vegetable Seeds，选择"文字">"段落样式"，打开"段落样式"面板。为方便使用，可将"段落样式"面板拖离面板停放区。

❼ 在"段落样式"面板菜单中选择"新建段落样式"，以创建一个新的段落样式，如图 9.8 所示。在打开的"新建段落样式"对话框中，"样式设置"部分显示了前面给子标题设置的格式。

❽ 在"样式名称"文本框中输入 Head 2，表示该样式用于设置二级标题的格式。

图 9.7

注意新样式基于样式 Intro Body。由于创建样式时，子标题应用了样式 Intro Body，因此新样式自动基于 Intro Body。利用"新建段落样式"对话框的"常规"部分的"基于"选项，能以现有样式为起点来创建新样式。在这里,样式 Intro Body 与标题样式无关,因此要把"基于"改为"[无段落样式]"。

图 9.8

⑨ 在"基于"下拉列表中选择"[无段落样式]"。

在 InDesign 中输入文本时,为快速设置文本的格式,可为"下一样式"指定一个段落样式。当你按 Enter 键时,InDesign 将自动应用"下一样式"。例如,可以在标题后面自动应用正文段落样式。

⑩ 在"下一样式"下拉列表中选择 Intro Body,表示这是 Head 2 标题后面的文本的样式。

还可指定快捷键以方便应用该样式。

⑪ 在"快捷键"文本框中单击,按 Ctrl+9(Windows)或 Command+9(macOS)组合键(InDesign 要求样式快捷键必须为组合键)。

⑫ 勾选"将样式应用于选区"复选框,如图 9.9 所示,将这种新样式应用于刚设置了格式的文本。

> 💡 注意　如果不勾选"将样式应用于选区"复选框,新样式将出现在"段落样式"面板中,但不会自动应用于文本。

图 9.9

⑬ 单击"确定"按钮，关闭"新建段落样式"对话框。

图 9.10

新样式 Head 2 将出现在"段落样式"面板中且处于选中状态，表明该样式已应用于选定段落。

⑭ 在"段落样式"面板中，单击样式组 Head 左侧的箭头，并将样式 Head 2 拖曳到样式 Head 1 和 Head 3 之间，如图 9.10 所示。

⑮ 选择"编辑">"全部取消选择"，选择"文件">"存储"保存文件。

9.2.2　应用段落样式

下面将新建的段落样式应用于文档中的其他段落。

① 如果有必要，向右滚动以便能够看到当前跨页的右对页。

② 选择文字工具，将光标插入文本 Fruits & Flowers 中。

③ 在"段落样式"面板中选择样式 Head 2，将其应用于这个段落。文本属性将根据应用的段落样式发生相应的变化。

④ 重复第 2 ~ 3 步，将样式 Head 2 应用于第 3 页的 Tools & Accessories，如图 9.11 所示。

图 9.11

> 💡注意　也可使用前面定义的快捷键 [Ctrl+9（Windows）或 Command + 9（macOs）] 来应用样式 Head 2。在 Windows 操作系统中使用快捷键应用样式时，要确保按的是数字键盘中的数字键。

对文本应用段落样式后，可接着修改文本的格式。这些格式被称为局部优先（Local Overrides）选项。在有些情况下，局部优先选项是可以接受的，而在其他情况下，你可能想删除它们，让格式设置与样式定义完全一致。接下来应用、查看并删除局部优先选项。

> 💡提示　使用样式设置文本的格式时，有些地方可能看起来不太正常，这通常是局部优先选项导致的。有关这方面的详细信息，请参阅本课后面的"样式使用方面的最佳实践"部分。

⑤ 使用文字工具快速单击 3 次标题 Tools & Accessories 将其选择。

⑥ 在"属性"面板的"外观"部分，单击"填色"框，选择 Green-Medium 色板。

⑦ 在标题 Tools & Accessories 中单击以查看文本颜色。

⑧ 在"段落样式"面板中，可以看到样式名 Head 2 右边有个加号。将鼠标指针指向这个样式名，看看选定文本的格式与该段落样式的定义有何不同，如图 9.12 所示。

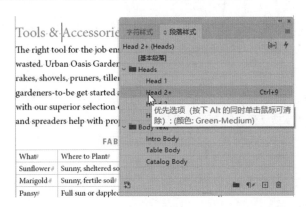

图 9.12

⑨ 单击"段落样式"面板底部的"清除选区中的优先选项"按钮选定文本的格式将与段落样式 Head 2 定义相同。

⑩ 选择"编辑">"全部取消选择"，选择"文件">"存储"保存文件。

9.3 创建和应用字符样式

在前一节中，段落样式的设置让你只需单击或按快捷键就能设置字符和段落的格式。同样，字符样式也可以让你一次性将多种格式设置（如字体、字号和颜色）应用于文本。但字符样式不像段落样式那样设置整个段落的格式，它只将格式应用于选定字符，如单词或短语。

字符样式只包含不同于段落样式的属性，如斜体，这让你能够将字符样式与不同的段落样式结合起来使用。例如，假设有一篇新闻稿，要求将图书和电影的名称设置为斜体；同时，在这篇新闻稿中，包含使用字体 Minion Pro 的正文段落样式和使用字体 Myriad Pro 的旁注样式。在这种情况下，你只需定义一种指定使用斜体的字符样式，InDesign 就能让你轻松地为选定字符应用斜体。

你可通过"字符样式选项"对话框轻松地访问所有用于设置字符格式的控件。在这个对话框的"常规"选项卡中，"样式设置"部分列出了当前字符样式的定义，如图 9.13 所示。

图 9.13

9.3.1 创建字符样式

下面创建一个字符样式并在下一小节将其应用于选定文本，这将展示出字符样式在提高格式设置效率和确保一致性方面的优点。

① 滚动到第 2 页的第 1 段。

② 如果"字符样式"面板不可见，选择"文字">"字符样式"打开它。为方便使用，可将"字符样式"面板拖离面板停放区，并将其与"段落样式"面板编组。

该面板中只包含默认样式"[无]"。与在前一节中创建段落样式一样，这里也基于现有文本格式来创建字符样式。这种方法可让你在创建样式前就能看到格式设置。这里将设置公司名 Urban Oasis Gardens 的格式，并使用这些格式创建一个字符样式，以便在整个文档中高效地重复使用它。

③ 使用文字工具选择第 2 页第 1 段中的 Urban Oasis Gardens。

④ 在控制面板中，单击"字符格式控制"按钮，再单击字符"填色"框并选择 Green-Medium 色板。

⑤ 单击"小型大写字母"按钮（ 🆃 ），效果如图 9.14 所示。

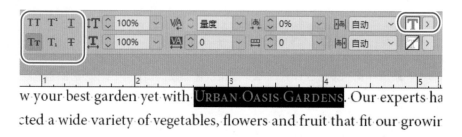

图 9.14

设置文本的格式后，下面新建一个字符样式。

⑥ 单击"字符样式"面板底部的"创建新样式"按钮。

⑦ 双击"字符样式"面板中的"字符样式 1"，打开"字符样式选项"对话框。

⑧ 在"样式名称"文本框中输入 Garden Name。

像创建段落样式一样，指定快捷键以便应用该字符样式。

⑨ 在"快捷键"文本框中单击，按 Shift + Alt + 8（Windows）或 Shift + Command + 8（macOS）组合键。

⑩ 可以看到"样式设置"部分列出了这个字符样式设置的格式，如图 9.15 所示。

⑪ 单击"确定"按钮，关闭"字符样式选项"对话框。新样式 Garden Name 将出现在"字符样式"面板中，并应用到了选定文本上。

⑫ 选择"编辑">"全部取消选择"，选择"文件">"存储"保存文件。

图 9.15

9.3.2 应用字符样式

现在可以将字符样式应用于文档中的文本了。和段落样式一样，使用字符样式可避免手动为不同的文本设置同一样式的烦琐操作。

💡提示 可通过"查找/更改"对话框来搜索特定的单词或短语的所有实例，并对其应用字符样式。

① 使用文字工具选择左对页第 2 段正文中的 Urban Oasis Gardens。

为保持公司名的外观一致，为其应用字符样式 Garden Name。

② 在"字符样式"面板中，选择样式 Garden Name 将其应用于所选文本，可以看到文本格式发生了变化。

③ 向右滚动以便能够看到第 1 个跨页的右对页。

④ 使用文字工具选择右对页第 1 段正文中的 Urban Oasis Gardens。

⑤ 在"字符样式"面板中，选择样式 Garden Name 将其应用于所选文本。

⑥ 选择第 2 段正文中的 Urban Oasis Gardens，按 Shift + Alt + 8（Windows）或 Shift + Command + 8（macOS）组合键为其应用字符样式 Garden Name，如图 9.16 所示。

图 9.16

让"字符样式"面板保持打开状态，以便在下一个练习中使用。

⑦ 选择"编辑">"全部取消选择"，选择"文件">"存储"保存文件。

9.4 在段落样式中嵌套字符样式

为使样式使用起来更方便、功能更强大，InDesign 支持在段落样式中嵌套字符样式。这些嵌套样式让用户能够将字符样式应用于段落的一部分（如第 1 个字符、第 2 个单词或最后一行）的同时应用段落样式。嵌套样式非常适合用于接排标题，即一行或一段的开头部分与其他部分使用不同的格式。

事实上，每当在段落样式中定义格式（如应用斜体直到到达第 1 个句号）时，都可使用嵌套样式来自动设置格式。

> 💡 提示   使用功能极其强大的嵌套样式，可根据一组特定的规则在段落中应用不同的格式。例如，在目录中，可将文本设置为粗体、修改制表符前导符（页码前面的点）的字偶间距，以及修改页码的字体和颜色。

9.4.1 创建用于嵌套的字符样式

要创建嵌套的样式，至少需要创建一种字符样式和一种嵌套该字符样式的段落样式。在本小节中，你将创建两种用于嵌套的字符样式。

① 在"页面"面板中，双击第 4 页的图标，选择"视图">"使页面适合窗口"。如果正文太小，无法看清，可放大标题 BEANS 下面以 Green: Black Valentine . 开头的第 1 段文本。

② 查看文本和标点。

这里将创建两种嵌套样式，用于将蔬菜种类与蔬菜名称区分开。

- 当前使用了一个冒号（:）将蔬菜种类和蔬菜名称分开。
- 蔬菜名称和相关描述之间有一个句号，如图 9.17 所示。

BEANS¶
Green: Black Valentine. Tasty snap beans,
hardy and productive plants, flat pods. ¶

图 9.17

这些字符对本小节后面创建嵌套样式的操作很重要。

③ 使用文字工具选择第 1 个 Green 及其后面的冒号。

④ 在"字符样式"面板菜单中选择"新建字符样式"。

⑤ 在"新建字符样式"对话框的"样式名称"文本框中输入 Variety，指出该样式将应用于哪些文本。勾选"将样式应用于选区"复选框。

为使蔬菜种类更醒目，下面来修改字体、字体样式和颜色。

⑥ 在对话框左侧的类别列表框中选择"基本字符格式"。

⑦ 在"字体系列"下拉列表中选择 Myriad Pro，并在"字体样式"下拉列表中选择 Bold，如图 9.18 所示。

图 9.18

⑧ 在对话框左侧的类别列表框中选择"字符颜色"。

⑨ 在"字符颜色"部分，选择 Green-Medium 色板，如图 9.19 所示。

图 9.19

⑩ 单击"确定"按钮，关闭"新建字符样式"对话框，新建的样式 Variety 出现在"字符样式"面板中。

下面再创建一种用于嵌套的字符样式。

⑪ 选择文本 Black Valentine 及其后面的句号。在"属性"面板的"外观"部分，将字体改为 Myriad Pro，将字体样式改为 Italic，效果如图 9.20 所示。

BEANS¶
Green: *Black Valentine*. Tasty snap beans, hardy and productive plants, flat pods. ¶

图 9.20

⑫ 在依然选择了文本 Black Valentine 及其后面的句号的情况下，在"字符样式"面板菜单中选择"新建字符样式"。

⑬ 在弹出对话框的"样式名称"文本框中输入 Vegetable Name。

⑭ 勾选"将样式应用于选区"复选框。

⑮ 单击"确定"按钮。这将基于第 11 步指定的格式创建一个字符样式，如图 9.21 所示。

⑯ 选择"编辑">"全部取消选择"，选择"文件">"存储"

图 9.21

保存文件。

你成功地创建了两种新的字符样式，加上已有的段落样式 Catalog Body，下面可以创建并应用嵌套样式了。

9.4.2　创建嵌套样式

基于现有段落样式创建嵌套样式时，实际上是指定 InDesign 在格式化段落时应遵循的一套辅助规则。本小节将使用前面创建的字符样式在段落样式 Catalog Body 中进行嵌套。

> 💡 提示　除嵌套样式外，InDesign 还提供了嵌套行样式，让用户能够指定段落中各行的格式，如下沉字母后面为小型大写字母，这常见于杂志文章的第 1 段。如果修改了文本或其他对象的格式，导致文本重排，InDesign 将调整格式，使其只应用于指定的行。创建嵌套行样式的控件位于"段落样式选项"对话框的"首字下沉和嵌套样式"选项卡中。

① 在"页面"面板中双击第 4 页，使其显示在文档窗口中央。

② 如果"段落样式"面板不可见，请选择"文字">"段落样式"将其打开。

③ 在"段落样式"面板中双击样式 Catalog Body，打开"段落样式选项"对话框。

④ 在左侧的类别列表框中选择"首字下沉和嵌套样式"。

⑤ 在"嵌套样式"部分，单击"新建嵌套样式"按钮，新建一种嵌套样式，如图 9.22 所示。它应用字符样式"[无]"，并有"包括 1 字符"字样。

图 9.22

⑥ 单击"[无]"打开一个包含字符样式的下拉列表，选择 Variety，这是第 1 个嵌套样式。

⑦ 单击"包括"显示相应下拉列表框。该下拉列表只包含两个选项："包括"和"不包括"。由于需要将字符样式 Variety 应用到冒号为止，因此选择"包括"。

> 💡 提示　使用嵌套样式，可自动完成一些非常烦琐的格式设置任务。设置长文档的样式时，应找出其中的规律，这样就能使用嵌套样式自动完成格式设置任务。

⑧ 单击"字符"显示相应下拉列表框。单击向下的箭头展开下拉列表，其中包含很多元素选项（包括句子、字符和空格）。选择"字符"，输入一个冒号"："，如图 9.23 所示。

图 9.23

⑨ 勾选"预览"复选框，并将"段落样式选项"对话框移到一边，以便能够看到文本。

下面再添加一种嵌套样式以设置蔬菜名称的格式。

⑩ 单击"新建嵌套样式"按钮，新建另一个嵌套样式。

⑪ 重复第 6 ~ 8 步，并采用图 9.24 所示设置创建该嵌套样式。

图 9.24

· 在第 1 个下拉列表中选择 Vegetable Name。

· 在第 2 个下拉列表中选择"不包括"。

· 保留第 3 个下拉列表的默认设置 1 不变。

· 在第 4 个下拉列表中选择"句子"，表示将格式应用到句号为止。

⑫ 查看文本的变化情况，如图 9.25 所示，单击"确定"按钮。

⑬ 选择"编辑">"全部取消选择"，选择"文件">"存储"保存文件。如果"段落样式"面板和"字符样式"面板碍事，就关闭它们。

BEANS¶
Green: *Black Valentine.* Tasty snap beans, hardy and productive plants, flat pods. ¶

Green: *Extra Early Refugee.* Buttery taste, fleshy pods of fine quality. ¶

Green: *Stringless Green Pod.* Fine flavor, entirely stringless, pale green round pods. ¶

图 9.25

样式使用方面的最佳实践

样式可简化格式设置工作，而 InDesign 提供了对样式进行组织、在文档之间共享样式及确保正确地应用样式的功能。

1. 让样式基于既有样式

所有样式都可基于既有样式，在这种情况下，既有样式是新样式的基础。如果修改一种样式（如一个段落样式中的字体），基于它的所有样式将随之更新。如果要创建一系列相关的样式，如 Body Copy、Body Copy Indent、Bulleted Body Copy 等，基于既有样式创建样式的方法会很有帮助。在这种情况下，如果修改样式 Body Copy 的字体，InDesign 将更新所有相关样式的字体，而这些样式的独立特征将保持不变。

2. 断开与样式的链接

如果不想让某些文本、表格等继续与样式相关联，可断开与样式的链接。例如杂志文章中设计独特的标题。每个样式面板的面板菜单中都包含命令"断开与样式的链接"。

3. 在文档之间共享样式

实际工作中，经常需要在文档之间共享样式，以确保组织的不同文档在外观方面的一致性。

所有样式面板的面板菜单中都有载入命令，可用于从其他 InDesign 文档导入样式；还可通过 InDesign CC 库在工作组中共享段落样式和字符样式，为此可在"段落样式"面板或"字符样式"面板中选择样式，再单击面板底部的"将选定样式添加到我的当前 CC 库"按钮。当要在另一个文档中使用它时，可通过 CC 库应用它，这样它将自动添加到该文档的"段落样式"面板或"字符样式"面板中。

4. 以样式组的方式组织样式

在所有 InDesign 样式面板中，都可将相似的样式放在被称为样式组的文件夹中，如图 9.26 所示。

5. 覆盖手动设置的格式

在大多数情况下，你都希望文本、表格等对象的格式与样式指定的完全一致，为此，需要覆盖所有手动设置的格式。如果选定对象的格式与应用于它的样式所指定的不完全一致，样式名旁边会出现一个加号，这被称为样式优先选项。例如，如果段落样式规定左对齐文本，但你将段落居中对齐了，那么居中对齐就是一个样式优先选项。

图 9.26

要获悉选定对象的格式与应用于它的样式有何不同，可将鼠标指针指向样式面板中的样式名，显示的工具提示将指出应用的优先选项，如图 9.27 所示。

优先选项工具提示指出了选定文本的格式与应用的段落样式有何不同，这里是字符间距不同。出于对统版的考虑，经常会缩小字符间距，因此对于这里的优先选项，可能应该保留

图 9.27

大多数样式面板的底部都有一个"清除选区中的优先选项"按钮，将鼠标指针指向它可获悉如何清除选定对象的格式优先选项。

请注意，应用段落样式时如果无法清除优先选项，请检查是否对文本应用了字符样式。

InDesign 指出样式优先选项旨在让用户知道存在格式不一致的情况，但在有些情况下，必须手动应用优先选项，在这种情况下，应保留样式优先选项。

6. 理解段落样式和字符样式

段落样式应用于段落中所有的文本，包含所有的文本格式属性，如字体、字号和对齐方式等。若要指定要设置其格式的段落，可在相应段落中单击，选择整个段落或一部分。字符样式只包含不同于段落样式的字符属性，如字体样式（Bold、Italic、Condensed 等）和颜色，这种样式只应用于段落中选定的文本。通常，先将段落样式应用于大部分文本，再将字符样式应用于需要修改其格式的部分文本。

一种常见的样式应用策略是：先选择文档中所有的文本，并应用最常用的段落样式（例如，对于图书，你可能会创建一个适用于大部分段落的正文段落样式，并将其应用于所有文本），再不断地翻页并应用标题样式、子标题样式、图片说明样式、字符样式等。

9.5 创建和应用对象样式

对象样式让用户能够将格式应用于图形和框架，并能对这些格式进行全局性更新。将格式属性（包括填充色、描边色、不透明度和文本绕排选项）组合成对象样式，有助于增强整体设计的一致性，还可提高完成烦琐任务的效率。

9.5.1 设置对象的格式

本小节将为创建对象样式做准备——设置对象的格式。在本课处理的文档中，标题实际上是通过选择文本再选择"文字">"创建轮廓"来生成的。将文字转换成轮廓后，就不要求用户的系统必须安装相应的字体了，这样做提高了灵活性，如可以将图像置入形状中。

❶ 在"页面"面板中双击第 1 页的图标，让该页面位于文档窗口中央。

❷ 使用选择工具单击 Urban Oasis Gardens，选择这个看起来像文本的对象。

❸ 选择"对象">"效果">"投影"，打开"效果"对话框。

❹ 在左侧的列表框中勾选"投影"复选框，保持其他选项的设置为默认值，如图 9.28 所示。

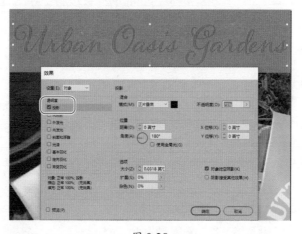

图 9.28

❺ 勾选"预览"复选框以查看效果，单击"确定"按钮。

⑥ 选择"编辑">"全部取消选择"，选择"文件">"存储"保存文件。

9.5.2　创建对象样式

设置这个对象的格式后，便可基于该格式创建对象样式了。

① 使用选择工具单击应用了"投影"效果的 Urban Oasis Gardens 对象。

② 选择"窗口">"样式">"对象样式"，打开"对象样式"面板。

③ 在"对象样式"面板中，按住 Alt（Windows）或 Option（macOS）键并单击右下角的"创建新样式"按钮，如图 9.29 所示。

按住 Alt（Windows）或 Option（macOS）键并单击"创建新样式"按钮，将自动打开"新建对象样式"对话框。在这个对话框左侧的列表框中，勾选的复选框指出了使用该样式时将应用哪些属性。

> 💡 提示　与段落样式和字符样式一样，也可基于一个对象样式来创建另一个对象样式。同样，修改对象样式后，所有基于它的对象样式都将自动更新（这些样式特有的属性将保持不变）。"基于"选项位于"新建对象样式"对话框的"常规"选项卡中。

④ 在"新建对象样式"对话框的"样式名称"文本框中输入 Drop Shadow，以描述该样式的用途，如图 9.30 所示。

依次单击左边的列表项，看看在对象样式中可设置哪些效果。除基本格式属性（如描边色和填充色）外，对象样式还可包含大小属性（宽度和高度）及位置属性（X 和 Y）。

图 9.29

图 9.30

⑤ 勾选"将样式应用于选区"复选框，单击"确定"按钮。

9.5.3　应用对象样式

下面将新创建的对象样式应用于封底的标题。使用样式的好处在于修改样式后，应用了该样式的对象将自动更新。

① 在"页面"面板中，双击第 6 页的图标，如图 9.31 所示，在文档窗口中显示该页。

② 如果有必要，选择"视图">"使页面适合窗口"。

③ 使用选择工具选择看起来像文本的对象 How to Grow。

与前面提及的封面的标题一样，How to Grow 也是通过"文

图 9.31

字">"创建轮廓"从文本转换而来的。

④ 在"对象样式"面板中选择样式 Drop Shadow，如图 9.32 所示。

图 9.32

⑤ 如果格式与新样式不匹配，就在"对象样式"面板菜单中选择"清除优先选项"。

⑥ 选择"编辑">"全部取消选择"，选择"文件">"存储"保存文件。

9.6 创建和应用单元格样式和表样式

使用单元格样式和表样式，可轻松、一致地设置表的格式，就像使用段落样式和字符样式设置文本的格式一样。单元格样式让用户能够控制单元格的内边距、垂直对齐方式、单元格的描边色和填充色，以及对角线。表样式让用户能够控制表的视觉属性，包括表边框、表前间距和表后间距、行描边和列描边，以及交替填色模式。第 10 课将详细地介绍如何创建表格。

本节将创建一个单元格样式和一个表样式，并将其应用于产品目录文档中的表，以区分有关花朵种植的小贴士。

9.6.1 创建单元格样式

先创建一个单元格样式，用于设置表格表头行的格式，该表格位于第 3 页底部。下一小节将把这个样式嵌套到表样式中，就像本课前面介绍的将字符样式嵌套到段落样式中一样。

① 在"页面"面板中双击第 3 页的图标。

② 使用缩放显示工具放大页面底部的表格，以便能够看清该表格。

③ 选择文字工具，将鼠标指针移至表格第 1 行（该行以 What 开头）的左边，等鼠标指针变成向右的箭头后单击，以选择第 1 行整行，如图 9.33 所示。

FABULOUS FLOWER TIPS¶		
What#	Where to Plant#	What to Watch For#
Sunflower #	Sunny, sheltered soil#	Support stems for taller flowers#
Marigold #	Sunny, fertile soil#	Plant around tomato plants to prevent flies#
Pansy#	Full sun or dappled shade#	Deadhead to encourage more blooms#
Sweet Pea#	Sunny spot, support#	Protect from mice#

URBAN·OASIS·GARDENS#

图 9.33

④ 选择"表">"单元格选项">"描边和填色"。在"单元格填色"部分的"颜色"下拉列表中选择 Green-Brightest 色板，如图 9.34 所示，单击"确定"按钮。

⑤ 在依然选择了这些单元格的情况下，选择"窗口">"样式">"单元格样式"，打开"单元格样式"面板。

⑥ 在"单元格样式"面板菜单中选择"新建单元格样式"，如图 9.35 所示。

图 9.34   图 9.35

在打开对话框的"常规"选项卡中，"样式设置"部分显示了对选定单元格应用的单元格样式。

⑦ 在"样式名称"文本框中输入 Table Head。

⑧ 在"段落样式"下拉列表中选择 Head 4（该段落样式已包含在文档中），如图 9.36 所示，单击"确定"按钮。

图 9.36

新建的单元格样式出现在了"单元格样式"面板中。

⑨ 在依然选择了表头行的情况下，在"单元格样式"面板中选择样式 Table Head，将其应用于表头，如图 9.37 所示。

⑩ 如果样式 Table Head 旁边有加号（表明表头的格式与样式不完全匹配），请选择整个表头行，再在"单元格样式"面板菜单中选择"清除优先选项"。

⑪ 选择"编辑">"全部取消选择"，查看结果，如图 9.38 所示。

图 9.37

图 9.38

⑫ 选择"文件">"存储"，保存文件。

9.6.2 创建表样式

下面创建一个表样式，用于设置表格的整体外观，并将前面创建的单元格样式应用于表头行。

① 使用文字工具在表格的任意位置单击以选择表格。

② 单击样式面板组中的标签"表样式"或选择"窗口">"样式">"表样式"，在"表样式"面板菜单中选择"新建表样式"，如图 9.39 所示。

③ 在打开的对话框的"样式名称"文本框中输入 Garden Table。

④ 在"单元格样式"部分的"表头行"下拉列表中选择 Table Head，如图 9.40 所示。

下面设置该表样式，使表体行交替改变颜色。

⑤ 在"新建表样式"对话框左边的列表框中选择"填色"。

⑥ 在"交替模式"下拉列表中选择"每隔一行"，此时"交替"部分的选项将变得可用。

⑦ 在"交替"部分的左边做如下设置。

* 将"前"设置为 1。
* 将"颜色"设置为"[纸色]"。

⑧ 在"交替"部分的右边做如下设置，如图 9.41 所示。

* 将"后"设置为 1。
* 将"颜色"设置为 Green-Brightest。

图 9.39

· 将“色调”设置为30%。

图 9.40

图 9.41

⑨ 单击“确定”按钮，新建的表样式 Garden Table 出现在“表样式”面板中，如图 9.42 所示。

⑩ 选择“编辑”>“全部取消选择”，选择“文件”>“存储”保存文件。

图 9.42

9.6.3　应用表样式

下面将前面创建的表样式应用于文档中的两个表格。

💡提示　选择“表”>“将文本转换为表”或“表”>“创建表”创建新表时，可在创建新表的过程中应用表样式。

① 在能够看到表格的情况下，选择文字工具。

② 通过单击将光标插入表格的任意位置，选择"表">"选择">"表"。

③ 在"表样式"面板中选择样式 Garden Table，使用前面创建的表样式和单元格样式重新设置这个表格的格式，如图 9.43 所示。

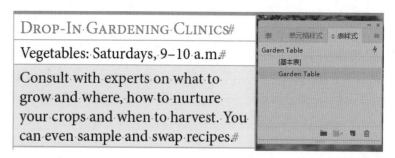

图 9.43

④ 在"页面"面板中双击第 6 页的图标，选择"视图">"使页面适合窗口"，通过单击将光标插入表格 DROP-IN GARDENING CLINICS 的任意地方，选择"表">"选择">"表"。

⑤ 在"表样式"面板中选择样式 Garden Table，使用前面创建的单元格样式和表样式重新设置这个表格的格式，如图 9.44 所示。

图 9.44

⑥ 如果样式 Garden Table 旁边有加号（表明格式与样式不完全一致），请在"表样式"面板菜单中选择"清除优先选项"。

⑦ 选择"编辑">"全部取消选择"，选择"文件">"存储"保存文件。

9.7　更新样式

在 InDesign 中，有两种更新已应用于 InDesign 文档的段落样式、字符样式、对象样式、表样式和单元格样式的方法：一种是打开样式选项本身并对格式进行修改；另一种是通过局部格式化来修改一个实例，再根据修改后的实例重新定义样式。无论采用哪种方法，应用了样式的对象的格式都将自动更新。

本节将修改样式 Head 3，使其包含段后线。

① 在"页面"面板中双击第 4 页的图标，再选择"视图">"使页面适合窗口"。

② 选择文字工具，在第 1 栏开头的子标题 BEANS 中双击以选择它。

③ 选择"文字">"段落"以显示"段落"面板，再在该面板菜单中选择"段落线"，如图 9.45 所示。

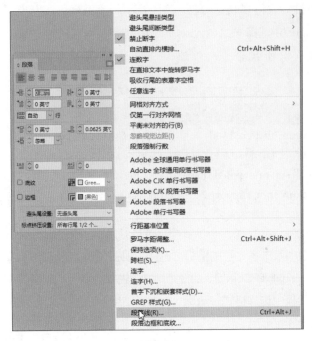

图 9.45

④ 在打开的"段落线"对话框顶部的下拉列表中选择"段后线"，并勾选"启用段落线"复选框；确保勾选了"预览"复选框，将对话框移到一边，以便能够在工作区中看到文本 BEANS。

⑤ 对段后线做如下设置，如图 9.46 所示。

- 粗细：0.5 点。
- 颜色：Red-Tomato。
- 位移：0.025 英寸。
- 保持其他选项为默认值。

图 9.46

⑥ 单击"确定"按钮，文本 BEANS 下方出现一条深红色线段。

⑦ 如果看不到"段落样式"面板，选择"文字">"段落样式"将其打开。

在"段落样式"面板中，可以看到选择了样式 Head 3，这表明选定文本应用了该样式。另外，样式名 Head 3 右边有个加号，这表明除样式 Head 3 外，选定文本还设置了局部格式，这些格式覆盖了所应用的样式，如图 9.47 所示。

图 9.47

下面重新定义这个段落样式，将这种局部修改加入其定义中，从而自动将这些局部修改应用于使用了样式 Head 3 的所有标题。

❽ 在"段落样式"面板菜单中选择"重新定义样式"，如图 9.48 所示。样式 Head 3 右边的加号消失，而文档中应用了样式 Head 3 的所有标题都将更新为修改后的样式。

图 9.48

❾ 选择"视图">"使跨页适合窗口"，查看效果。

❿ 选择"编辑">"全部取消选择"，选择"文件">"存储"保存文件。

9.8 从其他文档中载入样式

样式只出现在创建它们的文档中，为确保同一个客户或活动的不同文档的一致性，可在文档之间共享样式。本节将从最终文档 09_End.indd 中载入一个段落样式，并将其应用于第 2 页的第 1 个正文段落。

💡提示 除了可从其他文档中载入样式外，还可通过 CC 库在多个文档之间共享段落样式和字符样式。在"段落样式"面板中选择一种样式，单击该面板底部的"将选定样式添加到我的当前 CC 库"按钮，将其添加到 CC 库。要在另一个文档中使用该样式，可通过 CC 库应用它，这样它将自动添加到文档的"段落样式"面板中。

❶ 在"页面"面板中，双击第 2 页的图标，选择"视图">"使页面适合窗口"。

❷ 如果"段落样式"面板不可见，选择"文字">"段落样式"将其打开。

❸ 在"段落样式"面板菜单中选择"载入所有文本样式"。

❹ 在打开的"打开文件"对话框中，双击 Lesson09 文件夹中的 09_End.indd 文件。

❺ 在弹出的"载入样式"对话框中单击"全部取消选中"按钮。无须载入所有样式，因为大部分样式已包含在当前文档中。

❻ 勾选段落样式 Body Text: Drop Cap Body 左边的复选框以选择它。向下滚动，可以看到自动勾选了段落样式 Drop Cap Body 使用的字符样式 Drop Cap 左边的复选框，如图 9.49 所示。

💡 注意 在"载入样式"对话框中，段落样式名前显示了样式组的名称，因此这里要选择的是 Body Text: Drop Cap Body。

图 9.49

由于选定的段落样式 Drop Cap Body 使用了"首字下沉和嵌套样式"功能来自动应用字符样式 Drop Cap，因此系统自动选择了字符样式 Drop Cap。

❼ 单击"确定"按钮，载入这两种样式。

❽ 选择文字工具，将光标插入第 3 段正文（以 Look for your tried-and-true favorites 开头的段落）中。

❾ 在"段落样式"面板中选择样式 Drop Cap Body，如图 9.50 所示。Look 的首字母 L 将下沉并变成浅绿色，且字体为 Myriad Pro、字体样式为 Italic。

图 9.50

❿ 选择"编辑">"全部取消选择"，选择"文件">"存储"保存文件。

预览最终的文档

下面来预览最终的文档。

① 单击工具面板底部的"预览"按钮。

② 选择"视图">"使跨页适合窗口"。

③ 按 Tab 键隐藏所有面板，并预览最终的文档，如图 9.51 所示。

Premium Vegetable Seeds, Starter Plants & Tools

Grow your best garden yet with URBAN OASIS GARDENS. Our experts have selected a wide variety of vegetables, flowers and fruit that fit our growing zone. We guarantee our seeds, bulbs and starters plants will bring a bumper crop while brightening your garden. Plus, we offer gardening tools that make your toughest tasks easier.

Start dreaming and planning, and then get your orders in just in time for growing season. As always, URBAN OASIS GARDENS offers various courses to ensure your gardening success.

Heirloom Vegetable Seeds

Look for your tried-and-true favorites and the rare varieties you love. We offer seeds and some starter plants for everything from carrots and cucumbers to peas and peppers to watermelon radishes. Our heirloom seeds are organic, non-GMO and time tested.

Fruits & Flowers

Whether it's English, Japanese, tropical or wildflower, your dream garden awaits with URBAN OASIS GARDENS. Start with your favorite color and design for constant color and interest as the seasons change. We can put your favorite fruit at your fingertips as well with our fast-growing trees. Home-grown fruits last longer and cost far less than store-bought.

Tools & Accessories

The right tool for the job ensures that your gardening efforts are not wasted. URBAN OASIS GARDENS offers high-quality, durable, sustainable rakes, shovels, pruners, tillers, trowels and more. Garden tool sets help gardeners-to-be get started at a great price. Your plants won't go hungry with our superior selection of organic fertilizers, and our expert sprayers and spreaders help with proper application.

FABULOUS FLOWER TIPS

WHAT	WHERE TO PLANT	WHAT TO WATCH FOR
Sunflower	Sunny, sheltered soil	Support stems for taller flowers
Marigold	Sunny, fertile soil	Plant around tomato plants to prevent flies
Pansy	Full sun or dappled shade	Deadhead to encourage more blooms
Sweet Pea	Sunny spot, support	Protect from mice

URBAN OASIS GARDENS

图 9.51

④ 按 Tab 键重新显示面板。

9.9 练习

InDesign 样式用于简化格式设置工作以及确保格式的一致性，本课的重点是创建样式，但用户可通过多种方式获取创建好的样式，包括使用 InDesign 模板和从 CC 库获取。将样式载入文档后，请花点时间对其进行调整和组织，以便能够轻松地找到并应用它们。制作长文档时，设置文本的格式可能是一项烦琐的任务。

9.9.1 下载包含样式的免费模板

Adobe 提供了免费的 InDesign 文档模板供你下载，你可直接使用它们，也可对其进行修改。在这些模板中，很多模板都包含样式。

9.9.2 微调模板中的样式

创建长文档或用于其他文档的模板时，你可能想充分利用各种样式功能。为了进一步微调样式，请尝试执行如下操作。

· 在"段落样式"面板中重新排列样式，例如，将载入的样式 Drop Cap Body 拖曳到样式组 Body Text 中。

· 给既有样式添加快捷键。

9.10 复习题

1. 使用对象样式为何能提高工作效率?
2. 要创建嵌套样式,应先创建什么?
3. 对已应用于 InDesign 文档的样式进行全局更新的方法有哪两种?
4. 如何从其他 InDesign 文档中载入样式?
5. 应用样式主要有哪些方式?

9.11 复习题答案

1. 使用对象样式可以组合一组格式属性,并将其快速应用于框架和图形,从而节省时间。如果需要更新格式,无须分别对使用样式的每个对象进行修改,只需修改对象样式,所有应用该样式的对象都将自动更新。
2. 创建嵌套样式前,必须先创建至少一个字符样式和一个嵌套该字符样式的段落样式。
3. 一种是通过修改格式选项来编辑样式本身;另一种是使用局部格式修改一个实例,再基于该实例重新定义样式。
4. 先在"段落样式"面板、"对象样式"面板、"单元格样式"面板等样式面板的面板菜单中选择"载入样式",再找到要从中载入样式的 InDesign 文档,并选择要载入的样式。
5. 要应用样式,首先需要在文档中选择目标(段落、字符、表格等),再在相应的样式面板中选择样式,使用"快速应用"功能,或者使用给样式指定的快捷键。在使用"查找/更改"对话框中执行查找并替换操作时,也可应用字符样式和段落样式。

制作表格

本课概览

- 将文本转换为表格。
- 修改表格的行和列。
- 重新排列表格的行。
- 调整表格的行高和列宽。

- 设置表格的填充色和描边。
- 在单元格中置入图像。
- 为跨页的长表格指定重复的表头行。
- 创建并应用表样式和单元格样式。

学习本课大约需要 45 分钟

利用 InDesign 可轻松地创建表格、将文本转换为表格或置入在其他软件中创建的表格，还可将众多格式选项（包括表头、表尾、行和列的交替模式等）存储为表样式和单元格样式。

Urban Oasis Gardens **Summer Schedule**

DAILY DROP-IN ACTIVITIES			
Activity	Day	Time	Fee
Attracting Butterflies	Su	8–10 a.m.	$10
Illustrating Botanicals 🐟	M	noon–2 p.m.	$25
Creating Garden Flags	T	10 a.m.–2 p.m.	$25
Making Hummingbird Feeders	W	2–5 p.m.	$50
Tending Flowers	Th	9–11 a.m.	$10
Growing Edible Flowers	F	1–3 p.m.	$10
Making and Flying Kites 🐟	Sa	8–11 a.m.	Free

🐟 Indicates off-site activity.

1

10.1 概述

本课将处理一个虚构的植物园传单，让该传单具有吸引力、易于使用和修改。先将文本转换为表格，然后使用"表"菜单和各种面板中的选项设置表格的格式（如果这个表格横跨多页，将包括重复的表头行），最后创建一个表样式和一个单元格样式，以便能够快速、一致地设置其他表格的格式。

① 为确保你的 InDesign 首选项和默认设置与本课所述的一样，请将 InDesign Defaults 文件移到其他文件夹中，详情请参阅"前言"中的"另存和恢复 InDesign Defaults 文件"。

② 启动 InDesign。

③ 在出现的 InDesign"主页"界面中，单击左边的"打开"按钮（如果没有出现"主页"界面，就选择"文件">"打开"）。

④ 打开 InDesignCIB\Lessons\Lesson10 文件夹中的 10_Start.indd 文件。

⑤ 选择"文件">"存储为"，将文件重命名为 10_Tables.indd，并存储到 Lesson10 文件夹中。

⑥ 为确保你的 InDesign 面板和菜单命令与本课使用的相同，请先选择"窗口">"工作区">"[高级]"，再选择"窗口">"工作区">"重置'高级'"。

⑦ 如果要查看最终的文档效果，可打开 Lesson10 文件夹中的 10_End.indd 文件，效果如图 10.1 所示。可让该文件保持打开状态，以供工作时参考。

图 10.1

10.2　表格处理简介

InDesign 表格是一组排成行（垂直）和列（水平）的单元格。在 InDesign 中，你可将既有文本转换为表格，可在文本内的光标处插入新表格（这将把表格锚定在文本中），也可创建独立的表格或在使用其他应用程序创建的文件中置入表格。

下面使用文字工具来编辑表格及设置其格式。"表"菜单、"表"面板、"属性"面板和控制面板中都包含用于设置表格格式的选项。

本课将尝试各种选择表格元素及修改表格的方式。在熟悉处理表格的各种方式后，你就可使用最适合自己的方式来处理表格了。

10.3　将文本转换为表格

通常，表格中使用的文本以"用制表符分隔的文本"形式存在，即各列之间用制表符分隔，各行之间用换行符分隔。本课要处理的是一个虚构的植物园传单，下面选择其中相应部分的文本并将其转换为表格。

❶ 选择"视图">"实际尺寸"，并根据需要滚动页面，以便能够看清文本。

> 💡 注意　请根据你的显示器尺寸和使用习惯调整缩放比例。

❷ 使用文字工具在包含文本 DAILY DROP-IN ACTIVITIES 的文本框架中单击。

❸ 选择"编辑">"全选"，效果如图 10.2 所示。

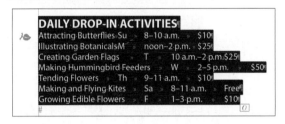

图 10.2

❹ 选择"表">"将文本转换为表"。

在打开的"将文本转换为表"对话框中，可以看到选定文本当前是如何分隔的。由于在"文字"菜单中选择了"显示隐含的字符"，因此可以看到列是由制表符（ » ）分隔的，而行是由换行符（ ¶ ）分隔的。

> 💡 注意　如果看不到换行符、制表符和空格，请选择"文字">"显示隐含的字符"。

❺ 在"列分隔符"下拉列表中选择"制表符"，在"行分隔符"下拉列表中选择"段落"。

❻ 确认"表样式"被设置为"[无表样式]"，如图 10.3 所示，单击"确定"按钮。

图 10.3

在 Word 文档中，用户常使用制表符来对齐列，有时甚至会使用多个制表符。虽然这可以让 Word 文档中的文本看起来是对齐的，但将这种文本转换为表时，会生成多余的列且文本会位于错误的地方。将用制表符分隔的文本转换为表之前，务必仔细查看，如果发现有两个相连的制表符，可将第 2 个制表符删除，也可使用"查找 / 更改"功能将两个制表符替换为一个制表符。

新表格将自动锚定在包含文本的文本框架中，如图 10.4 所示。

DAILY DROP-IN ACTIVITIES#	#	#	#
Attracting Butterflies#	Su#	8–10 a.m.#	$10#
Illustrating Botanicals#	M#	noon–2 p.m.#	$25#
Creating Garden Flags#	T#	10 a.m.–2 p.m.#	$25#
Making Hummingbird Feeders#	W#	2–5 p.m.#	$50#
Tending Flowers#	Th#	9–11 a.m.#	$10#
Making and Flying Kites#	Sa#	8–11 a.m.#	Free#
Growing Edible Flowers#	F#	1–3 p.m.#	$10#
#			#

图 10.4

⑦ 选择"文件">"存储"，保存文件。

10.4 修改行和列

即便是将客户提供的数据转换为表格，通常也需要做一些修改，如添加行、重新排列文本、编辑内容等。创建表格后，可轻松地为其添加行和列、删除行和列、重新排列行和列、调整行高和列宽，以及指定单元格的内边距。本节将确定虚构的植物园传单中的表格的整体布局。

10.4.1 添加行和列

可以在选定行的上方或下方添加行。添加或删除列的控件与添加和删除行的一样。下面在表格顶部添加一行，用于显示列标题。

❶ 使用文字工具单击表格第 1 行（该行以 DAILY 开头），激活一个单元格。你可在第 1 行中的任意单元格中单击。

❷ 选择"表">"插入">"行"。

❸ 在打开的"插入行"对话框的"行数"文本框中输入 1，单击"下"单选按钮，如图 10.5 所示，单击"确定"按钮。

❹ 在新建行的第 1 个单元格中单击，并输入 Activity。

为了在余下的单元格中添加列标题，使用文字工具单击每个空单元格，或按 Tab 键从一个单元格跳到下一个单元格。在各个单元格中输入如下文本，如图 10.6 所示。

· 第 2 个单元格: Day。

· 第 3 个单元格: Time。

图 10.5

- 第 4 个单元格: Fee。

DAILY DROP-IN ACTIVITIES#	#	#	#
Activity#	**Day**#	**Time**#	**Fee**#
Attracting Butterflies#	Su#	8–10 a.m.#	$10#
Illustrating Botanicals#	M#	noon–2 p.m.#	$25#
Creating Garden Flags#	T#	10 a.m.–2 p.m.#	$25#
Making Hummingbird Feeders#	W#	2–5 p.m.#	$50#
Tending Flowers#	Th#	9–11 a.m.#	$10#
Making and Flying Kites#	Sa#	8–11 a.m.#	Free#
Growing Edible Flowers#	F#	1–3 p.m.#	$10#
#			#

图 10.6

⑤ 使用文字工具在第 2 行的第 1 个单元格中单击，向右拖曳以选择所有列标题单元格。

⑥ 选择"文字">"段落样式"。

⑦ 在"段落样式"面板中，选择样式 Table Column Heads，如图 10.7 所示。选择"文字">"段落样式"关闭"段落样式"面板。

图 10.7

⑧ 单击包含单词 Fee 的单元格以激活它。

下面在该单元格所在列右边添加一列，用于放置图像。

⑨ 选择"表">"插入">"列"。

⑩ 在打开的"插入列"对话框的"列数"文本框中输入 1，单击"右"单选按钮，如图 10.8 所示，单击"确定"按钮。

现在，表格比框架和页面都宽，如图 10.9 所示。这个问题将在后面解决。

图 10.8

图 10.9

⑪ 选择"文件">"存储"，保存文件。

10.4.2 删除行

可删除既有表格中选定的行和列。下面删除表格末尾的空行。

> 💡 提示　若要激活行或列以便将其删除，可在其中单击。若要选择多行以便将它们删除，可选择文字工具，再将鼠标指针指向表格左边缘，待鼠标指针变成箭头后按住鼠标左键并拖曳以选择多行。若要选择多列以便将它们删除，可选择文字工具，再将鼠标指针指向表格上边缘，待鼠标指针变成箭头后按住鼠标左键并拖曳以选择多列。

① 选择文字工具，将鼠标指针指向最后一行的左边缘，出现右箭头（➜）后单击选择该行，如图 10.10 所示。

图 10.10

② 选择"表">"删除">"行"。

③ 选择"编辑">"全部取消选择"，再选择"文件">"存储"保存文件。

10.4.3 重新排列行

在处理表格时，可能会发现调整信息的排列顺序会让信息表达得更明确，或者发现表格有错需要重新排列。在这种情况下，可将行或列拖曳到不同的地方。这个表格中的行是根据周日至周六的顺序排列的，但周五对应行所处的位置不正确。

> 💡 提示　要拖曳表格的行或列，必须选择整行或整列。要将行或列复制到不同的地方，可在按住 Alt（Windows）或 Option（macOS）键的同时拖曳行或列。

① 找到表格的最后一行，其第 1 个单元格的内容以 Growing 开头。

② 选择文字工具，将鼠标指针指向这行的左边缘。

③ 等出现右箭头后单击选择这一行。

选定最后一行后，可通过拖曳在表格中上下移动它。

④ 将选定行向上拖曳到 Tending Flowers 所在行的下面，蓝色粗线指出了选定行将插入的位置，如图 10.11 所示，松开鼠标左键。

图 10.11

⑤ 选择"编辑">"全部取消选择"，再选择"文件">"存储"保存文件。

10.4.4　调整行高、列宽和文本位置

在 InDesign 中编辑表格时，经常需要根据内容和设计微调表格的行高、列宽及文本的位置。默认情况下，表格中的单元格会向垂直方向扩大以容纳其中的内容，因此如果不断地在一个单元格中输入文字，该单元格就会不断增高。在 InDesign 中，可指定固定的行高或列宽，也可在表格中创建高度相等的行和宽度相等的列。

下面先手动调整列宽，再调整文本在单元格中的位置。

① 必要时调整缩放比例，以便能够看清表格。

② 选择文字工具，将鼠标指针指向两列之间的垂直分隔线，待鼠标指针变成双箭头形状（↔）后，按住鼠标左键并向左或向右拖曳，以调整列宽。

③ 选择"编辑">"还原"。多次尝试调整列宽和行高，以熟悉这种方法。每次尝试后都选择"编辑">"还原"。拖曳时注意观察文档窗口中的水平标尺和垂直标尺，如图 10.12 所示。

水平标尺上的参考线指出了列的右边缘位置

图 10.12

④ 拖曳每列的右边缘，根据文档窗口顶部的水平标尺将各列的右边缘拖曳到如下位置，效果如图 10.13 所示。

- Activity 列：3.5 英寸。
- Day 列：4.25 英寸。
- Time 列：5.5 英寸。
- Fee 列：6.25 英寸。
- 空的图像列：7.75 英寸。

图 10.13

> ♀ 提示　要让所有的列都等宽或所有的行都等高，可选择"表">"均匀分布列"或"表">"均匀分布行"。

让列宽更适合文本后，下面增大文本和单元格边框之间的距离。以下操作只修改选定的单元格。

⑤ 选择"窗口">"文字和表">"表"，打开"表"面板。

⑥ 在表格的任意位置单击，选择"表">"选择">"表"。

⑦ 确保启用了"将所有设置设为相同"按钮，以便将单元格每个方向的内边距都增大。在"上单元格内边距"（▣）文本框中输入"0.125 英寸"，并按 Enter 键。

⑧ 选择表格，单击"表"面板中的"居中对齐"按钮，如图 10.14 所示，让每个单元格中的文本都垂直居中对齐。

⑨ 在表格内的任意位置单击以取消选择单元格。将"表"面板拖曳到面板停放区中，以便能够看到页面的更多内容。

⑩ 选择"文件">"存储"，保存文件。

图 10.14

10.4.5　合并单元格

可将选定的几个相邻单元格合并成一个单元格。下面合并第 1 行的单元格。

❶ 选择"视图">"使页面适合窗口"，或者调整缩放比例，以便能够看清页面。

❷ 使用文字工具在第 1 行的第 1 个单元格中单击，向右拖曳以选择该行的所有单元格。

❸ 选择"表">"合并单元格"。单击粘贴板以取消对单元格的选择，结果如图 10.15 所示。

DAILY·DROP-IN·ACTIVITIES#				
Activity#	**Day**#	**Time**#	**Fee**#	#
Attracting·Butterflies#	Su#	8–10·a.m.#	$10#	#
Illustrating·Botanicals#	M#	noon–2·p.m.#	$25#	#

图 10.15

❹ 选择"文件">"存储"，保存文件。

导入表格

置入 Word 或 Excel 文档中的表格

在 InDesign 中，可置入在其他应用程序（包括 Word 和 Excel）中创建的表格。

要在 InDesign 中置入表格，可采取如下步骤。

① 选择文字工具，将光标插入文本框架中。

② 选择"文件">"置入"。

③ 在打开的"置入"对话框中，勾选左下角的"显示导入选项"复选框。

④ 选择包含表格的 Word 文档（扩展名为.doc 或.docx）或 Excel 文档（扩展名为.xls 或 .xlsx）。

⑤ 单击"打开"按钮。

⑥ 在打开的"导入选项"对话框中，指定如何处理 Word 文档或 Excel 文档中表格的格式。对于 Excel 文档，可指定要置入的工作表和单元格范围，以及处理格式的方式，如图 10.16 所示。

在"导入选项"对话框中指定要导入的工作表、单元格范围和格式

图 10.16

链接到表格

置入表格时，可创建到源文件的链接，这样如果更新了 Word 文档或 Excel 文档，可轻松地在 InDesign 文档中更新相应的信息。要在置入表格时链接到源文件，可采取如下做法。

① 选择"编辑">"首选项">"文件处理"（Windows）或 InDesign>"首选项">"文件处理"（macOS）。

② 在打开的对话框的"链接"部分，勾选"置入文本和电子表格文件时创建链接"复选框，单击"确定"按钮。

③ 如果源文件中的数据发生了变化，可使用"链接"面板更新 InDesign 文档中的表格。

> 💡 注意　要确保置入的文件更新后，链接的 InDesign 表格的格式保持不变，必须使用单元格样式和表样式给 InDesign 表格中的所有单元格指定格式。更新链接后，必须重新指定表头行和表尾行的格式。

10.5　设置表格的格式

表格边框是整个表格周围的描边。单元格描边是表格内部将各个单元格彼此分隔的线条。InDesign 包含很多易于使用的表格格式设置选项，使用这些选项可让表格更具吸引力且让浏览者更容易找到所需的信息。本节将设置表格的填充色和描边。

10.5.1　添加填色模式

在 InDesign 中，可给行或列指定填色模式，以实现每隔一行应用填充色等效果。可指定填色模式

的起始位置，从而将表头行排除在外。当添加、删除或移动行和列时，填色模式将自动更新。下面在这个表格中每隔一行应用填充色。

① 选择文字工具单击表格的任意位置以激活它。

② 选择"表">"表选项">"交替填色"。

③ 在打开的对话框的"交替模式"下拉列表中选择"每隔一行"，保持其他选项的默认设置不变，如图 10.17 所示。

图 10.17

④ 单击"确定"按钮。表格每隔一行为灰色背景，如图 10.18 所示。

DAILY DROP-IN ACTIVITIES				
Activity	**Day**	**Time**	**Fee**	
Attracting Butterflies	Su	8–10 a.m.	$10	
Illustrating Botanicals	M	noon–2 p.m.	$25	
Creating Garden Flags	T	10 a.m.–2 p.m.	$25	

图 10.18

⑤ 选择"文件">"存储"，保存文件。

10.5.2 对单元格应用填充色

整个表格可以应用填充色，而每个单元格也可以分别应用填充色。使用文字工具进行拖曳，可选择相连的单元格，以便对它们应用填充色。本小节将对表头行应用填充色。

① 选择文字工具，将鼠标指针指向 DAILY DROP-IN ACTIVITIES 行的左边缘，待出现右箭头后单击以选择该行。

② 选择"窗口">"颜色">"色板"。

③ 在"色板"面板中，单击"填色"框，选择 Purple-Cool 色板。

> 💡 **提示** 也可使用控制面板中的"填色"框给单元格指定填充色。

④ 将"色调"滑块拖曳到 50% 处，如图 10.19 所示。再选择"编辑">"全部取消选择"，以便能够看清颜色。

图 10.19

⑤ 选择"窗口">"颜色">"色板"关闭"色板"面板，再选择"文件">"存储"，保存文件。

10.5.3 编辑单元格描边

单元格描边是各个单元格的边框。你可以删除或修改选定单元格或整个表格的描边。本小节将删除表格中的所有行描边，因为交替的填充色足以将不同行区分开来。

① 选择文字工具，单击表格的任意位置，选择"表">"选择">"表"。

② 在控制面板的中央，找到描边预览（▥）。

其中每条水平线和垂直线都表示行描边、列描边或边框描边，可通过单击来选择（蓝色）或取消选择（黑色）这些线条。选择线条后，可为其设置相应的描边格式。

③ 单击描边预览中的 3 条水平线以选择它们。在描边预览中，确保选择了所有水平线的同时没有选择任何垂直线。选定的线条呈蓝色。

④ 在控制面板的"描边"文本框中输入 0 并按 Enter 键。

⑤ 在描边预览中单击 3 条垂直线以选择它们，再取消选择所有的水平线。

⑥ 在控制面板的"描边"下拉列表中选择"0.5 点"，如图 10.20 所示。

将水平线的描边粗细指定为 0 点

将垂直线的描边粗细指定为 0.5 点
（在描边预览中，选定的描边呈蓝色）

图 10.20

⑦ 选择"编辑">"全部取消选择"，查看结果，如图 10.21 所示。

DAILY DROP-IN ACTIVITIES				
Activity	**Day**	**Time**	**Fee**	#
Attracting Butterflies	Su	8–10 a.m.	$10	#
Illustrating Botanicals	M	noon–2 p.m.	$25	#
Creating Garden Flags	T	10 a.m.–2 p.m.	$25	#
Making Hummingbird Feeders	W	2–5 p.m.	$50	#
Tending Flowers	Th	9–11 a.m.	$10	#
Growing Edible Flowers	F	1–3 p.m.	$10	#
Making and Flying Kites	Sa	8–11 a.m.	Free	#

图 10.21

⑧ 选择"文件">"存储"，保存文件。

10.5.4 添加表格边框

表格边框是表格周围的描边。与其他描边一样，也可定制其粗细、样式和颜色。

① 使用文字工具单击表格的任意位置。

② 选择"表">"选择">"表"。

③ 选择"表">"表选项">"表设置",打开"表选项"对话框并显示"表设置"选项卡。

④ 在"表设置"选项卡"表外框"部分的"粗细"下拉列表中选择"0.5 点",如图 10.22 所示。

图 10.22

⑤ 单击"确定"按钮,选择"编辑">"全部取消选择"。

⑥ 选择"视图">"屏幕模式">"预览",查看格式设置结果。

⑦ 选择"视图">"屏幕模式">"正常",选择"文件">"存储"保存文件。

10.6　在单元格中添加图像

在 InDesign 中,可使用表格高效地将文本、图片组合在一起。默认情况下,单元格实际上就是一个小型文本框架,但可将其转换为图形单元格,这样的单元格实际上就是一个大小受表格控制的图形框架。

💡 提示　要设置单元格的格式或修改单元格的类型,必须先选择单元格。要使用文字工具选择图形单元格,可在单元格中单击并拖曳。

10.6.1　将单元格转换为图形单元格

本小节将使用"表"菜单和"表"面板将一个选定的单元格转换为图形单元格。

① 使用文字工具单击第 1 个表体行(包含 Attracting Butterflies 的行)中最右边的单元格。

② 选择"表">"选择">"单元格",选择该单元格。

③ 选择"表">"将单元格转换为图形单元格",结果如图 10.23 所示。

💡 提示　只需在单元格中置入图像,就可将其转换为图形单元格。但如果要创建模板,指出要将图像放置在什么位置,就要采取上面介绍的方法将单元格转换为图形单元格。

Time#	Fee#	#
8–10 a.m.#	$10#	
noon–2 p.m.#	$25#	#

图 10.23

④ 在第 3 个表体行（包含 Creating Garden Flags 的行）最右边的单元格中单击，选择这个单元格。

⑤ 如果有必要，选择"窗口">"文字和表">"表"，打开"表"面板。

⑥ 在"表"面板菜单中选择"将单元格转换为图形单元格"，如图 10.24 所示。

图 10.24

10.6.2　在图形单元格中置入图像

下面在两个图形单元格中置入图像；再在两个单元格中置入图像，InDesign 自动将它们转换为图形单元格。

① 使用选择工具选择文本 Attracting Butterflies 所在行的图形单元格。

② 选择"文件">"置入"。在打开的"置入"对话框中，勾选左下角的"替换所选项目"复选框。

> ♀注意　如果有必要，在"置入"对话框中取消勾选"显示导入选项"复选框。

③ 切换到 Lesson10 文件夹，选择 Butterfly.jpg 文件，单击"打开"按钮。

④ 为让单元格适合图像，选择"对象">"适合">"使框架适合内容"，结果如图 10.25 所示。

DAILY DROP-IN ACTIVITIES				
Activity#	Day#	Time#	Fee#	#
Attracting Butterflies#	Su#	8–10 a.m.#	$10#	

图 10.25

> ♀提示　要调整图像的大小及其在单元格中的位置，可使用"对象">"适合"中的"按比例适合内容"等命令。

⑤ 选择文本 Creating Garden Flags 所在行的图形单元格。

⑥ 选择"文件">"置入"。在打开的"置入"对话框中，选择 Lesson10 文件夹中的 GardenFlag.jpg 文件，单击"打开"按钮。

⑦ 为让单元格适合图像，可使用调用"使框架适合内容"命令的快捷键，即按 Ctrl + Alt + C（Windows）或 Command + Option + C（macOS）组合键。

⑧ 选择"文件">"置入"。在打开的"置入"对话框中，选择 WateringCan.jpg 文件，按住 Ctrl（Windows）或 Command（macOS）键单击 Kite.jpg 文件，加载这两个文件。单击"打开"按钮，鼠标指针将变成置入图像图标。

⑨ 在文本 Making and Flying Kites 所在行最右边的单元格中单击。

⑩ 在文本 Tending Flowers 所在行最右边的单元格中单击。

💡注意　如果在单元格中置入了错误的图像，可选择"编辑">"还原"，再重新操作。

⑪ 使用选择工具单击洒水壶图像，选择"对象">"适合">"使框架适合内容"或按第 7 步列出的快捷键让单元格适合图像。对风筝图像进行同样的处理，结果如图 10.26 所示。

Tending Flowers	Th	9–11 a.m.	$10	
Growing Edible Flowers	F	1–3 p.m.	$10	
Making and Flying Kites	Sa	8–11 a.m.	Free	

图 10.26

⑫ 选择"编辑">"全部取消选择"，选择"文件">"存储"保存文件。

10.6.3　调整行高

由于前面置入的图像的高度都是 1 英寸，因此下面将所有表体行的高度都设置为 1 英寸。

💡注意　在这个练习中，别忘了根据自己的屏幕尺寸调整缩放比例。

① 如果有必要，选择"窗口">"文字和表">"表"，打开"表"面板。

② 选择文字工具，将鼠标指针指向第 1 个表体行（它包含 Attracting Butterflies）的左边缘。

③ 等出现右箭头，按住鼠标左键从第 1 个表体行（其第 1 个单元格包含 Attracting Butterflies）拖曳到最后一个表体行（其第 1 个单元格包含 Making and Flying Kites），松开鼠标左键。

④ 在"表"面板的"行高"（▥）下拉列表中选择"精确"，再在其右边的文本框中输入"1 英寸"并按 Enter 键，如图 10.27 所示。

⑤ 选择"编辑">"全部取消选择"，查看结果，如图 10.28 所示。

图 10.27

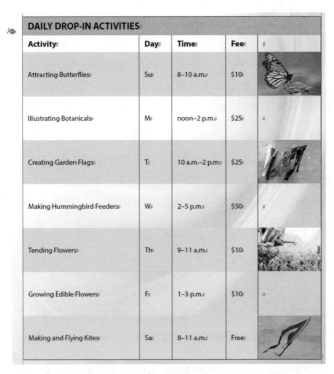

图 10.28

⑥ 选择"文件">"存储",保存文件。

10.6.4 将图像定位到单元格中

将图像定位到文本中,可使单元格同时包含文本和图像。下面置入校外课程旁边的叶子图标。

💡提示 编辑文本或重新设置其格式后,定位在文本中的对象将随文本一起移动。

① 放大视图以便能够看清左页面的左边距中的叶子图标。

② 使用选择工具选择表头行旁边的叶子图标,如图 10.29 所示。

③ 选择"编辑">"剪切"。

④ 选择文字工具,或在表格中双击自动切换到文字工具。

⑤ 在第 2 个表体行 Illustrating Botanicals 的后面单击,输入一个空格。

⑥ 选择"编辑">"粘贴",结果如图 10.30 所示。

图 10.29

Illustrating·Botanicals ·🐟¦

图 10.30

⑦ 在 Making and Flying Kites 后面单击并输入一个空格，选择"编辑">"粘贴"。

⑧ 选择"文件">"存储"，保存文件。

10.7   创建表头行

在 InDesign 中编辑表格时，通常会对表格名称和列标题应用格式，使其在表格中更突出。为此，可选择包含表头信息的单元格并设置其格式。如果表格横跨多页，可能需要重复表头信息。在 InDesign 中，可以指定表格延续到下一栏、下一个框架或下一页时需要重复的表头行和表尾行。下面选择表格前两行，并将它们指定为要重复的表头行。

> 💡 提示　编辑源表头行中的文本时，其他表头行中的文本将自动更新。你只能编辑源表头行的文本，因为其他表头行被锁定了。

① 选择"视图">"使页面适合窗口"，或根据自己的情况调整缩放比例。

② 选择文字工具，将鼠标指针指向第 1 行的左边缘，直到出现右箭头。

③ 按住鼠标左键以选择第 1 行，再拖曳以选择前两行，如图 10.31 所示。

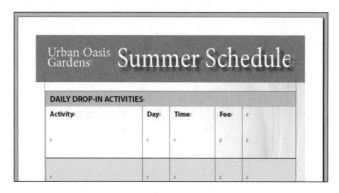

图 10.31

④ 选择"表">"转换行">"到表头"。

⑤ 使用文字工具单击表格的最后一行。

⑥ 选择"表">"插入">"行"。

⑦ 在"插入行"对话框的"行数"文本框中输入 4，单击"下"单选按钮，再单击"确定"按钮。

⑧ 选择"版面">"下一页"以查看第 2 页。注意，表格延续到第 2 页时重复了表头行，如图 10.32 所示。

图 10.32

> 💡 **注意** 你可使用这些空行来练习在单元格中输入文本的相关操作。选择文字工具后，按 Tab 键可跳转到下一个单元格，按 Shift + Tab 键可跳转到前一个单元格。

⑨ 选择"版面">"上一页"，返回第 1 页，选择"文件">"存储"保存文件。

10.8 创建并应用表样式和单元格样式

为快速且一致地设置表格的格式，可创建表样式和单元格样式。表样式应用于整个表格，而单元格样式应用于选定的单元格、行和列。下面创建一个表样式和一个单元格样式，以便可以迅速地将相应格式应用于其他表格。

10.8.1 创建表样式和单元格样式

本小节将创建一个表样式（用于设置表格的格式）和一个单元格样式（用于设置表头行的格式）。

这里将基于表格使用的格式创建样式，而不是指定样式的格式。

① 使用文字工具单击第 1 页表格的任意位置。

② 选择"窗口">"样式">"表样式"，打开"表样式"面板。在"表样式"面板菜单中选择"新建表样式"，如图 10.33 所示。

图 10.33

> 💡 **提示** 默认情况下，"表"面板、"表样式"面板和"单元格样式"面板位于一个面板组中。

③ 在打开的对话框的"样式名称"文本框中输入 Activity Table。可以看到"样式设置"部分列出了前面给表格设置的格式，如图 10.34 所示。

图 10.34

④ 单击"确定"按钮，新建的样式将出现在"表样式"面板中。

⑤ 使用文字工具在表格第 1 行（其中包含 DAILY DROP-IN ACTIVITIES）中单击。

⑥ 选择"窗口">"样式">"单元格样式"，打开"单元格样式"面板。单击"单元格样式"面板底部的"创建新样式"按钮，如图 10.35 所示。

⑦ 双击新建的样式"单元格样式 1"，打开"单元格样式选项"对话框。在"样式名称"文本框中输入 Table Header。

下面修改单元格样式 Table Header 的段落样式。

⑧ 在"段落样式"下拉列表中选择 Table Head，如图 10.36 所示，这是已应用于表头行文本的段落样式。

> 💡 提示　为自动设置格式，可在表样式中给表头行指定段落样式。

图 10.35

图 10.36

⑨ 单击"确定"按钮。

⑩ 选择"文件">"存储"，保存文件。

10.8.2　应用表样式和单元格样式

下面将这些样式应用于表格。这样以后要对表格的格式进行全面修改时，只需编辑表样式或单元格样式即可。

① 使用文字工具在表格内的任意位置单击。

② 在"表样式"面板中选择样式 Activity Table。

③ 使用文字工具在第 1 个表头行中单击，选择"表">"选择">"行"以选择该行。

④ 在"单元格样式"面板中选择样式 Table Header，如图 10.37 所示。

下面预览这张传单的效果。要完成这张传单，可在第 2 页的空单元格中输入数据，并在必要时添加更多的行。

⑤ 选择"编辑">"全部取消选择"，选择"视图">"使页面适合窗口"。

⑥ 单击工具面板底部的"屏幕模式"按钮并选择"预览"，如图 10.38 所示。按 Tab 键隐藏所有的面板。

⑦ 选择"文件">"存储"，保存文件。

图 10.37   图 10.38

10.9   练习

掌握在 InDesign 中处理表格的基本技能后，下面来尝试创建一个独立的表格。

① 切换到第 2 页。

② 选择"表">"创建表"，在打开的"创建表"对话框中，输入所需的行数和列数，可在"表样式"下拉列表中选择一种样式，单击"确定"按钮，如图 10.39 所示。鼠标指针将变成表格创建图标（▤）。

图 10.39

> ♀ 提示　鼠标指针变成表格创建图标后，如果在栏参考线之间单击，创建的表格将与当前分栏同宽。

③ 在页面中，按住鼠标左键并拖曳，松开鼠标左键后，InDesign 将创建一个表格，其尺寸与绘制的矩形相同，如图 10.40 所示。

图 10.40

④ 使用选择工具在第 1 个单元格中单击，输入内容；若要切换到其他单元格，可按箭头键。

⑤ 要将表格转换为文本，选择"表">"将表转换为文本"。默认情况下，InDesign 将使用制表符分隔同一行中不同列的内容，使用换行符分隔不同行的内容，但这些设置可修改。

1. 比起使用线条、框架和制表符来模仿表格，使用 InDesign 表格有何优点？
2. 当表格横跨多页时，如何让表格标题和列标题重复？
3. 处理表格时最常用的是哪种工具？
4. 如何在单元格中放置图像？

1. InDesign 表格提供了更高的灵活性，格式化起来更容易。在表格中，文本可在单元格中自动换行，因此无须添加额外的行，单元格也能容纳很多文本。另外，可给选定的单元格、行或列指定样式（包括字符样式和段落样式），因为每个单元格都是一个独立的文本框架。
2. 先选择要重复的标题行，再选择"表">"转换行">"到表头"。如果要重复表尾行，可选择"表">"转换行">"到表尾"。
3. 文字工具。对表格做任何处理，都必须使用文字工具。虽然可以使用其他工具来处理单元格中的图像，但要处理表格本身，如选择行或列、插入文本或图像、调整表格的尺寸等，必须使用文字工具。
4. 可使用文字工具选择单元格，选择"表">"将单元格转换为图形单元格"，再选择"文件">"置入"置入图像。如果选择了一个单元格，并选择"文件">"置入"置入图像，这个单元格将被自动转换为图形单元格。在单元格中添加图像的另一种方式是将图像定位到单元格包含的文本中。

置入和修改图形与图像

本课概览

- 比较矢量图形和位图。
- 使用"链接"面板管理置入的文件。
- 调整图形的显示质量。
- 使用各种方法置入用 Photoshop 创建的图像和用 Illustrator 创建的图形。
- 使用各种调整图形、图像大小的方法。

- 处理各种背景。
- 通过操纵路径和图层来调整图形、图像的外观。
- 创建定位的图形框架。
- 绕定位的图形框架排列文本。
- 用图形填充文字。
- 创建和使用对象库。

学习本课大约需要 **75**分钟

　　置入在 Photoshop、Illustrator ，或者其他图形、图像处理程序中制作的文件，可轻松地改善文档的视觉效果。如果这些置入的文件被修改，InDesign 将指出这些文件有新版本，用户可更新或替换置入的文件。

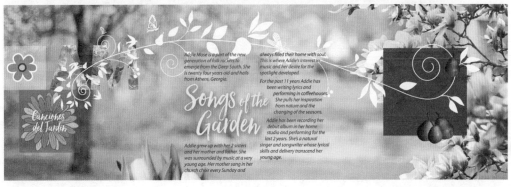

11.1 概述

本课将置入、处理和管理来自 Photoshop、Illustrator 和 Acrobat 的文件，制作一个 6 页的 CD 封套。印刷并折叠后，该封套将适合 CD 盒的大小。

本课包含可使用 Photoshop 完成的操作。

① 为确保你的 InDesign 首选项和默认设置与本课所述一样，请将 InDesign Defaults 文件移到其他文件夹中，详情请参阅"前言"中的"另存和恢复 InDesign Defaults 文件"。

② 启动 InDesign。选择"文件">"打开"，打开 InDesignCIB\Lessons\Lesson11 文件夹中的 11_Start.indd 文件。

③ 如果出现一个对话框指出该文件链接的源文件已修改，请单击"不更新链接"按钮，本课后面会对此进行修复。

④ 如果有必要，关闭"链接"面板以免它遮住文档。每当用户打开包含缺失或已修改链接的 InDesign 文档时，"链接"面板都将自动打开。

⑤ 为确保你的 InDesign 面板和菜单命令与本课使用的相同，选择"窗口">"工作区">"[高级]"，再选择"窗口">"工作区">"重置'高级'"。

⑥ 若要查看完成后的文档，打开 Lesson11 文件夹中的 11_End.indd 文件，效果如图 11.1 所示。如果有必要，可让该文件保持打开状态，以供工作时参考。查看完毕后，选择"窗口">11_Start.indd 或单击文档窗口左上角的标签 11_Start.indd 切换到该文档。

图 11.1

⑦ 选择"文件">"存储为"，将文件重命名为 11_cdinsert.indd，并将其存储在 Lesson11 文件夹中。

💡 **注意** 执行本课的任务时，请根据需要移动面板和修改缩放比例。有关这方面的详细信息，请参阅 1.5 节。

11.2 置入来自其他软件的图形、图像

InDesign 支持很多常见的图形、图像文件格式。虽然这意味着你可以使用在各种图形、图像处理程序中创建的内容，但 InDesign 同其他 Adobe 专业图形、图像处理程序（如 Photoshop、Illustrator 和 Acrobat）协作时最顺畅。例如，对于有些 InDesign 特性，这些文件格式是支持的，但其他文件格式不支持。

默认情况下，置入的图形或图像被链接到 InDesign 文档中（而不是嵌入其中），这意味着虽然 InDesign 在版面上显示了图形或图像文件的预览效果，但并没有将整个文件复制到 InDesign 文档中。

链接图形或图像文件的主要优点有 4 个。第一，可缩小 InDesign 文档，因为它不包含嵌入的图形或图像数据；第二，可使用创建链接的图形、图像处理程序编辑它，再在 InDesign 的"链接"面板中更新链接；第三，链接的文件被修改时，InDesign 将告知用户；第四，可节省磁盘空间。更新链接的文件时，将保持置入文件的位置和设置不变，但会使用更新后的图形或图像替换 InDesign 中的预览图形或图像。

"链接"面板（选择"窗口">"链接"）中列出了链接的所有文件，该面板提供了用于管理链接的按钮和命令。打印 InDesign 文档或将其导出为 Adobe 便携式文档格式（PDF）文件时，InDesign 使用外部存储的置入文件的原始版本，以提供尽可能高的品质。

11.3 比较矢量图形和基于像素的图形

绘图工具 InDesign 和 Illustrator 创建的是矢量图形，这种图形是由基于数学表达式的形状组成的。矢量图形由平滑线组成，缩放后依然清晰，适用于制作插图、图表、文字及徽标等。无论放大到何种程度，矢量图形的图像质量都不会降低。

基于像素的图形也被称为位图或光栅图像，它们由像素网格组成，通常使用数码相机拍摄，再使用 Photoshop 等图像编辑软件进行修改，或者直接使用 Photoshop 创建。处理基于像素的图形时，编辑的是像素而不是对象或形状。基于像素的图形适合于连续调图像，如照片或在绘画程序中创建的作品。光栅图像文件通常比尺寸类似的矢量图形文件大。基于像素的图形的一个缺点是：放大后清晰度会下降且出现锯齿。换言之，基于像素的图形放大后，图形的品质会降低，如图 11.2 所示。

绘制为矢量图形的徽标　　　　　　　光栅化为 300dpi 位图后

图 11.2

一般而言，使用矢量绘图工具创建的线条清晰的线条图（如徽标）或文字，可以很小（如放在名片上），也可以很大（如放在招贴画上）。可使用 InDesign 中的绘图工具来创建矢量图形，也可使用 Illustrator 中种类繁多的矢量绘图工具来创建矢量图形。可使用 Photoshop 来创建具有绘图或摄影般柔和线条的图像、对图片进行修饰或修改，以及对线条图应用特殊效果。

11.4 管理置入的文件

打开本课要处理的文档时，会出现一个警告消息框，指出链接的文件存在的问题。下面通过"链接"面板解决这些问题，该面板提供了有关文档中所有链接的文件的完整状态信息。

通过"链接"面板，你可以使用众多方式管理置入的文件，如更新置入后发生了变化的文件、替换文件。

> 💡 **提示** 默认情况下，对于置入的文本文件和电子表格文件，InDesign 不会创建指向它们的链接。要改变这种设置，可在"首选项"对话框的"文件处理"部分勾选"置入文本和电子表格文件时创建链接"复选框。

11.4.1 查找置入的图像

要查找已置入文档中的图像，可以采用两种使用"链接"面板的方法。

在本课后面，还将使用"链接"面板来编辑和更新置入的图形。

❶ 在文档窗口左下角的"页面"下拉列表中选择 1，如图 11.3 所示，让该页面在文档窗口中居中显示。

❷ 如果"链接"面板不可见，选择"窗口">"链接"或单击面板停放区中的"链接"面板图标（ ⮜ ）。

图 11.3

❸ 使用选择工具选择第 1 页的徽标文字 Songs of the Garden，注意，"链接"面板中徽标文字所在的文件的文件名 Title.ai 被选中，如图 11.4 所示。

A. 文件名栏　B. 状态栏　C. 页面栏　D. "显示/隐藏链接信息"按钮　E. "从 CC 库重新链接"按钮　F. "重新链接"按钮　G. "转到链接"按钮　H. "编辑原稿"按钮　I. "在列表中选择下一个链接"按钮　J. "在列表中选择上一个链接"按钮　K. "更新链接"按钮

图 11.4

下面使用"链接"面板查找版面上的另一个图形。

❹ 在"链接"面板中选择 RR-logo.ai，单击"转到链接"按钮（ ⮜ ）。该文件对应的图形将被选

中且位于文档窗口中央。这是一种在文档中快速查找对象的方法。

> ♀ 提示　也可在"链接"面板中单击文件名右边的页码来转到链接的对象，并使其位于文档窗口中央。

在本课中或需要处理大量置入的文件时，这些识别和查找链接对象的方法很有用。

11.4.2　查看有关链接文件的信息

"链接"面板让用户可以轻松地处理链接的文件，以及显示更多有关链接文件的信息。

> ♀ 提示　拖曳"链接"面板的标签可将该面板与其所属的面板组分开。将面板分离后，便可通过拖曳其边缘或右下角来调整其大小。

❶ 在"链接"面板中选择 Sunflower_2.psd。如果在不滚动的情况下无法看到所有链接文件的名称，请向下拖曳"链接"面板中间的分隔线，扩大该面板的上半部分，以便能够看到所有链接。"链接"面板的下半部分为"链接信息"部分，显示了有关选定链接的详细信息。

❷ 在"链接"面板中，单击"在列表中选择下一个链接"按钮（ ▶ ），查看"链接"面板列表中下一个文件（ RR-logo.ai ）的信息。用这种方式可依次查看列表中所有链接文件的信息。当前，大多数链接的状态栏都显示了警告图标（ ⚠ ），这表明存在链接问题，稍后将解决这些问题。查看各个文件的链接信息后，选择"编辑">"全部取消选择"，再单击"链接信息"上方的"显示 / 隐藏链接信息"按钮（ ⌄ ），以隐藏"链接信息"部分。

默认情况下，"链接"面板中的文件是按页码排序的，且在文档中被多次使用的文件排在最前面。可以按其他标准对文件列表进行排序，方法是单击栏标题。下面来添加一些其他的栏，以便能看到更多信息。

> ♀ 注意　在本课要处理的文档中，页码是根据折叠后的结果进行编排的。第 1 个跨页为第 5、6 和 1 页，因为它们分别是封面、封底和折页；第 2 个跨页为内页——第 2 ~ 4 页。在"链接"面板中，链接的文件正是按这样的顺序（页面 5、6、1、2、3、4 ）排列的。

❸ 要查看链接信息，另一种方式是对"链接"面板中各栏显示的信息进行定制，这种方式更快捷。在"链接"面板菜单中选择"面板选项"，在打开的对话框中勾选"显示栏"下方的"色彩空间""实际PPI""有效 PPI""透明度"复选框，单击"确定"按钮（在你的工作流程中，有些信息可能与这里不同）。

> ♀ 注意　对于光栅图像，分辨率的度量单位为像素 / 英寸。

> ♀ 提示　有效分辨率是由图像的实际分辨率及其在 InDesign 中的缩放程度决定的。用于高品质打印时，图像的有效分辨率不能低于 300 像素 / 英寸。因此，放大图像时必须小心，确保其有效分辨率不低于 300像素 / 英寸。

❹ 向左拖曳"链接"面板的左边缘，以便能够看到新增的栏。在"链接"面板中，新增的栏中显示了前面指定的信息；向右拖曳第 1 栏的分隔线，让这栏宽到能够显示完整的文件名，如图 11.5所示。使用这种定制视图，可快速获悉有关置入的文件的重要信息，例如，是否有图像放得太大，从而影响打印效果（如边缘呈锯齿状、模糊不清或像素化）。

在"面板选项"对话框中勾选的复选框对应的信息将出现在"链接"面板的新增栏中，可以像调整第 1 栏那样，调整其他各栏的宽度，还可以通过拖曳各栏调整它们的排列顺序（在这个练习中，使用的有些图像的分辨率较低，这一点你可以很清楚地看到）

图 11.5

11.4.3 在资源管理器（Windows）或 Finder（macOS）中显示文件

虽然"链接"面板提供了有关置入文件的属性和位置等信息，但并不支持用户修改文件或文件名。使用"在资源管理器中显示"（Windows）或"在 Finder 中显示"（macOS）命令，可访问置入文件的原始文件。

> 💡 注意 对于缺失的链接，"在资源管理器中显示"（Windows）或"在 Finder 中显示"（macOS）命令不可用。

❶ 选择 Sunflower_2.psd。在"链接"面板菜单中选择"在资源管理器中显示"（Windows）或"在 Finder 中显示"（macOS），如图 11.6 所示。这将打开链接文件所在的文件夹并选择相应文件。这种功能对于在硬盘中查找文件很有用。

图 11.6

❷ 关闭资源管理器或 Finder 并返回 InDesign。

11.5　更新链接

即便文件已被置入 InDesign 文档，也可使用其他软件对其进行修改。"链接"面板会指出哪些文件在 InDesign 外被修改了，让用户能够及时更新 InDesign 文档，以便使用这些文件的最新版本。

在"链接"面板中，Title.ai 文件的状态栏中有一个警告图标（ ⚠ ），这表明原稿被修改过。正是该文件及其他一些文件导致打开文档时出现警告消息。下面更新该文件的链接，让 InDesign 文档使用该文件的最新版本。

❶ 如果有必要，在"链接"面板中，单击 Title.ai 文件左侧的箭头（ ＞ ），以显示该置入文件的两个实例。选择位于第 1 页的 Title.ai 文件实例，并单击"转到链接"按钮，以便在放大的视图下查看该图形，如图 11.7 所示。可以看到在页面中，图形框架的左上方也有链接已修改图标（ ⚠ ）。更新链接时并非一定要执行这一步，但如果要核实将更新的是哪个置入的文件并查看结果，这是一种快速的方法。

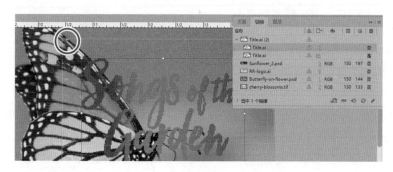

图 11.7

❷ 单击"更新链接"按钮（ ⟳ ），文档中图形的外观将发生变化，呈现最新的版本。在"链接"面板中，对应的链接已修改图标消失了，同时，页面中图形框架左上角附近的链接已修改图标变成了 OK 图标（ ∞ ），如图 11.8 所示。

❸ 单击标题后面的图像 Cover-Butterfly.psd，可以看到其图形框架的左上角附近出现了一个与"链接"面板中类似的链接已修改图标（可能需要向上滚动才能看到这个图标）。使用选择工具单击这个图标以更新该图像，如图 11.9 所示。

❹ 为更新其他所有已修改的图形文件，在"链接"面板菜单中选择"更新所有链接"。

图 11.8   图 11.9

下面将第 1 个跨页中的蝴蝶图像替换为另一幅图像。你将使用"重新链接"按钮（ 🔗 ）给这个链接指定另一幅图像。

① 选择"视图">"使跨页适合窗口"。

② 如果有必要，使用选择工具选择第 1 页的图像 Cover-Butterfly.psd。如果单击内容抓取工具，选择的将是图像而非框架，这里选择什么都行。可根据"链接"面板中选定的文件名来判断是否选择了正确的图像。

③ 在"链接"面板中单击"重新链接"按钮。

④ 在弹出的对话框中选择 Lesson11 文件夹中的 Cover-RedFlower.psd 文件，单击"打开"按钮。新图像将替换原来的图像，"链接"面板也将更新。

⑤ 单击粘贴板的空白区域以取消对所有对象的选择。

⑥ 选择"文件">"存储"，保存所做的工作。

在"链接"面板中查看链接状态

在"链接"面板的状态栏中，可以用如下方式查看文件的链接状态。

• 对于最新的文件，什么都不显示。

• 对于修改过的文件，显示一个带感叹号的黄色三角形图标（ ⚠ ）。该图标表明磁盘上的文件在置入后被修改了。例如，如果将一个 Photoshop 文件置入 InDesign 中，然后你或其他人使用 Photoshop 编辑并保存了原始文件，InDesign 的"链接"面板中将出现该图标。要更新已修改的文件，可在"链接"面板中选择它，再在"链接"面板菜单中选择"更新链接"或单击"更新链接"按钮，还可单击"链接"面板或图形框架中的链接已修改图标。

• 对于缺失的文件，显示一个带问号的红色八边形图标（ ⑦ ）。这个图标意味着文件不在最初置入时所在的位置，它可能在其他地方。如果原始文件置入后，有人将其重命名、删除或移到其他文件夹或服务器中，就会出现这种情况。在找到缺失文件之前，无法知道它是否是最新的。如果在出现该图标时打印或导出文档，相应的内容可能不会以全分辨率形式打印或导出。

• 对于被嵌入 InDesign 文档中的内容，显示一个嵌入图标（ 🗃 ）。要嵌入内容，可在"链接"面板中选择相应的文件名，再在"链接"面板菜单中选择"嵌入链接"。嵌入链接的文件内容后，对链接的管理操作将不起作用；取消嵌入后，对链接的管理操作将重新发挥作用。

显示性能和 GPU

InDesign 支持显卡包含 GPU 的计算机。如果你的计算机中安装了兼容的 GPU 卡，InDesign 将自动使用 GPU 来显示文档，并将默认的"显示性能"设置为"高品质显示"。如果你的计算机中没有安装兼容的 GPU 卡，"显示性能"的默认设置为"典型显示"。本书假设你的计算机中没有安装兼容的 GPU 卡，但如果你的计算机中安装了兼容的 GPU 卡，可忽略切换到"高品质显示"的步骤。有关 InDesign 对 GPU 的支持的详细信息，请参阅 Adobe 官网的帮助文件。

11.6　调整图形的显示质量

解决完所有的文件链接问题后，便可以开始置入其他图形了。但在此之前，需调整本课前面更新的 Illustrator 文件 Title.ai 的显示质量。

用户将图形置入文档时，InDesign 会根据当前在"首选项"对话框中的"显示性能"部分的设置自动创建其低分辨率预览（代理）。当前，该文档中的所有图像都是低分辨率代理，这就是图像的边缘呈锯齿状的原因。降低置入图形的屏幕质量可加快页面的显示速度，而不会影响最终输出的质量。你可分别设置每幅图像的显示性能，也可设置整个文档的显示性能。

💡提示　要修改 InDesign 默认使用的显示性能设置，可在没有打开任何文档的情况下选择所需的显示性能设置。

❶ 在"链接"面板中，选择你在前一节中更新链接的文件 Title.ai（在第 1 页上）。单击"转到链接"按钮，使其显示在文档窗口中央。

❷ 在 Songs of the Garden 上单击鼠标右键（Windows）或按住 Control 键并单击（macOS），再在上下文菜单中选择"显示性能">"高品质显示"，将其以全分辨率显示，如图 11.10 所示。通过这种方法，可确定在 InDesign 文档中置入的各个图形的清晰度、外观或位置。选择"编辑">"全部取消选择"。

 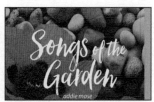

图 11.10

❸ 为修改整个文档的显示性能，选择"视图">"显示性能">"高品质显示"，所有图形都将以高品质显示。如果 InDesign 的反应速度变得很慢，请将"显示性能"恢复到"典型显示"。

💡提示　使用的计算机较旧且文档包含大量置入的图形时，"高品质显示"设置可能导致屏幕重绘速度减慢。在大多数情况下，明智的选择是将"显示性能"设置为"典型显示"，再根据需要修改某些图形的显示质量。

11.7　置入图像并调整其大小

要在 InDesign 中置入图像，最简单的方式是选择"文件">"置入"，通过"置入"对话框置入。还有其他几种置入图像的方式，本节会一一介绍。

11.7.1　置入、调整大小和裁剪

① 导航到第 5 页。单击面板停放区中的"图层"面板图标，打开"图层"面板，选择图层 Photos，以便将置入的图像放到这个图层中。选择"文件">"置入"，在弹出的对话框中切换到 Lesson11 文件夹，选择 Blue-Hydrangea.psd 文件，单击"打开"按钮，鼠标指针将变成置入图像图标。

② 将鼠标指针指向页面上方的粘贴板区域并单击，这将以独立于既有框架的方式置入图像，因此 InDesign 将自动创建一个用于放置图像的框架，并将图像缩放到实际大小（100%），如图 11.11 所示。

③ 在实际尺寸下，这幅图像太大了，因此需要缩小它。为此，可在控制面板中输入缩放百分比或尺寸，让 InDesign 根据选择的参考点沿相应的方向将图像缩放到指定尺寸；也可以通过可视化方式进行缩放。选择选择工具，按住 Shift + Ctrl（Windows）或 Shift + Command（macOS）组合键，并向左上方拖曳右下角的手柄。拖曳时注意观察控制面板中的大小和缩放比例值（或鼠标指针旁边的灰色框），等到图像的高度大约为 2 英寸时松开鼠标左键，如图 11.12 所示。拖曳时按住 Ctrl 或 Command 键将同时缩放框架及其内容（这里是图像）；而按住 Shift 键可保持图像的宽高比不变，以免图像发生扭曲。

图 11.11　　　　　　　　　　　　　　　图 11.12

> 💡 注意　本课的很多步骤中都使用了控制面板，你也可使用"属性"面板，但在"高级"工作区中，默认没有打开"属性"面板。要打开它，可选择"窗口">"属性"。为节省屏幕空间，请将其停放到面板停放区，方法是将其标签拖曳到面板停放区底部，这样就可根据需要通过单击来打开或关闭它。

④ 将图像拖曳到页面左上角的空框架右边，直到出现智能参考线，显示它与这个空框架顶对齐后松开鼠标左键。

⑤ 现在将大部分叶子都裁剪掉。为此，可调整框架的大小，而不调整其包含的图像的大小。向内拖曳框架右下角的手柄，直到大部分叶子都不可见。单击内容抓取工具，注意图像的定界框（其颜色与图层颜色形成了鲜明的对比）比框架的大得多，这表明有一部分图像被框架裁剪掉了。向左上方拖曳图像，让花朵在框架内居中，如图 11.13 所示。

对象顶端对齐时会出现绿色的智能参考线。将图像置入较小的框架中时，注意到图像的定界框位于图形框架外面，且其颜色与图层颜色形成鲜明的对比

图 11.13

11.7.2　将图像置入既有框架并使用框架适合选项

通过"置入"对话框还可将图像置入既有框架中。

❶ 单击图像 Blue-Hydrangea.psd 左边的空框架。选择"文件">"置入"，在弹出的对话框中选择文件 Butterfly-on-flower.psd，单击"打开"按钮。这次图像被置入选定框架中。同样，它也是以实际大小（100%）显示的，这显然太大了，因为框架中只显示了蝴蝶的一部分。

❷ 选择"对象">"适合">"使内容适合框架"，结果如图 11.14 所示。从结果可知，图像确实在框架内，但蝴蝶发生了扭曲（沿垂直方向拉伸）。为确认这一点，单击框架中央的内容抓取工具（以便能够查看有关图像而不是框架的数据），再查看控制面板或"属性"面板中的缩放值。水平缩放值和垂直缩放值的差别很大，这表明图像确实被扭曲了，如图 11.15 所示。

图 11.14

图 11.15

💡提示　所有框架适合选项都以按钮的方式出现在控制面板和"属性"面板中，如图 11.16 所示。

控制面板中的框架适合选项　　　　"属性"面板中的框架适合选项

图 11.16

❸ 为了在不扭曲的情况下缩放图像，选择"对象">"适合">"按比例适合内容"。图像没有扭曲，但太小了（空出了框架的下半部分），如图 11.17 左图所示。选择"对象">"适合">"按比例填充框架"，这个选项不会导致图像扭曲，但如果图像与框架的形状不同（这里就是这样），图像将被

裁剪掉一部分。然而，这也不是我们想要的，因为蝴蝶在框架内太偏右了，如图 11.17 右图所示。

④ 选择"对象">"适合">"内容识别调整"。这个选项会在你将图像置入框架时对图像各部分进行评估，并将最佳的部分显示在框架中。蝴蝶和花朵现在几乎在框架中居中，如图 11.18 所示。如果需要，你可微调位置。

图 11.17

图 11.18

⑤ 选择左下角的圆形图形框架，并置入图像 Calla-Lilly.psd。这个框架被设置成以 100% 的比例显示图像，并让图像在框架中居中。然而，虽然图像居中了，其中的主体（花朵）并不在框架中央，如图 11.19 左图所示。选择圆形框架或其中的图像，再选择"对象">"适合">"内容识别调整"，现在花朵位于圆形框架中央了，如图 11.19 右图所示。可以看到 InDesign 不仅移动了图像，还缩放了图像。

💡 注意　可在置入图形前给框架指定适合设置，在后面的一个练习中将这样做。

图 11.19

11.7.3　直接拖曳图像文件将图像置入既有框架中

另一种置入图像的方式是，直接拖曳将图像文件到框架中。

① 请切换到文件资源管理器（Windows）或 Finder（macOS），并打开 Lesson11 文件夹，其中包含 Startflower.jpg 文件。

根据需要调整资源管理器窗口（Windows）或 Finder 窗口（macOS）和 InDesign 窗口的大小，并重新排列它们，以便能够同时看到 Lesson11 文件夹中的文件列表和 InDesign 文档窗口。确保能够看到第 5 页的右边。

② 选择"编辑">"全部取消选择"。将 Startflower.jpg 文件拖曳到圆形框架右边的空框架上，松开鼠标左键，如图 11.20 所示。拖放前无须选择这个空的图形框架。

图 11.20

③ 单击内容抓取工具，注意到图像定界框（蓝色）比图形框架（橙色）小。选择图形框架，选择"对象">"适合">"使框架适合内容"，然后切换到选择工具，并将图像移到你认为合适的位置。移到合适的位置后，选择"编辑">"全部取消选择"。

11.7.4 使用 Adobe Bridge 置入图形

Adobe Bridge 是一个独立的应用程序，安装了任何 Adobe 应用程序的 Adobe Creative Cloud 用户都可使用它。它是一个跨平台应用程序，让用户能够在本地计算机和网络上查找文件，再将其置入 InDesign。置入文件只是 Adobe Bridge 提供的众多功能之一。如果你没有安装 Adobe Bridge，可通过直接拖曳图像文件来完成本小节的任务，但需要将文件夹视图设置为图标。

① 导航到第 1 页。选择"文件">"在 Bridge 中浏览"，启动 Adobe Bridge，Adobe Bridge 将自动打开当前 InDesign 文档或当前选定图像所在的文件夹。如果 Adobe Bridge 没有这样做，请单击左上角的"文件夹"标签，再切换到 Lesson11 文件夹，如图 11.21 所示。

拖曳窗口底部的滑块可增大或缩小缩览图。Adobe Bridge 让你能够快速
而轻松地预览、组织、编辑和发布多项创意资产，它还能够显示有关每项资产的详尽信息

图 11.21

> ♀ 注意 如果你没有安装 Adobe Bridge，当选择"在 Bridge 中浏览"命令时，Adobe Creative Cloud 将安装它。在 InDesign 中首次启动 Adobe Bridge 时，将出现一个对话框，询问你是否要启用 Adobe Bridge 扩展，请单击"是"按钮启用这个扩展。

提示 要更深入地了解使用 Adobe Bridge 可以做什么，请参阅 Adobe 网站的 Bridge 页面。

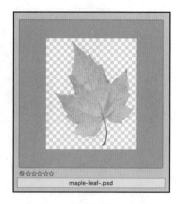

图 11.22

② 向下滚动，以便能够看到枫叶图像。单击名为 maple-leaf-.psd 的图像，再单击文件名，以便能够编辑它，如图 11.22 所示。将这个文件重命名为 maple-leaf-yellow.psd，再按 Enter 键确认修改。

③ 如果有必要，拖曳右下角来缩小 Adobe Bridge 窗口，再调整其位置，以便能够看到 InDesign 文档的第 1 页（封面）；另外，在 InDesign 中向上滚动，以便能够看到上方的粘贴板。将 maple-leaf-yellow.psd 文件拖曳到 InDesign 文档中深蓝色矩形上方的粘贴板上，如图 11.23 所示。在粘贴板上单击，切换到 InDesign 并将图像以 100% 的比例置入。

图 11.23

④ 使用选择工具将这个枫叶图像放到第 1 页左上角的深蓝色空框架上面。按住 Shift + Ctrl（Windows）或 Shift + Command（macOS）组合键并拖曳框架的一角，将框架及其内容缩放到比深蓝色框架稍大，再使其上边缘和右边缘分别与深蓝色框架的上边缘和右边缘对齐。

将图像从 Adobe Bridge 拖曳到 InDesign 中的一个很大的优点是，可快速更换框架中的图像，且能够同时在 Adobe Bridge 和 InDesign 中看到图像和结果。这在版面重复但需要置入不同的图像时很有用。下面就来尝试这样做。

⑤ 选择黄色枫叶图像，切换到 Adobe Bridge 并选择 maple-leaf-red.psd 文件。将其拖曳到黄色枫叶图像上，InDesign 将保持缩放比例不变。你只用了几秒，就使用一幅图像替换了另一幅图像，并保持图像的位置不变。请尝试再将图像替换为 maple-leaf-orange.psd。通过内容抓取工具选择这幅图像，在控制面板、"变换"面板或"属性"面板中将参考点设置为中心位置，再在"旋转角度"文

本框中输入 20，在框架内沿逆时针方向旋转图像。通过拖曳将图像替换为红色枫叶图像，可以看到 InDesign 中图像的缩放比例和旋转角度都没变，如图 11.24 所示。

图 11.24

⏻ 提示　要替换图像，也可从资源管理器（Windows）或 Finder（macOS）中将图像拖曳到 InDesign 中的图像上。如果这样做不管用，请检查是不是锁定了要替换的图像所在的图层。

⑥ 为了搞明白参考点对旋转中心和结果的影响，尝试选择不同的参考点（如左上角或右下角）并旋转图像。在很多情况下，通过更换参考点（而不是始终使用默认的参考点设置），可更快地获得想要的结果。

⑦ 选择"文件">"存储"，保存所做的工作。

同时重新链接多个文件

在很多工作流程中，都会遇到这样的情况，即项目链接的文档被移到其他地方了。在这种情况下，当你打开链接了这些文件的 InDesign 文档时，"链接"面板中有很多或全部图像的状态栏都会显示链接缺失图标（ ⊘ ）。InDesign 提供了两种不同的方式帮助你处理这种问题。

一种方式是当你重新链接某幅图像后，InDesign 会在你重新链接时指定的文件夹中查找其他所有缺失的图像。在"重新链接"对话框中，务必勾选"在此文件夹中搜索缺失的链接"复选框（它默认被勾选）。

另一种方式是先在"链接"面板中选择缺失的图像，然后在面板菜单中选择"重新链接到文件夹"，切换到缺失图像所在的文件夹，再单击"选择文件夹"按钮。如果链接的图像被移到了多个不同的文件夹中，可重复这个过程来选择多个文件夹。

⏻ 提示　在"链接"面板中，文件可按状态排序，这样所有缺失链接都将出现在列表开头，让你能够轻松地选择它们。要按状态排序，可单击状态栏的栏标题。

▍11.8　编辑置入的图像

在 InDesign 中工作时，要修改置入的图像，最便捷的方式是使用"编辑原稿"功能。这将在相应的软件（通常是 Illustrator 或 Photoshop）中打开对应的文件。做完所需的修改并保存文件后，所有的修改都将自动在 InDesign 中反映出来。

① 如果"链接"面板没有打开，选择"窗口">"链接"或单击面板停放区中的"链接"面板图标打开它。

② 在"链接"面板中，选择文件名 Blue-Hydrangea.psd，再单击右边的页码，让这幅图像显示在文档窗口中央。

③ 单击"链接"面板底部的"编辑原稿"按钮，如图 11.25 所示。这将在可用来查看或编辑这幅图像的软件中打开它。这幅图像是在 Photoshop 中存储的，如果你的计算机中安装了 Photoshop，InDesign 将启动 Photoshop，并打开这幅图像。如果出现了"嵌入的配置文件不匹配"对话框，请单击"确定"按钮。

图 11.25

> 💡 注意 单击"编辑原稿"按钮时，启动的可能不是 Photoshop 或最初创建这幅图像的软件。当你安装软件时，有些安装程序会修改操作系统中文件类型与应用程序关联的设置，而"编辑原稿"功能根据这些设置将文件关联到软件。要修改这些设置，请参阅你使用的操作系统的帮助文档。

④ 在 Photoshop 中修改这幅图像，如应用滤镜或调整图层，再存储文件，InDesign 将自动进行更新。在 11_End.indd 文件中，通过应用滤镜让背景更模糊了。

11.9　处理各种背景

带背景的图像分为两大类，它们都应用广泛。这两类图像的差别在于前景和背景之间的边缘是清晰的还是模糊的。具体使用哪类边缘取决于图像的内容。

对于前景和背景之间边缘清晰的图像，可使用矢量路径将前景和背景分开，这种路径被称为剪切路径。将包含矢量路径的 Photoshop 文件置入 InDesign 后，可在 InDesign 中启用路径，还可选择同一幅图像中的不同路径。如果图像背景的颜色很淡或为白色，或者主体颜色较淡而背景颜色较深，InDesign 能够自动检测出主体和背景之间的边缘并创建剪切路径。然而，正如第 4 课介绍的，这种方法最适用于简单形状或创建用于文本绕排的路径。

> 💡 提示 在 Photoshop 中，蒙版是用来包含和裁剪图像的形状，位于蒙版形状内的图像部分可见，而位于蒙版形状外面的图像部分不可见。

对于前景和背景之间的边缘不清晰的图像，若要在 Photoshop 中删除其背景，需要使用不透明度和柔和画笔。

11.9.1　在 InDesign 中使用在 Photoshop 中创建的剪切路径

① 在"页面"面板中双击第 4 页的图标切换到该页，选择"视图">"使页面适合窗口"。

② 在"图层"面板中，确保选择了图层 Photos，以便将置入的图像放在该图层中。你可锁定图层 Background photos，以防在背景照片框架或蓝色方框内进行误操作。选择"文件">"置入"，在弹出的对话框中双击 Lesson11 文件夹中的 Pears.psd 文件，鼠标指针将变成置入图像图标。

③ 将鼠标指针指向第 4 页中央的蓝色方框外面，即该方框上边缘的左下方一点（确保没有将鼠标指针放在该方框内），单击置入一幅包含两个梨子的图像。必要时调整图形框架的位置，使其如

图 11.26 所示。

💡 提示   如果不小心在既有框架内单击了，请选择"编辑">"还原'置入'"，再重新操作。

在 Photoshop 中，矢量路径类似于这样（显示了构成剪切路径的点和曲线）

图 11.26

④ 选择"对象">"剪切路径">"选项"。如果有必要，拖曳打开的"剪切路径"对话框，以便能够看到梨子图像。

⑤ 在"类型"下拉列表中选择"Photoshop 路径"。如果没有勾选"预览"复选框，就勾选它。在"路径"下拉列表中选择 Two Pears，这条路径将背景隐藏起来（裁剪掉）了，如图 11.27 所示。单击"确定"按钮。

图 11.27

⑥ 选择"对象">"适合">"使框架适合内容"。

⑦ 切换到选择工具，按住 Shift + Ctrl（Windows）或 Shift + Command（macOS）组合键，单击框架右下角的手柄并向左上方拖曳，同时缩小框架及其内容。将梨子图像缩小到图 11.28 所示的尺寸，再将其拖曳到蓝色方框底部。

💡 提示   要切换到选择工具，可按 V 键。

⑧ 按住 Alt（Windows）或 Option（macOS）键并向右上方拖曳梨子图像进行复制。选择"对象">"剪切路径">"选项"，在打开的对话框的"类型"下拉列表中选择"Photoshop 路径"，再选

择路径 Right Pear，单击"确定"按钮。选择"对象">"适合">"使框架适合内容"。切换到选择工具并通过单击选择框架（原来选择的是内容），使用前面的方法将这个梨子缩小到原来的 80%（缩放对象时，控制面板和"属性"面板会显示缩放比例）。你也可在控制面板或"属性"面板中的"X 缩放比例"文本框中输入 80 并按 Enter 键，将水平方向和垂直方向的缩放比例都设置为 80%（如果"约束缩放比例"按钮没有启用，请按住 Ctrl 键并按 Enter 键）。将这幅图像移到蓝色方框的右上角，如图 11.29 所示。最后，将鼠标指针指向定界框的外面，等鼠标指针变成旋转图标（↻）后顺时针旋转大约 28°，如图 11.30 所示。

图 11.28

图 11.29

图 11.30

> **注意** 当你按住 Alt（Windows）或 Option（macOS）键单击对象时，会出现一个双箭头，这表明如果此时拖曳，将复制一个对象，而原来的对象将留在原地。

⑨ 按住 Alt（Windows）或 Option（macOS）键并向左下方拖曳复制单梨图像。选择"对象">"剪切路径">"选项"，在打开的对话框的"类型"下拉列表中选择"Photoshop 路径"，这次选择路径 Left Pear，单击"确定"按钮。选择"对象">"适合">"使框架适合内容"。切换到选择工具并选择新复制的框架，将鼠标指针指向定界框的外面，等鼠标指针变成旋转图标（↻）后逆时针旋转大约 22°，然后将这幅图像移到底部的两个梨子中间，如图 11.31 所示。

> **提示** 也可在控制面板或"属性"面板的"旋转角度"文本框中输入 22 并按 Enter 键。

图 11.31

⑩ 注意，使用剪切路径可让图像与其他多个对象重叠。你还可将图像移到其他对象前面或后面，请花点时间尝试这样做。

⑪ 选择"文件">"存储"，保存文件。

11.9.2 在 InDesign 中使用在 Photoshop 中创建的透明背景

① 切换到当前跨页中最左边的页面（第 2 页）。方法是按住 Space 键，等鼠标指针变成抓手形状后向右拖曳，直到第 2 页位于文档窗口中央。

② 在工具面板中选择矩形框架工具，在页面底部绘制一个框架，它跨过了第 2 页和第 3 页之间的边界，并延伸到了文档页面下方的粘贴板中。

③ 可在置入图形前指定框架的适合选项。选择"对象">"适合">"框架适合选项"，在打开的"框架适合选项"对话框的"适合"下拉列表中选择"按比例适合内容"，在"对齐方式"部分单击上边缘中间的参考点，单击"确定"按钮，如图 11.32 左图所示。

④ 选择"文件">"置入"，在弹出的对话框中双击 Lesson11 文件夹中的 Tulips.psd 文件，InDesign 将置入相应图像并按比例调整图像，使其适合框架，如图 11.32 右图所示。选择"编辑">"全部取消选择"。

图 11.32

⑤ 下面在不缩放框架的情况下缩放图像。切换到选择工具，将鼠标指针指向前面置入的图像，单击出现的内容抓取工具以选择框架的内容——郁金香图像。可以看到图像的定界框及其手柄，且该定界框的颜色与框架定界框的颜色是互补色。在控制面板或"属性"面板中，将参考点设置为顶部中间，确保启用了"约束缩放比例"按钮，再在"缩放比例"文本框中输入 70 并按 Enter 键。

⑥ 图像缩放时，其顶部中心位置保持不变，因此在放大时图像将向两边和下方延伸。通过拖曳或按箭头键将图像稍微往下移；如果有必要，按 Esc 键重新选择框架，并使用选择工具增大框架。图像的大部分都将被裁剪掉，只有位于上方的花朵和叶子部分显示在框架内，因此显示在页面中的图像部分更少了，如图 11.33 所示。

图 11.33

比起前面的梨子图像，郁金香图像与背景的边缘完全不同。在这里，郁金香图像的边缘完全融合到了背景中，这正是在 Photoshop 中使用不透明度（而不是矢量路径）来删除背景的目的，即创建图像和背景之间的柔和边缘。

11.10 置入 Adobe 原生图形文件

在 InDesign 中置入使用 Adobe 系列软件创建的文件［如 Photoshop 文件（.psd）、Illustrator 文件（.ai）和 Acrobat 文件（.pdf）］后，可以用独特的方式（不能用于其他文件格式的方式）处理它们，如调整图层的可视性。

11.10.1 置入带图层的 Photoshop 文件

下面来处理一个包含多个图层的 Photoshop 文件，并调整每个图层的可视性。如果你在前一节锁定了图层 Background photos，请在"图层"面板中将其解锁。

① 切换到第 1 页（封面）。使用选择工具单击背景图像 Cover-RedFlower.psd，选择"视图">"使页面适合窗口"。这个文件是你在本课前面重新链接的，它包含 4 个图层。

② 选择"对象">"对象图层选项"，打开"对象图层选项"对话框。在这个对话框中，可设置显示或隐藏相应图层。

③ 移动"对象图层选项"对话框，以便能够看到尽可能多的选定图像。勾选"预览"复选框，以在不关闭"对象图层选项"对话框的情况下看到设置将引起的变化。

④ 在"对象图层选项"对话框中，单击图层 Cobblestones 左边的眼睛图标（👁），隐藏这个图层，只留下图层 Red Poppy 可见。

⑤ 在图层 Green Texture 左边的方框中单击以显示该图层。隐藏图层 Green Texture，并显示图层 Sky with Clouds，如图 11.34 所示，单击"确定"按钮。

⑥ 选择"文件">"存储"，保存所做的工作。

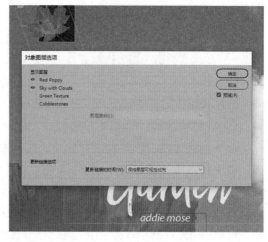

图 11.34

11.10.2 创建定位的图形框架

如果编辑时导致文本重排，定位的图形框架也将发生移动。本小节将把 CD 封套徽标定位到第 3 页的文本框架中。

1️⃣ 在"页面"面板中双击第 2 个跨页，选择"视图">"使跨页适合窗口"。粘贴板底部有徽标 Songs of the Garden，下面将该徽标插入第 3 页的一个段落中。

2️⃣ 按 Z 键切换到缩放显示工具或选择缩放显示工具，单击放大视图，以便能够看清这个徽标及其上方的文本框架。

3️⃣ 选择"文字">"显示隐含的字符"，显示文本中的空格和换行符等。这有助于你确定要将框架定位到哪里。

> 💡 **注意** 置入定位的图形时，并非必须显示隐含的字符，这里这样做是为了帮助你了解文本的结构。

4️⃣ 选择文字工具，并在第 2 段开头的单词 Addie 前面单击。按 Enter 键新建一个空段落。按↑键将光标移到空段落开头，再输入三四个空格。

5️⃣ 使用选择工具单击徽标（务必在内容抓取工具外面单击，以选择框架而不是其中的图形）。可以看到该框架右上角附近有个小型的红色方块，拖曳它可将对象定位到文本中。

> 💡 **注意** 选择徽标后，如果看不到表示定位对象控件的红色方块，请选择"视图">"其他">"显示定位对象控件"。

6️⃣ 按住 Shift 键并拖曳徽标右上角附近的红色方块，将徽标拖曳到空段落开头（你输入的空格前面）。按住 Shift 键可将徽标内嵌在文本内，而不是浮动在文本框架外面。出现很粗的光标（指出图形将插入什么地方）后，松开鼠标左键，如图 11.35 所示。定位图形后，图形框架上的红色方块变成了定位图标，如图 11.36 所示。现在如果编辑第 1 个段落，这个图形将依然停留在两个段落之间，而无须调整其位置。如果在第 1 个段落中添加了文本，图形将下移；如果删除了文本，图形将上移。

图 11.35

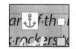

图 11.36

定位图形后，就可使用文字工具选择它，并对其应用影响其位置的文本属性。下面通过设置段前间距增大图形与其周围的文本之间的距离。

⑦ 使用文字工具单击内嵌图形的右边，将光标插入这个段落中。

⑧ 在控制面板中单击"段落格式控制"按钮（ ¶ ）。按住 Shift 键单击"段前间距"文本框旁边的上箭头 4 次，将值改为 1 英寸。当段前间距增大时，定位的图形框架及其后面的文本将下移，同时光标也更高了（反映段前间距增大了），如图 11.37 所示。

图 11.37

💡提示 段落的行间距被设置为自动时，内嵌图形将不会与它上方或下方的任何文本重叠。

💡提示 单击上箭头时如果按住 Shift 键，可增大 InDesign 调整数值时的增量。具体的增量随"首选项"对话框中的度量单位的设置而异。度量单位为英寸时，按住 Shift 键时增量为 0.25 英寸，不按住 Shift 键时增量为 0.0625 英寸；度量单位为毫米时，按住 Shift 键时增量为 10 毫米，而不按住 Shift 键时增量为 1 毫米。

⑨ 编辑文本时，定位的图形将相应地移动。例如，在第 1 段末尾的句点右边单击，并按 Enter 键两次。注意，每当你按 Enter 键时，定位的图形都将向下移动。按 Backspace（Windows）或 Delete（macOS）键两次，将刚才添加的换行符删除，可以看到图形又向上移到了原来的位置。

⑩ 选择"文件">"存储"，保存所做的工作。

11.10.3　给定位图形框架设置文本绕排

可定制段落文本沿定位的图形框架绕排的方式。文本绕排让你能够沿图形框架或其中的图形排列文本，并可使用众多不同的选项。

① 使用选择工具选择前面定位的包含徽标 Songs of the Garden 的图形框架。

② 按住 Ctrl + Shift（Windows）或 Command + Shift（macOS）组合键，并向右上方拖曳框架右上角的手柄，直到将这个图形及其框架放大到有 15% ~ 20% 的部分位于第 2 栏中。将图形向下拖曳，使其上边缘位于第 1 个段落的下方，如图 11.38 所示。

③ 选择"窗口">"文本绕排"，打开"文本绕排"面板；调整这个面板的位置，以便设置时能够看到效果。在"文本绕

图 11.38

排"面板中单击"沿对象形状绕排"按钮,让文本沿图形绕排。

❹ 在"绕排选项"部分的"绕排至"下拉列表中选择"右侧",在"轮廓选项"部分的"类型"下拉列表中选择"与剪切路径相同"。为增大图形定界框与环绕文本之间的距离,单击"上位移"文本框旁边的上箭头 3 次,将值增大到 0.1875 英寸,如图 11.39 所示。

图 11.39

也可让文本沿图形形状而不是其矩形定界框绕排。

❺ 在"文本绕排"面板"轮廓选项"部分的"类型"下拉列表中选择"检测边缘",保持其他设置不变。边缘检测会生成一条矢量路径,因此文本的绕排情况取决于图形中对象(这里是字母)的形状,如图 11.40 所示。

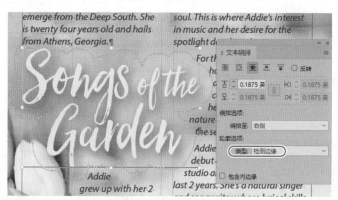

图 11.40

❻ 为了更清楚地查看结果,选择"编辑">"全部取消选择",再选择"文字">"不显示隐藏字符",隐藏换行符和空格等。你也可在"正常"模式和"预览"模式之间切换以查看效果,但不要关闭"文本绕排"面板。

❼ 在"文本绕排"面板中,尝试选择"绕排至"下拉列表中的各个选项。尝试完毕后重新选择"右侧"。

使用轮廓选项"检测边缘"时,生成的路径是可编辑的矢量路径,其中有锚点和手柄。你可手动拖曳调整锚点的位置,还可使用钢笔工具添加或删除锚点,以及在角点和平滑点之间转换。你可使用直接选择工具调整锚点的手柄，从而修改曲线的形状。

⑧ 使用直接选择工具单击该图形，查看用于文本绕排的锚点，如图 11.41 所示。尝试移动各个锚点，这将导致文本重排。

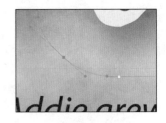

图 11.41

⑨ 查看 11_End.indd 文件中的这条路径，可以看到在图形底部，很多锚点都被删除了，这是为了更好地控制下一个段落中第 1 行文本的排列。你可参考 11_End.indd 中的这条路径进行练习，但不必让你的路径与它完全相同。

> **提示** 在选择了钢笔工具的情况下，将鼠标指针指向锚点时，鼠标指针将包含一个减号，表示单击该锚点可将其删除。

⑩ 关闭"文本绕排"面板，选择"文件">"存储"保存文件。

11.10.4　置入 Illustrator 文件

InDesign 可充分利用矢量图形（如来自 Illustrator 的矢量图形）的平滑边缘。在 InDesign 中使用"高品质显示"时，在任何尺寸或缩放比例下，矢量图形和文字的边缘都是平滑的。

❶ 在"图层"面板中选择图层 Graphics。选择"编辑">"全部取消选择"，确保没有选择文档中的任何对象。

❷ 选择"视图">"使跨页适合窗口"，以便能够看到整个跨页。

❸ 选择"文件">"置入"，在弹出的对话框中选择 Lesson11 文件夹中的 Illustrator 文件 Garland.ai，确保没有勾选"显示导入选项"复选框，单击"打开"按钮，鼠标指针将变成置入图形图标。

❹ 单击跨页的左上角，将这个 Illustrator 文件置入页面中，再使用选择工具将其拖曳到图 11.42 所示的位置。在 Illustrator 中创建的图形背景默认是透明的。

> **注意** 如果置入的 Illustrator 文件带有白色背景，需将其删除后重新置入，并在"置入"对话框中勾选"显示导入选项"复选框，再在"置入 PDF"对话框中勾选"透明背景"复选框。

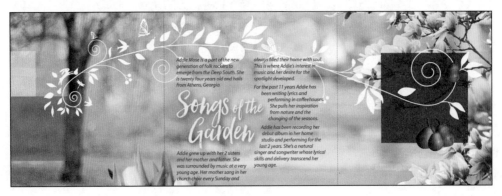

图 11.42

❺ 选择"文件">"存储"，保存所做的工作。

11.10.5　置入包含多个图层的 Illustrator 文件

可将包含图层的 Illustrator 文件置入 InDesign 中，并控制图层的可见性。这项功能的用途之一是发布文档的不同版本：将不同的部分放在独立的图层中，并在不同的版本中显示不同的图层，同时保持设计的主要部分不变。

❶ 单击文档窗口中的粘贴板以确保没有选择任何对象。单击跨页最左边的红色框架左边的空图形框架。

❷ 选择"文件">"置入"，在打开的"置入"对话框的左下角，勾选"显示导入选项"复选框，选择 Flower-Title.ai 文件，单击"打开"按钮。勾选"显示导入选项"复选框后，将打开"置入 PDF"对话框，这是因为 Illustrator 文件使用的是 PDF 文件格式。

❸ 在"置入 PDF"对话框中，确保勾选了"显示预览"复选框。切换到"常规"选项卡，在"裁切到"下拉列表中选择"定界框（所有图层）"，并确保勾选了"透明背景"复选框。

❹ 单击"图层"选项卡以查看图层。该文件包含 3 个图层：由花朵构成的背景图层（Flower Drawing）、包含英文文本的图层（English Title）及包含西班牙语文本的图层（Spanish Title），如图 11.43 所示。

图 11.43

虽然在这里可指定要在置入的图形中显示哪些图层，但过小的预览区域无法清晰地展示结果。

❺ 单击"确定"按钮。下面在版面中选择要显示哪些图层。

❻ 按 Ctrl + =（Windows）或 Command+ =（macOS）组合键两三次，放大这个图形并使其位于文档窗口中央。单击这个图形的内容抓取工具，以便缩放图形（内容）而不是框架（容器）。单击"X 缩放比例"或"Y 缩放比例"文本框右边的箭头（ ∨ ）并选择 75%。请注意，在"属性"面板中进行设置时，可能需要单击"变换"部分右下角的"更多选项"按钮，才能显示这里说的"X 缩放比例"和"Y 缩放比例"文本框。InDesign 将缩放这个图形并使其在框架内居中，如图 11.44 所示。

❼ 按 Esc 键选择框架，再按住 Shift 键单击半透明的红色框架；再次单击红色框架，将其设置为关键对象。在控制面板、"对齐"面板或"属性"面板中，单击"水平居中对齐"和"垂直居中对齐"按钮，让花朵位于红色框架中央，如图 11.45 所示。

图 11.44

图 11.45

⑧ 选择"编辑">"全部取消选择"。单击花朵图形以选择它,选择"对象">"对象图层选项"。如果有必要,移动"对象图层选项"对话框,以便能够看到文档中的图形。

⑨ 勾选"预览"复选框,再单击图层 English Title 左边的眼睛图标,将该图层隐藏。单击图层 Spanish Title 左边的空框显示该图层,如图 11.46 所示。单击"确定"按钮,选择"编辑">"全部取消选择"。

图 11.46

使用包含多个图层的 Illustrator 文件让你能够在一个文件中存储一个插图的多种样式,而无须根据每种用途创建不同的文档。

11.11 使用主体识别文本绕排

与内容识别调整类似,主体识别文本绕排使用人工智能来找出图片中的主体,并创建一条环绕该主体的文本绕排路径。这项功能适用于没有背景的图像。

❶ 切换到第 6 页，选择"视图">"使页面适合窗口"，让这个页面显示在屏幕中央。

❷ 使用选择工具单击向日葵图像，它位于包含编号列表的文本框架后面（这个编号列表列出了 CD 中的歌曲）。

❸ 如果你在前面关闭了"文本绕排"面板，请选择"窗口">"文本绕排"将其打开。调整这个面板的位置，以便调整设置时能够看到变化。在"文本绕排"面板中，单击"沿对象形状绕排"按钮（▣），让文本沿图像绕排，如图 11.47 左图所示。当你使用"文本绕排"面板时，InDesign 可能会播放演示"主体识别绕排"功能的动画，请单击"确定"按钮，关闭这个动画，如图 11.47 右图所示。

图 11.47

❹ 在"轮廓选项"部分的"类型"下拉列表中选择"选择主体"（可能已经默认选择它了）。

❺ 可以看到创建的一条环绕向日葵花瓣的路径，曲目文本沿这条路径绕向日葵排列。为让文本排列得更平滑，需要调整位移设置。为此，单击"上位移"（▣）文本框左侧的上箭头 4 次或在这个文本框中输入"0.25 英寸"，如图 11.48 所示。关闭"文本绕排"面板。

与本书前面介绍过的"内容识别适合"一样，主体识别文本绕排也使用人工智能来确定图像中的主体

图 11.48

❻ 现在曲目文本绕向日葵排列得更美观了，但向日葵图像的文本绕排设置影响到了下面的地址文本，这不是我们想要的结果。为防止地址文本沿这条路径排列，使用选择工具选择包含地址文本的文本框架（它位于徽标 ricky records 的右边）。

❼ 选择"对象">"文本框架选项"，在打开的对话框中，勾选底部的"忽略文本绕排"复选框，单击"确定"按钮。现在，地址文本回到了原来的位置，而曲目文本依然沿路径绕排，如图 11.49 所示。

图 11.49

11.12 使用图形或图像填充文字

一种引人注目的设计手法是，使用位图、矢量图形等来填充标题或需要突出显示的字母。下面就来介绍这种设计手法。

① 切换到第 2 页，在工具面板中选择文字工具（也可按 T 键）。在"图层"面板中，选择图层 Graphics。

② 在图形 Flower-Title 的左边绘制一个大型文本框架（大部分或全部位于粘贴板上），在其中输入大写字母 A 和 W 并选择它，再按 Esc 键选择文本框架。

③ 在"字符"面板、控制面板或"属性"面板中，将"字体"和"样式"分别设置为 Myriad Pro 和 Bold，并将"字体大小"设置为 130 点。修改字体大小后，如果框架右下角出现了红色加号图标，请拖曳框架上的手柄，让框架大到足以容纳这些很大的字母。将字符间距设置为 -50，让这两个字母几乎要挨在一起。

④ 在依然选择了文本框架的情况下，选择"文字">"创建轮廓"，InDesign 将把文字转换为矢量图形。像大写字母 A 这样的字母将变成复合路径，而你可透过这个字母内部的三角形看到背景，如图 11.50 所示。切换到直接选择工具，以查看矢量路径上的锚点，再重新切换到选择工具。

图 11.50

> 💡 注意 转换为轮廓后，这个图形可能部分位于页面上，这没有关系。如果整个图形都位于页面左边的粘贴板中，可以很容易将其拖曳到所需的位置。

⑤ 在"色板"面板、控制面板或"属性"面板中，将"填色"设置为"[无]"。

⑥ 选择"文件">"置入"。在打开的"置入"对话框中，取消勾选左下角的"显示导入选项"复选框，双击 Blue-Hydrangea.psd 文件将其置入，用这幅图像填充这两个字母，但里面被挖空的三角形区域除外，如图 11.51 所示。InDesign 将这两个字母视为单个复合路径对象，要确认这一点，可选择"对象">"路径">"释放复合路径"，此时将不再用图像填充字母 M，同时字母 A 的里面也没有挖空。查看完毕后，选择"编辑">"还原'释放复合路径'"。

⑦ 将鼠标指针指向字母所在的框架，并单击内容抓取工具。

⑧ 在控制面板或"属性"面板中，将参考点设置为上边缘中点，使用下拉列表或通过输入值的

方式将缩放比例设置为 150%，单击"水平翻转"按钮（），结果如图 11.52 所示。

图 11.51   图 11.52

⑨ 单击内容抓取工具并拖曳图像，根据自己的喜好调整图像在字母中的位置。

⑩ 按 Esc 键选择框架，并将它拖曳到红色图形 Flower-Title 的右上方，如果有必要，向右滚动，以便能够看到页面的更多部分。选择"对象">"排列">"置为底层"。

此时字母图形移到了花环图形的后面，但位于背景图像的前面，如图 11.53 所示。这是因为"排列"命令是在图层内，而不是在图层间移动对象。在字母图形后面的图像位于另一个图层（Background photos）中，而这个图层在图层 Graphics 的后面（下面）。

图 11.53

⑪ 选择"编辑">"全部取消选择"，选择"文件">"存储"保存文件。

11.13　使用 InDesign 库管理对象

InDesign 库让你能够存储和组织常用的图形、文本和设计元素。InDesign 库作为文件存储在硬盘或共享设备中。你也可以将标尺参考线、网格、绘制的形状和编组的图像加入库中。每个库都出现在一个独立的面板中，你可以根据喜好将其同其他面板编为一组。可根据需要创建任意数量的库，如每个项目或客户一个库。本节你将置入一个存储在库中的图形，再创建自己的库。

💡提示　可使用库来存储模板元素、出版物撰稿人的照片及常用的页面元素（如徽标或带标注的图像）等。

① 滚动到前一节中创建的字母图形左边，直到看到一个半透明的淡蓝色方框。

② 选择"视图">"使页面适合窗口"，以便能够看到整个页面。

③ 选择"文件">"打开"，在弹出的对话框中选择 Lesson11 文件夹中的 Lesson_11_Elements.indl 文件，单击"打开"按钮，效果如图 11.54 所示。

图 11.54

④ 在 Lesson_11_Elements 库面板菜单中，选择"显示子集"。在打开的"显示子集"对话框的"参数"部分的最后一个文本框中输入 flower，单击"确定"按钮。InDesign 将在库中搜索所有名称包含 flower 的对象，最终找到了 3 个这样的对象，如图 11.55 所示。

图 11.55

⑤ 在"图层"面板中确保选择了图层 Graphics。

⑥ Lesson_11_Elements 库面板中有 3 个可见的对象，将其中的 Blue-Flower.ai 拖曳到当前页面的任何地方，这幅图像将加入当前页面中。打开"链接"面板，可以看到文件名 Blue-Flower.ai 出现在了"链接"面板中。

⑦ 使用选择工具移动图像 Blue-Flower.ai，将其放在页面最左端的淡蓝色背景框架内，如图 11.56 所示。

⑧ 选择"文件">"存储"，保存所做的工作。

创建 InDesign 库

图 11.56

下面创建 InDesign 库，并向其中添加文本和图形。将图形加入 InDesign 库中时，InDesign 并不会将原始文件复制到库中，而是建立一个到原始文件的链接。若要以高分辨率形式显示和打印存储在库中的图形，需要使用高分辨率的原始文件。

① 选择"文件">"新建">"库"（如果出现"CC 库"对话框，询问你是否要立即尝试使用 CC 库，单击"否"按钮）。在弹出的对话框中，将库文件命名为 CD Projects，切换到 Lesson11 文件夹，单击"保存"按钮。

💡注意 有关 CC 库的详细信息，请参阅后面的旁注。

② 切换到第 6 页（CD 封套的封底），使用选择工具将徽标 ricky records 拖曳到上一步创建的库中，如图 11.57 所示。这个徽标将存储在 CD Projects 库中，让你能够在其他 InDesign 文档中使用它。

③ 在 CD Projects 库面板中双击徽标 ricky records，在打开的对话框的"项目名称"文本框中输入 Ricky Records Logo，单击"确定"按钮，如图 11.58 所示。

图 11.57

图 11.58

💡提示 将对象拖曳到库中时，按住 Alt（Windows）或 Option（macOS）键可打开"项目信息"对话框，该对话框让你能够在添加项目的同时给它命名。

④ 使用选择工具将地址文本框架拖曳到 CD Projects 库面板中。

⑤ 在库面板中双击该地址文本框架，在打开的对话框的"项目名称"文本框中输入 Ricky Records Address，再单击"确定"按钮。在 CD Projects 库面板菜单中选择"大缩览视图"，以便更容易看清项目，如图 11.59 所示。

现在，这个库包含文本和图形。对库进行修改后，InDesign 将立刻存储所做的修改。

图 11.59

⑥ 单击库面板组右上角的"关闭"按钮，将 CD Projects 库关闭。

创建和使用 CC 库

CC 库让你能够在任何地方使用喜欢的素材。在 Adobe Creative Cloud 桌面应用程序和移动应用中，你可使用 CC 库来创建并共享颜色、字符、段落样式、图形和 Adobe Stock 素材，并在需要时在其他 Adobe Creative Cloud 应用程序中访问它们。你还可与任何有 Adobe Creative Cloud 账户的人分享库，从而轻松地进行协作、确保设计的一致性，乃至制订供多个项目使用的样式指南。

CC 库的工作原理与前文使用的 InDesign 库很像，要新建 CC 库，可采取如下步骤。

① 选择"窗口">CC Libraries，打开 CC Libraries 面板，也可单击 CC Libraries 面板图标（🗗）来打开它。若出现简介窗口，单击"确定"按钮将其关闭。

② 在 CC Libraries 面板菜单中选择"新建库"。

③ 在"库名称"文本框中输入 CD Elements，单击"创建"按钮。

④ 使用选择工具选择第 6 页底部包含地址的文本框架，并将其拖曳到 CC Libraries 面板中，这些带格式的文本将被添加到 CD Elements 库中。单击 CC Libraries 面板底部的加号，可选择添加各种不同的元素，如段落样式，如图 11.60 所示。

⑤ 在文档窗口中向右滚动，选择封面上的图形 Songs of the Garden，并将其拖曳到 CC Libraries 面板中。双击名称"图稿 1"，并将名称改为 Songs of the Garden logo。请务必双击名称（而不是表示图形的图标）。将"文本 1"重命名为 Company Address。再将一个图形（如封面顶部的红色枫叶）拖曳到库中，并给它命名。看看库中的素材是如何组织的，如图 11.61 所示。

图 11.60

图 11.61

将素材存储到 CC 库中后，就可在其他 InDesign 文档及 Photoshop、Illustrator 等其他 Adobe 系列软件中使用它们。

⑥ 选择"文件">"新建">"文档"，在弹出的对话框中，单击"边距和分栏"按钮，再单击"确定"按钮，使用默认设置新建一个文档。

⑦ 将素材 Company Address 从 CC Libraries 面板拖曳到页面中。由于段落样式 Centered White 将"填色"设置为"[纸色]"，因此要看到这些白色文本，就必须给文本框架指定填充色。

段落样式 Centered White 也将被添加到"段落样式"面板的段落样式列表中。

⑧ 将素材 Songs of the Garden logo 从 CC Libraries 面板拖曳到页面中，鼠标指针将变成置入图形图标。单击置入该图形，注意到其设置与被添加到 CC Libraries 中时相同。

⑨ 关闭这个文档，但不保存所做的修改，返回前面一直在处理的文档。

你还可与小组成员及其他同事共享 CC 库，有关这方面的详细信息，请参阅本课末尾的"练习"一节。

使用片段

片段是一个文件，用于存放对象并描述对象在页面或跨页中的相对位置。使用片段可以方便地重用和定位页面对象。将对象导出为扩展名为 .idms 的片段文件，可创建片段。在 InDesign 中置入片段文件时，可决定是将对象按原始位置放置，还是将对象放在单击的位置。可将片段存储在 InDesign 库中，也可将其存储在硬盘中。在 InDesign 中，添加到 CC Libraries 面板中的图稿也被存储为片段。

要创建片段，有以下两种方法。

· 使用选择工具选择一个或多个对象，再选择"文件">"导出"。在弹出对话框的"保存类型"（Windows）或"存储格式"（macOS）下拉列表中选择"InDesign 片段"，输入文件名称，再单击"保存"按钮。

· 使用选择工具选择一个或多个对象，再将所选对象拖曳到桌面，创建一个片段文件，重命名该文件。

要将片段添加到文档中，可执行如下步骤。

❶ 选择"文件">"置入"。

❷ 选择一个或多个片段文件，单击"打开"按钮，鼠标指针将变成置入图标。

❸ 希望片段文件左上角位于哪里，就在哪里单击。

如果光标位于文本框架中，片段将作为定位对象置于该文本框架中。

置入片段后，其中的所有对象都保持选中状态。可通过拖曳调整所有对象的位置。

❹ 如果置入了多个片段，可按箭头键切换不同的片段文件，单击可置入当前片段文件。

可以将片段对象按其原始位置置入，而不是根据单击位置置入片段对象。例如，如果文本框架在作为片段的一部分导出时，它出现在页面中间，那么该文本框架作为片段置入时，它将出现在同样的位置。

要将片段置入原始位置，有以下两种方法。

· 选择"编辑">"首选项">"文件处理"，在"片段导入"部分的"位置"下拉列表中选择"原始位置"。

· 在鼠标指针变成置入图标后，按住 Alt（Windows）或 Option（macOS）键并单击，将覆盖当前的片段导入设置。换句话说，如果在"首选项"对话框中设置的是当前位置，片段将置入原始位置。

11.14　练习

有了一些处理导入文件的经验后，请独自完成下面的练习。

❶ 置入不同格式的文件，在"置入"对话框中勾选"显示导入选项"复选框，以了解导入各种格式的文件将出现哪些导入选项。你可使用本书的任何图形文件，还可使用其他可获得的图形文件。

有关各种格式的文件的所有导入选项的完整描述，请参阅 InDesign 帮助文档。

❷ 置入一个多页 PDF 文件（或包含多个图层的 Illustrator 文件），在"置入"对话框中勾选"显

示导入选项"复选框，以便置入该 PDF（Illustrator）文件中的不同页面（图层）。

③ 打开 Lesson11\RR_logos 文件夹中的 InDesign 文档 Vector-Raster.indd。这个文档包含 ricky records 徽标的矢量版本和位图版本，它们都被放大到 300%。看看它们的清晰度有何差别，尝试进一步放大这两个版本的徽标，你将发现，不管放大到何种程度，矢量版本的徽标都是清晰的。

④ 本课创建了一个名为 CD Elements 的 CC 库。在 CC Libraries 面板中，除可访问使用多个 Adobe 图形应用程序创建的素材外，还可与小组成员或其他同事共享素材，以确保每个人使用的素材都是最新的。

选择"窗口">CC Libraries，打开 CC Libraries 面板，在该面板顶部的下拉列表中选择 CD Elements。在面板菜单中选择"邀请人员"，在 Adobe Creative Cloud 中打开的"邀请至"窗口中，输入你要与之共享库的同事的电子邮箱地址。在下拉列表中选择"可编辑"或"可查看"，以指定收件人是能够查看并编辑元素（选择"可编辑"），还是只能查看元素（选择"可查看"），单击"邀请"按钮。收件人将收到协作开发库的电子邮件邀请函。

⑤ 将 Illustrator 图形置入 InDesign 的另一种方法是在 Illustrator 中复制矢量形状，然后切换到 InDesign 中进行粘贴，Illustrator 矢量对象将转换为 InDesign 矢量对象。对于这些对象，你可将它们当作在 InDesign 中绘制的一样使用它们。如果你的计算机中安装了 Illustrator，你可尝试这样做：将对象粘贴到 InDesign 中后，将其颜色修改为 InDesign"色板"面板中的颜色，再使用钢笔工具选择其锚点并修改其形状。

如果你没有安装 Illustrator，可使用 Start.indd 文件中的蝴蝶矢量图形来完成这个练习，它位于第 1 个跨页左边的粘贴板中，如图 11.62 所示。

图 11.62

11.15　复习题

1. 如何获悉置入文档中的图像的文件名？
2. 使用剪切路径来删除背景与使用不透明度来删除背景有何不同？
3. 更新文件的链接和重新链接有何不同？
4. 当图像的更新版本可用时，如何确保在 InDesign 文档中使用的是最新的版本？
5. 如何同时缩放置入的图像及其框架？
6. 使用什么方法可快速复制对象并将其放到所需的位置？

11.16　复习题答案

1. 先选择图像，再选择"窗口">"链接"，并在"链接"面板中查看被选中的文件名。如果图像是通过选择"文件">"置入"或从资源管理器（Windows）、Finder（macOS）、Adobe Bridge 拖曳到版面中置入的，其文件名将出现在"链接"面板中。
2. 剪切路径是矢量路径，用它来删除背景时，生成的边缘清晰而锐利。在 Photoshop 中使用不透明度来删除背景，生成的边缘柔和而模糊。
3. 更新文件的链接只是使用"链接"面板来更新工作区中的图像，使其呈现原稿的最新版本。重新链接是使用"置入"命令在该图像的位置插入另一个图像。例如，你可能通过重新链接将 .png 图像替换为 .jpg 的版本。
4. 在"链接"面板中，确保没有针对该文件的链接已修改图标。如果有链接已修改图标，只需选择对应的链接并单击"更新链接"按钮（如果文件没有移到其他地方）；如果文件被移到了其他地方，"链接"面板的状态栏中将出现缺失链接图标，此时必须单击"重新链接"按钮并找到相应文件。
5. 按住 Ctrl（Windows）或 Command（macOS）键并拖曳来缩放置入的图像及其框架；要避免图像发生扭曲，可按住 Shift 键。
6. 按住 Alt（Windows）或 Option（macOS）键并使用选择工具将对象拖曳到所需的位置。这将在指定的位置复制对象，而原始对象还留在原来的地方。

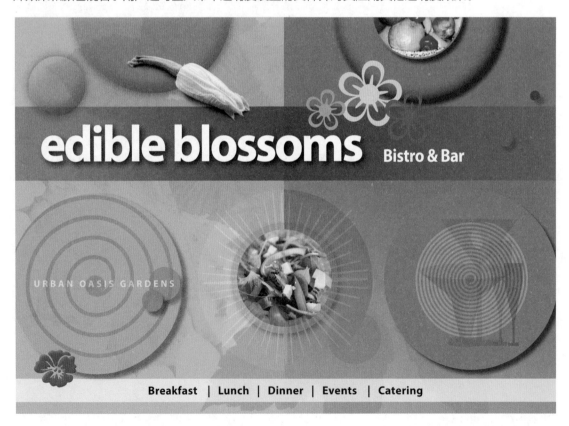

第 12 课

处理不透明度

本课概览

- 修改在 InDesign 中绘制的对象的不透明度。
- 给置入的图形和图像指定不透明度设置。
- 给文本指定不透明度设置。
- 设置重叠对象的混合模式。
- 给对象应用羽化效果。

- 给文本添加"投影"效果。
- 将多种效果应用于同一个对象。
- 在对象之间复制效果。
- 将效果应用于 Photoshop 文件的特定图层。
- 编辑和删除效果。

学习本课大约需要 75 分钟

InDesign 提供了一系列的不透明度功能，以满足用户的想象力和创造力，包括控制不透明度、特殊效果和颜色混合。用户还可置入带不透明度设置的文件并对其应用其他透明度效果。

12.1　概述

本课是为一家虚构餐厅 edible blossoms Bistro & Bar 制作菜单，将使用一系列图层来应用透明度效果，创建出视觉效果丰富的设计。

①　为确保你的 InDesign 首选项和默认设置与本课所述一样，请将 InDesign Defaults 文件移到其他文件夹中，详情请参阅"前言"中的"另存和恢复 InDesign Defaults 文件"。

②　启动 InDesign。在"主页"界面中，单击"打开"按钮或选择"文件">"打开"，打开 InDesignCIB\Lessons\Lesson12 文件夹中的 12_Start.indd 文件。

③　选择"文件">"存储为"，将文件重命名为 12_Menu.indd，并存储到 Lesson12 文件夹中。

由于所有包含对象的图层都被隐藏，因此该菜单呈现为一个空页面。只在需要时显示各个图层，以便能够将注意力集中在特定对象及本课要完成的任务上。

④　为确保你的 InDesign 面板和菜单命令与本课使用的相同，选择"窗口">"工作区">"[高级]"，再选择"窗口">"工作区">"重置'高级'"。

⑤　如果想查看最终的文档效果，可打开 Lesson12 文件夹中的 12_End.indd 文件，如图 12.1 所示。

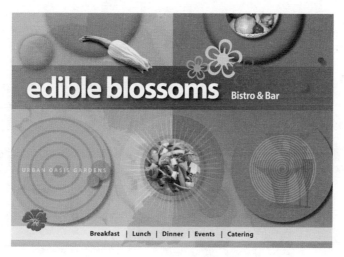

图 12.1

⑥　查看完毕后，可关闭 12_End.indd 文件，也可让它保持打开状态，以供工作时参考。要返回到课程文档，可选择"窗口">12_Menu.indd，也可单击文档窗口左上角的标签 12_Menu.indd。

12.2　置入灰度图像并给它着色

应用透明度效果可创建半透明对象，让你能够透过它看到后面的对象。本节先处理菜单的 Background 图层，使它以不同的方式与其上的图层中的对象交互。这个图层用于制作带纹理的菜单背景，将透过它上面的带不透明度设置的对象显示出来。

图层 Background 位于图层栈的最下面，其后没有可通过应用透明度效果显示出来的对象，因此这里不对该图层中的对象应用透明度效果。但这个图层中的对象将与它上面的图层中的对象交互。

① 选择"窗口">"图层"，打开"图层"面板，你也可单击面板停放区中的"图层"面板图标。

② 如果有必要，在"图层"面板中向下滚动，找到并选择位于最下面的图层 Background。下面将把置入的图像放到这个图层中。

③ 确保该图层可见（有眼睛图标）且没有被锁定（没有图层锁定图标 🔒），如图 12.2 所示。图层名右边的钢笔图标（ ✐ ）表明置入的对象和新建的框架将放到该图层中。

④ 选择"视图">"网格和参考线">"显示参考线"。你将使用页面中的参考线来对齐置入的背景图像。

⑤ 选择"文件">"置入"，打开 Lesson12 文件夹中的 12_Background.tif 文件，这是一个灰度 TIFF 图像。

⑥ 鼠标指针将变成置入图像图标，将其指向页面左上角的外面，并单击红色出血参考线的交点。置入的图像将占据整个页面，包括页边距和出血区域。让图形框架处于选中状态，如图 12.3 所示。

图 12.2

图 12.3

⑦ 选择"窗口">"颜色">"色板"或单击面板停放区中的"色板"面板图标。下面使用存储在"色板"面板中的颜色给这幅图像及其所在的图形框架着色。

⑧ 在"色板"面板中，单击"填色"框。向下滚动色板列表，找到 Green-Bright-Medium 色板并选择它。单击"色调"框右边的箭头，并将滑块拖曳到 80% 处。

图形框架的白色背景变成了 80% 的绿色，但灰色区域没有变化，如图 12.4 所示。

给框架应用颜色和色调后

图 12.4

⑨ 使用选择工具双击图像以选择图像而不是框架，你也可将鼠标指针指向框架内，再单击内容抓取工具来选择图像。在"色板"面板中选择 Green-Medium 色板，Green-Medium 色板对应的颜色将替换图像中的灰色，但框架的填充色不变。将图像颜色的色调设置为 73%，结果如图 12.5 所示。

💡提示　也可使用直接选择工具来选择图像，方法是将鼠标指针指向框架内，等鼠标指针变成手形后再单击。

在 InDesign 中，可将颜色应用于下述格式的灰度图像和位图：PSD、TIFF、BMP 和 JPEG。如果选择了图形框架中的图像再应用颜色，颜色将应用于图像的灰色部分，而不是框架的背景。

⑩ 在"图层"面板中单击图层名 Background 左边的空框将该图层锁定，如图 12.6 所示。让图层 Background 可见，以便能够看到在其他图层中置入透明对象的结果。

给内容（图像）应用颜色和色调后

图 12.5

图 12.6

⑪ 选择"文件">"存储"，保存所做的工作。

本节你学习了快速给灰度图像着色的方法。虽然这种方法在有些情况下很有效，但对于最终的作品而言，Photoshop 的颜色控制功能可能更有效。

12.3　设置不透明度

InDesign 中有大量不透明度选项，进行合适的设置可显示当前对象后面的对象，以及改变当前对象与其后面的对象的交互方式。另外，InDesign 还有其他的不透明度功能，如投影、发光和其他效果，让你能够创建具有特殊视觉效果的画面，本课后面将介绍这些功能。

本节将对菜单中不同图层的几个对象使用各种不透明度选项。

12.3.1 "效果"面板简介

使用"效果"面板（选择"窗口">"效果"）可指定对象或对象组的不透明度和混合模式，对其应用透明度效果，对特定组执行分离混合，以及挖空组中的对象，如图 12.7 所示。在"高级"工作区中，面板停放区"效果"面板。

图 12.7

"效果"面板选项简介

- 混合模式：指定如何混合重叠对象的颜色。
- 不透明度：决定描边、填充或文本等的不透明度，取值为 100%（完全不透明）到 0%（完全透明）。降低对象的不透明度，能让对象变得透明，因此它下面的对象将更清晰。
- 级别：指出选定页面元素（如描边、填充或文本等）的不透明度设置，以及是否应用透明度效果，例如，对象的描边的不透明度可能为 20%，且对其应用了一种效果，而填充没有进行不透明度设置。单击字样"对象"（"组"或"图形"）左侧的三角形可隐藏或显示这些级别设置。为某级别应用不透明度设置后，该级别将显示 fx 按钮（ fx ），双击 fx 按钮可编辑这些设置。
- 清除效果：清除对象（如描边、填充或文本等）的效果，将"混合模式"设置为"正常"，并将选定的整个对象的"不透明度"更改为 100%。
- fx 按钮：打开透明度效果菜单。
- 删除效果：删除应用于对象的效果，但不删除混合模式和不透明度。
- 分离混合：勾选此复选框，可将混合模式应用于选定的对象组。
- 挖空组：勾选此复选框，可使组中各个对象的不透明度和混合属性挖空或遮蔽组中的底层对象，但应用于对象组的效果依然会与组外的对象交互。

12.3.2　修改纯色对象的不透明度

处理好背景图像后，便可给它上面图层中的对象应用透明度效果。先处理一系列使用 InDesign 绘制的简单形状。

❶ 在"图层"面板中，选择图层 Art1 使其成为活动图层，再单击图层名左边的图层锁定图标，解除对该图层的锁定。单击图层 Art1 最左边的方框以显示眼睛图标，这表明该图层是可见的，如图 12.8 所示。

图 12.8

❷ 使用选择工具单击页面中央使用颜色 Red-Dark 填充的圆，这是一个在 InDesign 中绘制的使用 100% Red-Dark 填充的椭圆框架。

> 💡 注意　本课提到形状时，使用填充它的颜色色板来描述它。如果"色板"面板没有打开，选择"窗口">"颜色">"色板"打开它。

❸ 选择"窗口">"效果"，打开"效果"面板，也可在文档窗口右边的面板停放区中单击"效果"面板图标（ fx. ）。

❹ 在"效果"面板中，单击"不透明度"右边的箭头，打开不透明度调整滑块。将该滑块拖曳到 70% 处；也可在"不透明度"文本框中输入 70% 并按 Enter 键，如图 12.9 所示。

> 💡 注意　在选择了使用颜色 Red-Dark 填充的圆后，"效果"面板中显示了 fx 按钮，因为已对其应用了"投影"效果。

图 12.9

调整圆 Red-Dark 的不透明度后，它将变成半透明的，最终的颜色是由其填充色 Red-Dark 和该圆下面覆盖页面右半部分的矩形的填充色及背景图像混合而成的。

❺ 选择页面左上角使用颜色 Blue-Bright 填充的半圆，在"效果"面板中将"不透明度"设置为 50%。由于这个半圆是半透明的，因此在背景的影响下，其颜色发生了细微的变化，让你能够看到背景图像中的叶子，如图 12.10 所示。请注意，不透明度被应用于"对象"级别，这是 InDesign 默认的行为。

图 12.10

⑥ 选择左下角使用颜色 Medium Green 填充的圆，将其不透明度设置为 60%。

⑦ 选择菜单"文件">"存储"，保存所做的工作。

12.3.3 指定混合模式

修改不透明度后，将得到由当前对象颜色及其下面的对象颜色混合而成的颜色。混合模式指定了不同图层中对象的交互方式。

本小节将给页面中的对象指定混合模式。

❶ 使用选择工具选择页面中央使用颜色 Red-Dark 填充的圆。

❷ 在"效果"面板的"混合模式"下拉列表中选择"叠加"，并观察所选圆的颜色的变化，如图 12.11 所示。

图 12.11

❸ 选择页面左上角使用颜色 Blue-Bright 填充的半圆（前面将其不透明度设置成了 50%），在"效果"面板的"混合模式"下拉列表中选择"正片叠底"，如图 12.12 所示。

图 12.12

❹ 选择"文件">"存储"，保存文件。

有关各种混合模式的详细信息，请参阅 InDesign 帮助文档中的"指定颜色混合方式"。

12.4 对置入的矢量图形和位图应用透明度效果

本课前面给在 InDesign 中绘制的对象设置了各种不透明度，对于使用其他软件（如 Illustrator 和 Photoshop）创建并被置入 InDesign 的图形，也可设置其不透明度和混合模式。

12.4.1 设置矢量图形的不透明度

① 在"图层"面板中，解除对 Art2 图层的锁定并使其可见。

② 在工具面板中，确保选择了选择工具。在页面左边，选择包含黑色螺旋图像的图形框架，方法是在这个图形框架内单击。这个图形框架位于使用颜色 Green-Medium 填充的圆的前面。

③ 在选择了这个图形框架的情况下，按住 Shift 键单击以选择页面右边包含黑色螺旋图像的图形框架。这个图形框架位于使用颜色 Purple-Cool 填充的圆的前面。现在，两个包含螺旋图像的图形框架都被选中了。

④ 在"效果"面板的"混合模式"下拉列表中选择"颜色减淡"，并将"不透明度"设置为 30%，如图 12.13 所示。

设置混合模式和不透明度前，先选择框架

设置混合模式和不透明度后

图 12.13

> 💡 注意　使用"高品质显示"时，效果将更明显，但这可能会降低计算机显示图形的速度。要让整个文档都使用"高品质显示"，可选择"视图"＞"显示性能"＞"高品质显示"；要让特定的对象使用"高品质显示"，可选择"对象"＞"显示性能"＞"高品质显示"。

下面设置描边（而不是整个对象）的混合模式。

① 使用选择工具选择页面中央包含沙拉图像的圆形图形框架。

② 在"效果"面板中，单击"对象"左边的箭头以显示级别（可能已经显示了），再单击"对象"下方的"描边"，这样对不透明度或混合模式所做的修改将应用于选定对象的描边。

级别可以是整个对象，也可以是对象的一部分（描边、填充），它指出了相应部分的不透明度和混合模式，以及是否应用了透明度效果。这意味着可对同一个对象的描边、填充应用不同的不透明度设置。

③ 在"混合模式"下拉列表中选择"强光"，可以看到位于不同背景上的描边的效果完全不同，如图 12.14 所示。由于描边位于不同的对象前面，因此这个圆左边的描边与右边的描边不同。另外，请对位于图像上的内侧描边和不在图像上的外侧描边进行比较。

图 12.14

④ 选择"编辑">"全部取消选择"，选择"文件">"存储"保存所做的工作。

12.4.2　设置位图的不透明度

下面设置置入的位图的不透明度。虽然这里使用的是单色图像，但在 InDesign 中也可设置其不透明度，方法与设置其他 InDesign 对象的不透明度相同。

① 在"图层"面板中选择图层 Art3，解除对该图层的锁定并使其可见。可锁定图层 Art1 和 Art2，以防不小心修改它们。

② 使用选择工具选择页面中央包含黑色星爆式图像的图形框架。由于它位于图层 Art3 中，因此图形框架的边缘呈蓝色（图层 Art3 的颜色）。

③ 在"效果"面板的"不透明度"文本框中输入 70% 并按 Enter 键，结果如图 12.15 所示。

图 12.15

④ 双击黑色星爆式图像以选择内容（图像）而非容器（框架），也可使用内容抓取工具来选择内容。当选择了内容而非容器（框架）时，定界框将指出内容的大小，且定界框的颜色与图层颜色互补。

⑤ 在"色板"面板中，单击"填色"框，再选择 Red-Bright 色板，用红色替换图像中的黑色。

⑥ 在"效果"面板的"混合模式"下拉列表中选择"滤色"，保持"不透明度"为 100% 不变。星爆式图像将根据其下面可见的图层改变颜色，如图 12.16 所示。

图 12.16

⑦ 选择"编辑">"全部取消选择",再选择"文件">"存储"保存所做的工作。

12.5　置入并调整使用了不透明度设置的 Illustrator 文件

用户将 Illustrator 文件(扩展名为 .ai)置入 InDesign 文档时,InDesign 能够识别并保留在 Illustrator 中应用的不透明度设置。在 InDesign 中,用户还可调整置入的 Illustrator 文件的不透明度,为其设置混合模式并应用其他透明度效果。

下面置入一个玻璃杯矢量图形(在 Illustrator 中设置了该图像的不透明度),并添加额外的不透明度设置。

① 如果有必要,选择"视图">"使页面适合窗口"。

② 在"图层"面板中,确保图层 Art3 处于活动状态,且图层 Art3、Art2、Art1 和 Background 都可见。

③ 锁定图层 Art2、Art1 和 Background,以防不小心修改它们,如图 12.17 所示。

④ 选择工具面板中的选择工具。选择"文件">"置入",在打开的"置入"对话框中,找到 Lesson12 文件夹中的 12_Glasses.ai 文件,按住 Shift 键双击它(也可先选择它,再按住 Shift 键单击"打开"按钮)。按住 Shift 键,无须在"置入"对话框中勾选"显示导入选项"复选框,就可打开包含导入选项的"置入 PDF"对话框。

⑤ 在"置入 PDF"对话框的"裁切到"下拉列表中选择"定界框(所有图层)",并确保勾选了"透明背景"复选框,如图 12.18 所示。

图 12.17

图 12.18

⑥ 单击"确定"按钮，关闭对话框，鼠标指针将变成置入图形图标，其中包含被置入的文件的预览。

⑦ 将鼠标指针指向页面右边用颜色 Purple-Cool 填充的圆，单击以实际尺寸置入图形。如果有必要，拖曳该图形框架使其大概位于紫色圆中央（框架居中时会出现智能参考线），如图 12.19 所示。

图 12.19

💡提示 调整该图形的位置时，可利用智能参考线让它位于紫色圆的正中央。

⑧ 在"图层"面板中，隐藏图层 Art2、Art1 和 Background，仅使图层 Art3 可见，这让你能够看清置入的 Illustrator 图形的不透明度（在 InDesign 中没有对其应用效果），如图 12.20 所示。

💡提示 要显示图层 Art3 并隐藏其他所有图层，可按住 Alt（Windows）或 Option（macOS）键，单击图层 Art3 的可视性图标。

⑨ 在"图层"面板中单击，使图层 Art2、Art1 和 Background 可见。注意白色椭圆形状完全不透明，而其他玻璃杯形状是部分透明的。

⑩ 选择玻璃杯图形，在"效果"面板中将"不透明度"设置为 60%，将"混合模式"设置为"颜色加深"，图形的最终颜色发生改变，且椭圆形状变成了透明的，如图 12.21 所示。

图 12.20

图 12.21

⑪ 选择"编辑">"全部取消选择"，选择"文件">"存储"保存文件。

12.6 设置文本的不透明度

设置文本的不透明度就像设置图形对象的不透明度一样容易。下面修改一些文本的不透明度，这将改变文本的颜色。

① 在"图层"面板中，锁定图层 Art3，再解除对图层 Type 的锁定并使其可见。单击图层 Type，使其成为活动图层。

② 使用选择工具单击左下角包含 URBAN OASIS GARDENS 的文本框架。如果有必要，放大视图以便能够看清文本。

要设置文本或文本框架及其内容的不透明度，必须使用选择工具选择框架。如果使用文字工具选择文本，将无法指定不透明度。

> ♀ 提示　效果会被应用于文本框架中的所有文本。你不能将效果应用于一个文本框架中的部分文本，要达到这样的目的，必须将要应用效果和不应用效果的文本放在不同的文本框架中。

③ 在"效果"面板中选择"文本"级别，以确保对不透明度或混合模式所做的修改只影响文本。

④ 在"混合模式"下拉列表中选择"叠加"，并将"不透明度"设置为 70%，如图 12.22 所示。

图 12.22

⑤ 双击抓手工具使页面适合窗口，再选择"编辑">"全部取消选择"。

下面修改一个文本框架（而不是文本）的填充不透明度。

① 使用选择工具单击页面底部包含文本 Breakfast | Lunch | Dinner | Events | Catering 的文本框架。如果有必要，放大视图以便能够看清文本。

② 在"效果"面板中选择"填充"级别，并将"不透明度"改为 70%，如图 12.23 所示。注意背景不再是白色的，但文本还是黑色的。

图 12.23

③ 在选择了"对象"级别的情况下尝试同样的设置，可以看到文本变成灰色的了，如图 12.24 所示，但这不是我们想要的效果。

图 12.24

④ 选择"编辑">"还原'设置透明度属性'"。

⑤ 选择"编辑">"全部取消选择"，选择"文件">"存储"保存文件。

12.7 使用效果

本课前面介绍了如何修改在 InDesign 中绘制的对象、置入的图形、文本的混合模式和不透明度。另一种应用不透明度设置的方法是使用 InDesign 提供的 9 种效果。

下面尝试使用一些透明度效果来调整菜单。

12.7.1 应用"基本羽化"效果

通过羽化，可在对象边缘创建从不透明到透明的平滑过渡效果，从而能够透过羽化区域看到下面的对象或页面背景。InDesign 提供了以下 3 种羽化效果。

- 基本羽化：对指定距离内的对象边缘进行柔化或渐隐。
- 定向羽化：通过将指定方向的边缘渐隐为透明来柔化边缘。
- 渐变羽化：通过渐隐为透明来柔化对象的区域。

下面对图像边缘应用"基本羽化"效果。

① 在"图层"面板中，如果图层 Art1 被锁定，解除对该图层的锁定，并确保它为活动图层。

② 如果有必要，选择"视图">"使页面适合窗口"，以便能够看到整个页面。

③ 使用选择工具，选择页面右上角用颜色 Purple-Warm 填充的圆。

④ 选择"对象">"效果">"基本羽化"，打开"效果"对话框，其中左边是透明度效果列表，右边是配套的选项。

> ♀ 提示　也可使用"效果"面板菜单来打开"效果"对话框。

⑤ 确保勾选了"预览"复选框；如果有必要，将对话框移到一边以便查看效果。在"选项"部分进行图 12.25 所示设置。

- 在"羽化宽度"文本框中输入"0.3125 英寸"。
- 将"收缩"和"杂色"都设置为 10%。
- 保持"角点"为"扩散"。

图 12.25

透明度效果

在"效果"面板中，可添加如下效果，如图 12.26 所示。

- 投影：在描边、填充或文本的后面添加阴影。
- 内阴影：紧靠在描边、填充或文本的边缘内添加阴影，使其具有凹陷的效果。
- 外发光或内发光：添加从描边、填充或文本的边缘外或内发射出来的光。
- 斜面和浮雕：添加各种高亮和阴影的组合，使文本和图像有三维外观。
- 光泽：添加形成光滑、光泽的内部阴影。
- 基本羽化、定向羽化或渐变羽化：通过使对象的边缘渐隐为透明，实现边缘柔化。

| 透明度(T)... |
| 投影(D)... |
| 内阴影(I)... |
| 外发光(O)... |
| 内发光(N)... |
| 斜面和浮雕(B)... |
| 光泽(S)... |
| 基本羽化(F)... |
| 定向羽化(R)... |
| 渐变羽化(G)... |

图 12.26

⑥ 可以看到紫色圆的边缘有阴影，更具立体感，如图 12.27 所示。

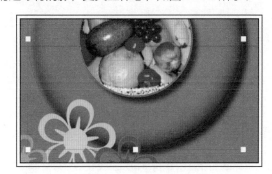

图 12.27

⑦ 单击"确定"按钮，让设置生效并关闭"效果"对话框。

⑧ 选择"编辑">"全部取消选择"，选择"文件">"存储"保存文件。

12.7.2　应用"渐变羽化"效果

可应用"渐变羽化"效果让对象从不透明逐渐变为透明。

💡提示　要应用透明度效果，可选择"对象">"效果"中的命令，还可在"效果"面板菜单中选择"效果"或单击"效果"面板底部的 fx 按钮，再在弹出的菜单中选择命令。

❶ 使用选择工具单击用颜色 Purple-Warm 填充的垂直矩形，它覆盖了页面的右半部分。

❷ 单击"效果"面板底部的 fx 按钮并在弹出的菜单中选择"渐变羽化"，如图 12.28 所示。这将打开"效果"对话框，并显示渐变羽化的选项。

❸ 在"渐变色标"部分，单击"反向渐变"按钮（🔛）以反转纯色和透明的位置，如图 12.29 所示。

图 12.28

图 12.29

④ 单击"确定"按钮。紫色矩形将从右到左渐隐为透明的。

下面使用渐变羽化工具（ ）调整渐隐的方向。

⑤ 在工具面板中选择渐变羽化工具，请不要错选为渐变色板工具。从紫色矩形底部向右上方拖曳（拖曳距离大约为紫色矩形高度的一半）以修改渐变方向，如图 12.30 所示。

> 💡 **注意** 也可在第 3 步的"效果"对话框中准确地设置渐变角度，但使用渐变羽化工具让你能够以可视化的方式工作，从而可以尝试不同的拖曳角度并查看结果。

左图渐变羽化的方向为水平从右到左，即在最右边填充纯色，向左渐隐为透明的；
右图渐变羽化的方向变成垂直，即在最上面填充纯色，向下渐隐为透明的

图 12.30

⑥ 选择"编辑">"全部取消选择"，选择"文件">"存储"保存文件。

12.7.3 给文本添加"投影"效果

给对象添加"投影"效果后，对象看起来像漂浮在页面上，并在页面和下面的对象上投射阴影，从而呈现出三维效果。可给任何对象添加"投影"效果，还可单独地给对象的描边、填充或文本框架中的文本添加"投影"效果。

下面尝试给文本 edible blossoms 添加"投影"效果。对文本应用效果时，需要注意的一个要点是，只能给整个文本框架添加效果，而不能只给其中的某些文本添加效果；因此在应用效果前，将先使用选择工具来选择文本框架，而不是使用文字工具来选择文字。

① 使用选择工具选择包含文本 edible blossoms 的文本框架。按住 Z 键临时切换到缩放显示工具，放大该框架以便能够看清其中的文本。

② 单击"效果"面板底部的 fx 按钮并在弹出的菜单中选择"投影"。

③ 在打开的"效果"对话框的"混合"部分，将"不透明度"设置为 85%；在"位置"部分，将"X 位移"和"Y 位移"都设置为"0.06 英寸"；在"选项"部分，将"大小"和"扩展"分别设置为"0.125 英寸"和 5%。确保勾选了"预览"复选框，以便能够在页面中看到效果，如图 12.31 所示。

图 12.31

> 💡 提示　通过让投影紧贴对象，可让对象呈现立体感。如果投影与对象是分离的，将导致观看者将大多注意力放在投影本身。

在"位置"部分，还可调整投影的距离和角度。调整角度时，可直接输入度数，也可拖曳圆圈内的线条。

④ 单击"确定"按钮，将"投影"效果应用于文本。

⑤ 选择"编辑">"全部取消选择"，选择"文件">"存储"保存所做的工作。

下面将多种效果应用于同一个对象，再编辑这些效果。

12.7.4 将多种效果应用于同一个对象

可将多种效果应用于同一个对象，例如，可使用"斜面和浮雕"效果让对象看起来是凸出的，还可使用"外发光"效果让对象周围发光。

"效果"对话框中指出了哪些效果（对话框左边被勾选的效果）已应用于选定对象，用户可将多种效果应用于同一个对象。

下面将"斜面和浮雕"效果及"外发光"效果应用于页面中的同一个矢量对象。

① 选择"视图">"使页面适合窗口"，在"图层"面板中隐藏图层 Art3。

② 使用选择工具选择页面左上角用颜色 Blue-Bright 填充的半圆。

③ 单击"效果"面板底部的 fx 按钮并在弹出的菜单中选择"斜面和浮雕"。必要时将对话框移到不碍事的地方，以便能够预览效果。

④ 在"效果"对话框中，确保勾选了"预览"复选框，以便能够在页面上查看效果，再在"结构"部分做如下设置，如图 12.32 所示。

- 大小: 0.3125 英寸。
- 柔化: 0.25 英寸。
- 深度: 60%。

图 12.32

对于"大小"和"柔化"选项的值，可通过单击它们旁边的箭头来指定；对于"深度"选项的值，可通过调整相应的滑块来指定。

⑤ 保持其他设置不变，但不要关闭对话框。

⑥ 单击"效果"对话框左边的"外发光"字样，以勾选相应的复选框，给选定的半圆再添加一种效果。对话框右侧将显示这种效果对应的各个选项，在其中做如下设置，如图 12.33 所示。

- 模式: 正片叠底。
- 不透明度: 80%。
- 大小: 0.25 英寸。
- 扩展: 10%。

⑦ 单击"模式"下拉列表右边的"设置发光颜色"色板。在出现的"效果颜色"对话框中，确保在"颜色"下拉列表中选择了"色板"，在颜色列表中选择"[黑色]"，单击"确定"按钮，如图 12.34 所示。

图 12.33

图 12.34

⑧ 在"效果"对话框中单击"确定"按钮,将多种效果应用于选定对象。

下面将同样的效果应用于页面中的另一个圆,方法是将"效果"面板中的 fx 图标拖曳到这个圆上。

12.7.5 在对象之间复制效果

① 如果有必要,双击抓手工具让页面适合窗口。

② 如果有必要,使用选择工具选择页面左上角的蓝色半圆。

③ 确保"效果"面板可见,并将其中的"对象"级别右边的 fx 图标拖曳到绿色半圆左下方的绿色小圆上,等鼠标指针变成带加号的紧握手形图标后松开鼠标左键,将同样的效果设置应用于这个绿色小圆,如图 12.35 所示。注意这里只应用了效果,这个绿色小圆的颜色没变。

图 12.35

④ 选择"编辑">"全部取消选择",单击工具面板底部的"屏幕模式"按钮并选择"预览",如图 12.36 所示,在没有参考线和框架边缘影响的情况下查看结果。查看完毕后返回"正常"模式。

> 💡 提示　在没有选择任何对象的情况下(选择"编辑">"全部取消选择"),可按 W 键在"预览"模式和前一个屏幕模式之间切换。

⑤ 选择"文件">"存储",保存文件。

使用这种方法也可将效果应用于其他文档中的对象。

① 选择"文件">"打开",打开 12_Start.indd 文件。如果你之前为了方便参考没有关闭 12_End.indd 文件,现在将其关闭。

❷ 选择"窗口">"排列">"双联垂直",如图 12.37 所示,并排显示 12_Menu.indd 和 12_Start.indd 文件。

图 12.36   图 12.37

❸ 在 12_Start.indd 文件中,选择图层 Background(它没有被锁定)。

❹ 使用绘图工具绘制一个形状,如矩形框架或椭圆框架,并在"色板"面板中为其指定一种填充色。

❺ 切换到 12_Menu.indd 文件,并使用选择工具选择页面左上角用颜色 Blue-Bright 填充的半圆(前面对其应用了多种效果)。

❻ 使用本小节前面介绍的方法,将"效果"面板中"对象"级别右边的 fx 图标拖曳到第 4 步绘制的形状上,等鼠标指针变成带加号的紧握手形图标后松开鼠标左键,将同样的效果应用到另一个文档中的对象,如图 12.38 所示。注意,只复制了效果,而没有复制颜色和其他属性。

图 12.38

❼ 关闭 12_Start.indd 文件,但不保存所做的修改。

将同样的效果应用于其他对象的另一种方法是创建对象样式,这在第 9 课介绍过。创建对象样式后,就可在其他文档中载入它,方法是在"对象样式"面板菜单中选择"载入对象样式"。

不透明度设置和选项

在不同效果中,许多不透明度设置和选项是相同的。常用的不透明度设置和选项如下。

· 角度和高度:确定应用效果的光源角度。值为 0° 表示光源与对象底边在一条直线上;值为 90° 表示光源在对象的正上方。可以单击并拖曳角度半径或输入度数来修改角度。如果要为所有对象使用相同的光源角度,请勾选"使用全局光"复选框。这项设置适用于"投影""内阴影""斜面和浮雕""光泽""定向羽化""渐变羽化"等效果。

· 混合模式:指定透明对象中的颜色如何与其下面的对象相互作用。这项设置适用于"投影""内阴影""外发光""内发光""光泽"等效果。

- 收缩：与大小设置一起，确定阴影或发光的不透明程度。设置的值越大，不透明度越高；设置的值越小，透明度越高。这项设置适用于"内阴影""内发光""基本羽化""定向羽化"等效果。
- 距离：指定"投影""内阴影""光泽"效果的位移距离。
- 杂色：指定输入值或拖曳滑块时发光不透明度或阴影不透明度中随机元素的数量。这项设置适用于"投影""内阴影""外发光""内发光""基本羽化""定向羽化"等效果。
- 不透明度：确定效果的不透明度。通过拖曳滑块或输入百分比值进行操作。这项设置适用于"投影""内阴影""外发光""内发光""渐变羽化""斜面和浮雕""光泽"等效果。
- 大小：指定阴影或发光应用的量。这项设置适用于"投影""内阴影""外发光""内发光""斜面和浮雕""光泽"等效果。
- 扩展：确定大小设置中所设定的"投影"或发光效果中模糊的不透明度。百分比值越大，模糊效果就越不透明。这项设置适用于"投影""外发光"等效果。
- 方法：确定透明度效果的边缘是如何与背景颜色相互作用的。"外发光"效果和"内发光"效果都可使用"柔和"和"精确"方法。"柔和"方法将模糊应用于效果的边缘，在效果尺寸较大时，不保留详细的特写。"精确"方法将保留效果的边缘，包括角点和其他锐化细节，其保留特写的能力优于"柔和"方法。
- 使用全局光：将全局光设置应用于阴影。这项设置适用于"投影""斜面和浮雕""内阴影"等效果。
- X 位移和 Y 位移：在 x 轴或 y 轴上按指定的偏移量偏离阴影。这项设置适用于"投影""内阴影"等效果。

12.7.6 将效果应用于置入图像的图层

第 11 课介绍了如何显示或隐藏置入的 Photoshop 文件中的图层，这里将使用这种方法，将 InDesign 效果应用于置入图像的图层。

1️⃣ 在"图层"面板中，确保图层 Art3 可见且解除了锁定。

2️⃣ 使用选择工具单击文本 edible blossoms 上方的南瓜花图像，按 Ctrl + =（Windows）或 Command + =（macOS）组合键多次放大该图像。

可以看到该图像的投影看起来不正确，灰色投影位于背景色上面，而没有与图像混合，如图 12.39 所示。为解决这种问题，需要有两个完全重叠的南瓜花图像。

图 12.39

3️⃣ 确保选择了南瓜花图像（Squash-Blossom.psd）所在的图形框架，选择"编辑">"复制"，再选择"编辑">"原位粘贴"。现在就有了两个完全重叠的南瓜花图像。

4️⃣ 选择"对象">"隐藏"，将上面的那个图像隐藏起来。

5️⃣ 选择可见的南瓜花图像，选择"对象">"对象图层选项"。在弹出的对话框中，勾选"预览"复选框，以便能够看到变化；必要时将对话框移到不碍事的地方，以便更好地预览效果。隐藏图层 Foreground，只留下图层 Shadow 可见，单击"确定"按钮，如图 12.40 所示。

图 12.40

⑥ 打开"效果"面板，将"混合模式"改为"正片叠底"。可以看到图层 Shadow 中的灰色与下面的颜色的重叠效果发生了翻天覆地的变化，如图 12.41 所示。

图 12.41

> ♡ **注意** 为了能清晰地看到结果，按 W 键切换到"预览"模式。查看完毕后按 W 键返回"正常"模式，以便能够看到框架边缘。

⑦ 选择"对象">"显示跨页上的所有内容"，另一个南瓜花图像又可见了。现在需要确保选择的是上面的那个南瓜花图像。一种简单的方式是，先选择其他对象，再单击南瓜花图像。这时将选择南瓜花图像的副本，因为它在上面。

⑧ 选择"对象">"对象图层选项"。在弹出的对话框中，隐藏图层 Shadow，单击"确定"按钮。现在，只有前面将其混合模式设置成了"正片叠底"的投影是可见的，结果看起来赏心悦目多了，如图 12.42 所示，因为现在投影中的灰度值与下面的颜色混合了。

图 12.42

> ♡ **注意** 在"对象图层选项"对话框中，可见性设置的工作原理与"图层"面板中的相同。要让图层可见，可单击其左边的方框，让眼睛图标显示出来；要隐藏图层，可单击其左边的眼睛图标，让它消失。

⑨ 锁定图层 Art3 下面的所有图层，再使用选择工具拖曳出一个与南瓜花图像有部分重叠的方框。由于两个南瓜花图像几乎是完全重叠的，因此将同时选择这两个图像。选择"对象">"编组"，将这两个图像编为一组，以便调整它们的位置时，可轻松确保它们依然是完全重叠的。

⑩ 尝试将这个对象组移到其他背景上面。例如，在选择了这个对象组的情况下，打开"图层"

面板，并将图层 Art3 右边的实心蓝色框拖曳到图层 Type 上，再向下移动南瓜花图像，让部分投影位于白色文本 edible blossoms 上面，如图 12.43 所示。注意，仅当背景为白色时，投影看起来才是黑色的；而背景为绿色时，投影将与背景色混合。

图 12.43

⑪ 将对象组移回图层 Art3 中，调整其位置，使其位于文本 edible blossoms 的上方（在原来的位置附近即可，而不必与原来的位置完全相同）。

⑫ 选择"编辑">"全部取消选择"，选择"文件">"存储"保存文件。

12.7.7 编辑和删除效果

在 InDesign 中可轻松地编辑和删除应用的效果，还可快速获悉是否对对象应用了效果。

下面先编辑餐馆名后面的渐变填充，再删除一个应用于圆的效果。

❶ 在"图层"面板中，确保图层 Art1 未被锁定、可见且处于活动状态。如果在前面切换到了"预览"模式，请返回"正常"模式，再选择"视图">"使页面适合窗口"。

❷ 使用选择工具单击文本 edible blossoms 后面使用灰色渐变填充的框架。

❸ 选择"窗口">"属性"，打开"属性"面板。在这个面板中，列出的属性之一是"渐变羽化"效果，它显示在 fx 按钮的右边，且带有下划线，如图 12.44 所示。单击 fx 按钮，在弹出的菜单中，"渐变羽化"旁边有对钩，表明将这种效果应用到了选定对象。单击带有下划线的字样"渐变羽化"，打开"效果"对话框。

❹ 在"效果"对话框中，勾选"预览"复选框。如果有必要，将这个对话框移到一边，以便能够看到当前选定的对象。在"选项"部分，将类型改为"径向"；在"渐变色标"部分，单击渐变色带的中点（渐变色带上方的小菱形），将其左右拖曳，看效果将如何变化，即黑色从中央向外扩散的距离将更远或更近；中点的设置为百分比值，显示在"位置"文本框中，将"位置"设置为35%，如图 12.45 所示。单击"确定"按钮，更新"渐变羽化"效果。

图 12.44

❺ 在"属性"面板的"外观"部分，单击"填色"框，再将"填色"设置为 Blue-Dark。选择"编辑">"全部取消选择"，并关闭"属性"面板，结果如图 12.46 所示。

图 12.45

图 12.46

> �‍💡‍提示 要快速获悉文档的哪些页面包含透明度效果，可在"页面"面板菜单中选择"面板选项"，再在弹出的对话框中勾选"透明度"复选框。这样，如果页面包含透明度效果，其页面图标右边将出现一个小图标（▨）。

合理使用不透明度和色调

不透明度和色调是极佳的创意工具，但会导致文件更复杂，因此应有目的地使用它们。如果能够以更简单的方式实现所需的视觉效果，就不要使用它们。

一种常见的情形是，要让框架的颜色更淡，而这个框架后面并没有需要显露出来的东西，如框架位于白色背景上，如图 12.47 所示。在这种情况下，应设置颜色的色调，而不应使用不透明度。为此，可使用"颜色"面板或"色板"面板中的"色调"滑块，也可使用"色调"色板。有关色调的更多信息，请参阅第 5 课。

图 12.47

图 12.48

下面删除应用于某个对象的所有效果。

❶ 在"图层"面板中，让所有图层都可见，并对所有图层都解除锁定。

❷ 按住 Ctrl（Windows）或 Command（macOS）键，并使用选择工具单击页面底部中央用 Purple-Warm 色板填充的小圆，它位于沙拉图像的右下方。第 1 次单击时，可能选择的是它前面的矩形框架。在这种情况下，可再次单击以选择这个小圆。也可锁定大圆所在的图层 Art3，这样处理该图层下方的图层 Art2 中的对象（用 Purple-Warm 色板填充的小圆）时将更容易。

❸ 在"效果"面板菜单中选择"清除效果"，这将把应用于这个圆的所有效果都删除，但保留以前应用的不透明度设置，因此这个圆依然会与它下面的对象交互，如图 12.49 所示。

图 12.49

❹ 选择"编辑">"全部取消选择"，选择"文件">"存储"保存文件。

❺ 双击抓手工具使页面适合窗口，切换到"预览"模式并查看结果。

12.8 练习

尝试下列使用 InDesign 不透明度选项的方法。

❶ 切换到第 2 页，并尝试使用"效果"面板底部的"分离混合"和"挖空组"复选框——这两个复选框只适用于对象组。这个页面顶部的对象说明了这两个选项的差别：它们得到的结果相反，如图 12.50 所示。在这个示例中，对每片叶子都应用了混合模式，并将这 3 片叶子编成了一个对象组。

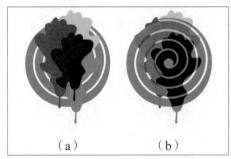

（a）　　　　　（b）

（a）为勾选了"分离混合"复选框的结果——组中的对象彼此交互，但不与组下面的对象交互；

（b）为勾选了"挖空组"复选框的结果——组中的对象不彼此交互，但与组下面的对象交互

图 12.50

❷ 尝试修改应用于页面底部的文本框架和对象的混合模式和效果。这个文本框架是使用渐变填充的，且对其应用了一种效果，但文本是可编辑的，如图 12.51 所示，因此你可选择它们，并根据自己的喜好输入任何文本。

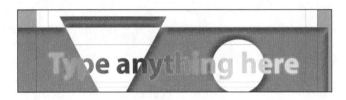

图 12.51

❸ 在一个新图层中创建一些形状，为此可使用绘画工具创建并复制第 1 页的对象或置入本课使用的图像文件。对不包含内容的形状应用颜色，并调整形状的位置，让它们至少有部分重叠，然后完成以下操作。

· 选择堆叠在最上面的形状，并在"效果"面板中尝试使用其他混合模式，如"亮度""强光""差值"。然后选择其他对象并在"效果"面板中选择相同的混合模式，对结果进行比较。

· 在"效果"面板中，修改一些对象的不透明度，再选择其他对象，并分别选择"对象">"排列">"后移一层"和"对象">"排列">"前移一层"来查看结果。

· 尝试将不同的不透明度和混合模式组合应用于对象，再将同样的组合应用于与该对象部分重叠的其他对象，以探索可创建的各种效果。

12.9　复习题

1. 如何将不透明度设置或效果应用于对象的不同部分？
2. 将透明度效果应用于对象后，将这些效果应用于其他对象的最简单的方法是什么？
3. 处理不透明度时，图层及其中的对象的堆叠顺序有何重要意义？
4. 要删除对对象应用的多种透明度效果，最简单、快捷的方式是什么？
5. 对文本应用效果时有何限制？
6. 在什么情况下，使用色调比使用不透明度更合适？

12.10　复习题答案

1. 在"效果"面板中，选择一个级别。例如，可选择级别"对象"，将设置应用于整个对象；还可选择级别"描边""填充""文本"，对描边、填充和文本应用不同的设置。
2. 选择应用了透明度效果的对象，再将"效果"面板右边的 fx 图标拖曳到其他对象上。
3. 对象的不透明度不仅决定了它后面的对象是否可见，还会影响它前面的对象的外观。例如，透过半透明的对象，可看到它下面的对象，就像彩色胶片后面的对象一样。调整对象的排列顺序，即哪个在前面，哪个在后面，可能导致最终的颜色和效果发生翻天覆地的变化。
4. 选择该对象，再单击"效果"面板底部的"清除效果"按钮。这将清除效果、混合模式和不透明度的设置。如果只想清除效果，可单击"删除效果"按钮或在"效果"面板菜单中选择"清除效果"；如果只想清除混合模式和不透明度的设置，可在"效果"面板菜单中选择"清除全部透明度"。
5. 效果只能应用于整个文本框架，而不能应用于文本框架中的部分文本。
6. 在对象后面没有可以与透明度效果交互的东西（如对象位于白色背景上）时，使用色调更合适。换言之，如果只想让对象的颜色更淡，且后面没有要透过它显示的对象，应使用色调。

第 13 课

打印及导出

本课概览

- 检查文档是否存在潜在的印刷问题。
- 管理文档使用的颜色。
- 确认 InDesign 文件及其元素可以打印。
- 打印前在屏幕上预览文档。
- 生成用于校样和印刷的 PDF 文件。
- 创建可用于印刷的 PDF 预设。

- 为字体和图形选择合适的打印设置。
- 打印文档校样。
- 创建打印预设以实现自动化打印。
- 收集所有必需的文件，以便打印或交给印刷服务提供商。
- 导出图形，以便用于 Web 和其他数字发布。

学习本课大约需要 **50**分钟

　　不管输出设备是什么，都可使用 InDesign 的高级打印和印前检查功能来管理打印设置，轻松地将文档输出到激光打印机或喷墨打印机，还可将其输出为用于校样和印刷的 PDF 文件。

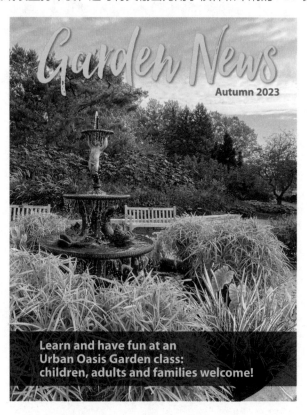

13.1　概述

本课将对一个杂志封面做印前处理，该杂志封面包含彩色图像且使用了专色，还将介绍使用彩色喷墨打印机或激光打印机打印校样，再在高分辨率印刷设备（如印版机或胶印机）上印刷的方法。打印前，将把文件导出为 PDF 格式，以便审阅。

❶ 为确保你的 InDesign 首选项和默认设置与本课所述一样，请将 InDesign Defaults 文件移到其他文件夹中，详情请参阅"前言"中的"另存和恢复 InDesign Defaults 文件"。

❷ 启动 InDesign。选择"文件">"打开"，打开 InDesignCIB\Lessons\Lesson13 文件夹中的 13_Start.indd 文件。

❸ 在弹出的指出该文件包含缺失或已修改的链接的对话框中，单击"不更新链接"按钮，本课后面将解决这个问题。

当你打印 InDesign 文档或生成用于打印的 PDF 文件时，InDesign 必须使用置入版面中的原稿。如果原稿已移动、名称已修改或不存在，InDesign 将发出警告，指出找不到原稿或原稿已被修改。这种警告会在文档打开、打印或导出，以及使用"印前检查"面板对文档进行印前检查时发出。InDesign 在"链接"面板中显示打印所需的所有文件的状态。

❹ 为确保你的 InDesign 面板和菜单命令与本课使用的相同，请先选择"窗口">"工作区">"[印刷和校样]"，再选择"窗口">"工作区">"重置'印刷和校样'"。

❺ 选择"文件">"存储为"，将文件重命名为 13_Press.indd，并将其存储到 Lesson13 文件夹。

❻ 如果想查看最终的文档，可打开 Lesson13 文件夹中的 13_End.indd 文件。在本课中，仅通过预览无法看出起始文件和最终文件的差别；要想看出这些差别，需要查看"链接"面板、"颜色"面板和"色板"面板。

❼ 查看完毕后，可关闭 13_End.indd 文件，也可让它保持打开状态，以供工作时参考。要返回到课程文档，可选择"窗口">13_Press.indd，也可单击文档窗口左上角的标签 13_Press.indd。

13.2　印前检查

在 InDesign 中，在打印文档、将文档交给印刷服务提供商或以数字方式出版前，需对文档质量进行检查，这称为印前检查。第 2 课的"在工作时执行印前检查"一节已经介绍了如何使用 InDesign 的实时印前检查功能，这让用户能够在制作文档期间对文档进行监视，以防发生潜在的问题。

可通过"印前检查"面板核实文件使用的所有图像和字体都可用且没有溢流文本。下面使用"印前检查"面板找出示例文档中一个已修改的图像以及溢流文本。

❶ 选择"窗口">"输出">"印前检查"，也可单击面板停放区中的"印前检查"面板图标（ ）。

> 💡提示　要打开"印前检查"面板，也可双击文档窗口底部的"2 个错误"字样，还可在"2 个错误"字样右边的下拉列表中选择"印前检查面板"。

❷ 在"印前检查"面板中，确保勾选了"开"复选框并在"配置文件"下拉列表中选择了"[基本]（工作）"。可以看到面板中列出了两种错误（链接错误和文本错误），括号内的数字表明有一个与链接

相关的错误及一个与文本相关的错误。

③ 单击"链接"和"文本"左边的箭头，以显示有关错误的详细信息。单击"已修改的链接"左边的箭头，这将显示已修改的图形文件的名称。双击链接名 Lily.jpg，该图形文件对应的内容将显示在文档窗口中央，且其所属的图形框架被选中（这里将切换到这个图形所在的第 8 页）。如果仔细观察包含百合花的框架，将发现其左上角有一个带感叹号的黄色三角形（ ⚠ ），这是链接已修改警告图标，表明置入版面的图形文件已修改。在"印前检查"面板底部，"信息"部分显示了有关选定问题的详细信息及修复方法，如图 13.1 所示。

图 13.1

④ 要更新这个图像，可单击这个警告图标，也可双击"链接"面板中的链接已修改图标。现在就请采取这两种措施之一。

> 💡 提示　无论当前的"显示性能"设置如何，已修改或缺失的图像都以较低的分辨率显示。

可以看到更新链接后，图像 Lily.jpg 的颜色变了。另外，可以看到左上角的链接已修改警告图标变成了链接符号，这意味着图像文件已链接到 InDesign 文档，不再处于缺失或已修改状态，如图 13.2 所示。这里演示了制作过程中常见的一种情形：设计获准进行印刷后，又对图像的颜色做了校正。

图 13.2

⑤ 为了以高分辨率显示文档，选择"对象">"显示性能">"高品质显示"。在为输出而检查文档质量时，最好以"高品质显示"方式查看文档。

> 💡 提示　在"首选项"对话框的"显示性能"部分，可分别修改位图、矢量图形和应用了透明度的对象的默认显示品质。要打开"首选项"对话框，可选择单"编辑">"首选项">"显示性能"（Windows）或 InDesign>"首选项">"显示性能"（macOS）。

⑥ 单击面板停放区的"印前检查"面板图标，再次打开这个面板，可以看到现在只有一个与文本相关的错误。下面来查看该错误。先像定位缺失或已修改的图像那样定位这个文本错误：单击"溢流文本"左边的箭头，再单击列出的"文本框架"右边的页码，切换到相应的页面，选择这个文本框架并让它显示在文档窗口中央，如图 13.3 所示。

图 13.3

⑦ 包含加号的红色方框表明这个框架中有溢流文本。而用于审阅、发布或印刷的文件不应有溢流文本。

⑧ 使用选择工具向下拖曳这个文本框架下边缘中央的手柄，直到显示了文本的最后一行。现在"印前检查"面板底部显示的状态为"无错误"。执行完印前检查后，必须确保"印前检查"面板中显示的状态为"无错误"。

⑨ 选择"文件">"存储"保存对文档所做的修改，再关闭"印前检查"面板和"链接"面板。

> 💡 **注意** 如果此时还有已修改的链接，请在"链接"面板菜单中选择"更新所有链接"。

对要使用印刷机印刷的文档进行印前检查时，另外两个重要方面是色彩空间和图像分辨率。在有些工作流程中，要印刷的图像应使用 CMYK 色彩空间；而在其他的工作流程中，应使用 RGB 色彩空间，并在制作阶段的某个节点转换为 CMYK 色彩空间。对于要印刷的图像，必须是高分辨率的——有效分辨率至少为 300 像素 / 英寸。这样的文件可能非常大，但本课使用的图像文件很小，这是为了方便下载。可定制"链接"面板，以显示对当前工作流程来说很重要的信息，进而对色彩空间和分辨率等方面进行印前检查。有关这方面的信息，请参阅 11.4.2 小节。还可根据工作流程和输出设备创建合适的自定义印前检查配置文件，有关这方面的信息，请参阅下面的旁注。

创建印前检查配置文件

若启用实时印前检查功能（在"印前检查"面板中勾选"开"复选框），InDesign 将使用默认的印前检查配置文件（"[基本]（工作）"）对文档进行印前检查。该配置文件用于检查基本的输出条件，如缺失或已修改的图形文件、未解析的字幕变量、无法访问的 URL、溢流文本和缺失字体。

用户也可自己创建印前检查配置文件，还可载入印刷服务提供商或他人提供的印前检查配置文件。创建自定义的印前检查配置文件时，可定义要检查的条件。下面创建一个配置文件，让它在文档使用了非 CMYK 颜色时发出警告。

① 如果没有打开"印前检查"面板，请选择"窗口">"输出">"印前检查"打开它。在"印前检查"面板菜单中选择"定义配置文件"。

② 单击打开的"印前检查配置文件"对话框左下角的"新建印前检查配置文件"按钮（🔳），新建一个印前检查配置文件，如图 13.4 所示。在"配置文件名称"文本框中输入 CMYK colors only。

③ 单击"颜色"左边的箭头以显示与颜色相关的选项，勾选"不允许使用色彩空间和模式"复选框。

④ 单击"不允许使用色彩空间和模式"复选框左边的箭头，勾选除 CMYK 和"灰度"以外的所有复选框（RGB、Lab、"专色"和 HSB），如图 13.5 所示。之所以在 CMYK 印刷中可以使用灰度色，是因为它只印刷到黑色印版。取消勾选"不允许使用青版、洋红版或黄版"复选框（仅当为只使用专色打印的文档创建印前检查配置文件时才勾选这个复选框）。

图 13.4 图 13.5

⑤ 保持"链接""图像和对象""文本""文档"的印前检查条件不变，单击"存储"按钮，再单击"确定"按钮。

⑥ 在"印前检查"面板的"配置文件"下拉列表中选择 CMYK colors only，可以看到"错误"部分列出了其他错误。

⑦ 单击"颜色"左边的箭头，再单击"不允许使用色彩空间"左边的箭头，将看到一个列表，其中列出了没有使用 CMYK 颜色的对象。确保"印前检查"面板中的"信息"部分可见。如果看不到"信息"部分，单击"信息"左边的箭头以显示该部分。单击各个对象，以查看有关问题及如何修复的信息。

⑧ 查看完毕后，在"印前检查"面板的"配置文件"下拉列表中选择"[基本](工作)"，返回到本课使用的默认配置文件。

13.3　分色预览

如果文档需要进行商业印刷，可使用"分色预览"面板来核实是否为特定的印刷方式设置好了文档使用的颜色。例如，要使用 CMYK 印刷油墨还是专色油墨来印刷文档。这个问题的答案决定了需要检查和修复哪些方面。

① 切换到第 1 页，选择"窗口">"输出">"分色预览"打开"分色预览"面板，也可单击面板停放区的"分色预览"面板图标（ ）来打开这个面板。

② 在"分色预览"面板的"视图"下拉列表中选择"分色"。移动这个面板以便能够看到页面，调整面板的高度以便能够看到列出的所有颜色，如图 13.6 所示。如果有必要，选择"视图">"使页面适合窗口"。

③ 单击 CMYK 左边的眼睛图标，隐藏所有使用 CMYK 颜色的元素，只显示使用专色的元素，如图 13.7 所示。

💡 提示　在"分色预览"面板中，如果在"视图"下拉列表中选择"油墨限制"，InDesign 将以红色表示超过了指定的最大油墨百分比（默认"油墨限制"值为 300%）的区域。

④ 单击 Bright Green 旁边的眼睛图标，页面底部的文本消失了，这意味着这些文本使用的是专色 Bright Green。应将这种颜色转换为印刷色版本，这个任务将在本课后面完成。

图 13.6

图 13.7

⑤ 单击 CMYK 旁边的空框以显示所有的元素。切换到第 2 页，单击"黑色"旁边的眼睛图标，可以看到标题消失了，但有些正文依然可见，如图 13.8 所示。这意味着正文将使用多个印版印刷，但我们的本意是只使用黑色印版印刷正文。

> 💡 提示　由于印刷时通过准确地堆叠油墨来完成印刷工作，因此对于较小的对象（如正文），印刷时应避免使用多种油墨。这是因为，如果油墨没有完全对齐，文字将变得模糊。通过让小型对象（如文本）只使用一种油墨可避免这种问题。

图 13.8

⑥ 为找出其中的原因并解决问题，向左移动第 2 页，以便能够看到第 3 页的部分正文。你可能会以为第 3 页的正文与第 2 页的正文一样，但情况并非如此。在关闭"黑色"印版的情况下，这两页的正文都应该不可见。开启"黑色"印版，再打开"段落样式"面板（选择"窗口">"样式">"段落样式"），并使用文字工具在第 3 页的正文中单击，高亮显示的样式为 Body Copy No Indent。在第 2 页的正文中单击，可以看到高亮显示的样式为"[基本段落]"，这说明没有对这些文本应用段落样式。

选择第 2 页第 1 段末尾到第 3 段开头的文本，如图 13.9 所示；再选择段落样式 Body Copy No Indent，将其应用于第 2 页的所有段落。

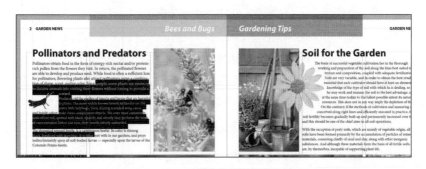

图 13.9

⑦ 按 Esc 键切换到选择工具。在"分色预览"面板中，单击"黑色"旁边的眼睛图标。现在，所有期望为黑色的文本都消失了。这是因为这个段落样式包含字符颜色，并将其设置成了100% 黑色。由此可知，使用段落样式可避免很多错误，包括文本的颜色不一致这样的错误。

⑧ 在"分色预览"面板的"视图"下拉列表中选择"关"，以显示所有颜色，再关闭这个面板。关闭"段落样式"面板，选择"编辑">"全部取消选择"。选择"文件">"存储"，保存文件。

用于蜡光纸和无涂层纸的油墨

应用广泛的 PANTONE 油墨库包括用于蜡光纸和无涂层纸的版本，在油墨名中，使用 (C) 和 (U) 来标识这两种版本。

在屏幕上，通过模拟在蜡光纸和无涂层纸上印刷的效果来近似显示差别。在大多数使用专色油墨印刷的项目中，每种油墨都只有一个印版。因此，如果文件使用了这些颜色，需要确保在文档中同一种颜色只有一个实例，这样该颜色将只有一个印版。

💡 提示　在印刷过程中，有时可以使用专色油墨印刷两次来实现特殊效果，这被称为叠印（Second Hit），这种效果必须在文件中作为额外的颜色进行设置。

蜡光纸和无涂层纸

图 13.10 所示说明了将同样的 CMYK 颜色印刷到蜡光纸（左）和无涂层纸（右）时，结果有何不同。包括 PANTONE 油墨在内的所有油墨都存在这样的差异。

图 13.10

这种差异是由纸张的物理特征导致的。比起蜡光纸，无涂层纸吸收的油墨更多，导致油墨干后不那么有光泽。同样的颜色在无涂层纸上显得更暗，而在蜡光纸上显得更亮。

13.4　管理颜色

为确保文件可用于商业印刷，一种有效方式是确保"色板"面板只显示实际使用的颜色，这是印刷服务提供商收到你的文件后首先做的检查之一。

❶ 选择"窗口">"颜色">"色板"，打开"色板"面板。向下拖曳这个面板的下边缘，使其高到足以显示所有的颜色。可以看到颜色 Blue-Bright 下面还有一种蓝色，它看起来几乎与颜色 Blue-Bright 一样。在设计过程中，经常会出现这样的情况，设计者的本意是在整个文档中都使用同一种蓝色，因此在制作过程中必须解决这种问题。将"色板"面板拖放到面板停放区，以便以后使用；关闭"颜色"面板和"渐变"面板；再在面板停放区中单击"色板"面板图标打开这个面板。

💡 提示　可以看到"色板"面板中有一种名为 TRUMATCH 8–b 的颜色。TRUMATCH 是 InDesign 内置的专用于 CMYK 印刷的颜色色板库。市面上有印刷出来的针对蜡光纸和无涂层纸的色板手册。

❷ 找出所有未使用的颜色。确保填充色和描边色都被设置为"[无]"，在"色板"面板菜单中选择"选择所有未使用的样式"，结果如图 13.11 所示。在面板菜单中选择"删除色板"，将所有未使用的色板都删除。如果第 2 种蓝色未被使用，问题便解决了。但它还在，因此需要进一步采取措施。

❸ 选择颜色 Blue-Bright 下面的蓝色（C=67 M=43 Y=0 K=0），在"色板"面板菜单中选择"删除色板"。由于在当前文档的某个地方使用了这种颜色，因此出现了一个对话框，让你将要删除的色

图 13.11

板替换为其他色板。在下拉列表中选择 Blue-Bright，如图 13.12 所示，单击"确定"按钮。由于我们知道这里要确保这种颜色必须在整个文档中一致，因此无须找出使用该颜色的每个对象。

图 13.12

选择色板 Bright Green，它右边的图标（■）表明这是一种专色油墨，但这个项目将只使用 CMYK 油墨进行印刷。为删除这种颜色，单击"色板"面板底部的垃圾桶图标，在打开的"删除色板"对话框中，将其替换为印刷（CMYK）颜色 Green-Brightest，再单击"确定"按钮，如图 13.13 所示。这修复了前面的印前检查练习中发现的封面存在的分色问题。

图 13.13

❹ 找出这个文件使用的未保存为色板的颜色。在"色板"面板菜单中选择"添加未命名颜色"，出现了 3 种之前未命名的颜色（如果你在"颜色"面板中创建颜色并使用它们，但没有将它们添加到"色板"面板，这些颜色就是未命名颜色），如图 13.14 所示。重要的是判断这些颜色使用的是否是这个文件允许的油墨，可以看到它们都是 CMYK 颜色，因此没有任何问题。

图 13.14

13.4.1 查找颜色

可使用"查找 / 更改"功能在文档中查找颜色。这项功能的主要用途有两个：查找使用特定颜色的对象，并将它使用的颜色修改为其他颜色；查找其颜色将在印刷过程中或其他介质中带来问题的对象，以便将这些对象的颜色修改为正确的颜色。

下面的练习将使用这项功能找出将在印刷过程中带来问题的颜色。

① 在"色板"面板中滚动到开头，选择色板"[黑色]"下方的 c70m67y64k74 色板，并在面板菜单中选择"查找此颜色"。在打开的"查找/更改"对话框中，单击"查找下一个"按钮，InDesign 选择了第 2 页开头的文章左边的蝗虫图形——找到的第 1 个使用选定颜色的对象（你可能还记得，在前面的练习中，当你关闭"黑色"印版时，这个蝗虫依然可见。如果对象只使用黑色油墨印刷，当你关闭"黑色"印版时，它将消失），如图 13.15 所示。

图 13.15

这只蝗虫看起来是黑色的，但它实际上是使用 c70m67y64k74 色板着色的，而这个色板由 4 种油墨组成。像这样的颜色通常是这样生成的：在 Illustrator 中，在 RGB 色彩空间中绘制图形，再将 RGB 色彩空间转换为 CMYK 色彩空间，并将图形复制并粘贴到 InDesign 中。对于使用 c70m67y64k74 色板的所有对象，其颜色都必须改为"[黑色]"，使其只使用黑色印版印刷。

② 在"更改颜色"下拉列表中选择"[黑色]"，单击"更改"按钮。你看不到任何变化，因为在屏幕上，颜色 c70m67y64k74 和"[黑色]"看起来是一样的，但现在在"色板"面板中，选择的是"[黑色]"，如图 13.16 所示。之所以能够修改这个图形的颜色，是因为它是一个 InDesign 矢量对象，而不是链接的图形。

图 13.16

③ 单击"查找下一个"按钮，InDesign 将选择下一个使用 c70m67y64k74 色板的对象——封底的回信地址。单击"更改"按钮，并再次单击"查找下一个"按钮，InDesign 将显示一个对话框，指出搜索已完成，同时指出找到了多少个实例。单击这个对话框中的"确定"按钮，再单击"完成"按钮，关闭"查找/更改"对话框。选择"编辑">"全部取消选择"。

> 💡 注意　使用"查找颜色"功能可同时查找对象和文本。

④ 从"色板"面板菜单中选择"选择所有未使用的样式"，确认在当前文档中没有使用色板 c70m67y64k74。单击"色板"面板底部的"删除"按钮将这个色板删除，选择"文件">"存储"保存文件。

13.4.2　查找使用专色的图形

"查找颜色"功能还可查找使用了专色的置入图形。对于这样的图形，如果使用 InDesign 油墨管理器无法解决它们存在的问题（如同时使用了专色和透明度效果），或者你要校正原始文件的颜色，就必须使用原始应用程序来打开并处理它们。

① 如果有必要，打开"色板"面板，再从面板菜单中选择"排序">"按名称排序所有色板"。

② 可以看到有一种 PANTONE 颜色——PANTONE 130 C。选择这个色板，并在面板菜单中选择
"查找此颜色"。

③ 将打开"查找 / 更改"对话框，并在"查找颜色"下拉列表中选择了 PANTONE 130 C。单击"查
找下一个"按钮，InDesign 将选择下一个使用 PANTONE 130 C 的对象。在这里，InDesign 将切换到第
3 页，并选择其中的黄色花朵图形。

④ 为确定这个图形是可在 InDesign 中修改的 InDesign 矢量图形还是置入的图形，选择"窗口">"链
接"或单击面板停放区中的"链接"面板图标。"链接"面板中选择了 YellowFlower.ai，如图 13.17 所示，
这说明它是一个置入的图形。因此可在 Illustrator 中打开这个图形，并将它使用的颜色转换为印刷色，也
可在打印或导出当前文档前，在 InDesign 中使用油墨管理器将这种颜色转换为印刷色。

图 13.17

⑤ 关闭"链接"面板和"查找 / 更改"对话框。

下面介绍如何使用"油墨管理器"将这个图形设置为使用印刷油墨进行输出，这样就不用在
Illustrator 中打开并处理它了。

13.4.3　使用油墨管理器

油墨管理器让你能够控制输出时使用的油墨。使用油墨管理器所做的修改将影响输出，但不会影
响文档中的颜色定义。

油墨管理器很有用，让你能够指定如何使用油墨，从而避免回过头去修改置入的图形。例如，使
用 CMYK 印刷色印刷使用了专色的出版物时，油墨管理器提供了将专色转换为等价 CMYK 印刷色的
选项。

> ♀提示　如果文档包含两种相似的专色，但只有一种专色是必不可少的，或如果一种专色有两个名称，
> 油墨管理器能够将这些变种映射到一种专色，这被称为油墨别名。

① 打开"分色预览"面板，在"视图"下拉列表中选择"分色"，并禁用 PANTONE 130 C，前
述黄色花朵图形的有些部分消失了。重新启用 PANTONE 130 C，并从"分色预览"面板菜单中选择
"油墨管理器"。

② 在打开的"油墨管理器"对话框中，单击颜色色板 PANTONE 130 C 左边的专色图标（■），

它将变成 CMYK 图标（），如图 13.18 所示。这样，该颜色将以 CMYK 颜色组合的方式印刷，而不是在独立的印版上印刷。单击"确定"按钮，关闭"油墨管理器"对话框。

图 13.18

③ 再次打开"分色预览"面板并在"视图"下拉列表中选择"分色"。可以看到其中不再包含 PANTONE 130 C。在"视图"下拉列表中选择"关"，再关闭"分色预览"面板。

"油墨管理器"对话框的底部有一个"所有专色转换为印刷色"复选框，勾选后能够将所有专色都转换为印刷色。这是一种不错的解决方案，可将印刷限制为使用 4 种印刷色，而无须在置入图形的源文件中修改专色。然而，如果专色图形使用了透明度效果，油墨管理器的转换结果就是不可靠的。在这种情况下，必须使用最初用来创建图形的应用程序打开图形文件，并将专色改为印刷色。

💡 提示 如果文档将使用专色油墨印刷，使用透明度效果不会有任何问题，但必须确保效果与文件的其他部分使用的油墨相同。

在很多工作流程中，同一个素材有 CMYK 版本和专色版本，以便根据文档的印刷方式链接正确的版本。如果项目将使用 CMYK 油墨印刷，而置入的图形使用了专色和透明度效果，那么不能在 InDesign 中将它们转换为 CMYK 印刷色，因为这种转换将引发错误，如效果应用的区域变成了白色框。在这种情况下，必须使用置入图形的 CMYK 版本。

13.5　预览透明度效果

以前，如果对文档中的对象应用了透明度效果，则在打印或输出这些文档时，需要进行一种叫作拼合的处理，因为以前的商业印刷机的图像处理器无法处理透明度效果。拼合将对象分割成基于矢量的区域和光栅化区域，而这些区域被进一步分割成被称为贴片（Tile）的方块。然而，即便在拼合时使用"高分辨率"设置，光栅化区域的分辨率也比商业印刷机的图像处理器支持的分辨率低得多，因此印刷效果没有不拼合时那么好。

现代图像处理器能够处理透明度效果，因此不需要拼合。要获得最佳结果，就不应在制作过程中进行拼合。在 InDesign 中，可使用"拼合预览"面板来确定哪些对象应用了透明度效果，这让你能够确保你是有意（而不是不小心）使用了它们，还让你能够快速找出使用了透明度效果的对象并检查其设置。

下面将使用"拼合预览"面板来确定哪些对象应用了透明度效果。

① 切换到第 1 页并选择"视图">"使页面适合窗口"。

② 选择"窗口">"输出">"拼合预览"或单击面板停放区中的"拼合预览"面板图标，打开"拼合预览"面板并调整"拼合预览"面板的位置，以便能够看到整个页面。

③ 在"拼合预览"面板的"突出显示"下拉列表中选择"透明对象",单击"刷新"按钮。除应用了透明度效果的区域外,整个页面都呈灰色。

④ 如果有必要,在"预设"下拉列表中选择"[高分辨率]",如图 13.19 所示。

图 13.19

可以看到页面顶部的杂志名以红色突出显示,这是因为它应用了透明度效果(投影)。

💡 提示　不透明度设置可能是在 Photoshop、Illustrator 或 InDesign 中指定的。无论不透明度设置是不是在 InDesign 中指定的,"拼合预览"面板都能识别到。

⑤ 切换到下一个跨页,可以看到没有任何红色突出显示的对象,就像没有启用拼合预览一样。这是因为这个跨页中没有任何对象应用了透明度效果。

⑥ 在"突出显示"下拉列表中选择"无",以禁用拼合预览,再关闭"拼合预览"面板。

13.6　预览页面

前面预览了分色和版面的透明区域,下面预览页面以了解杂志印刷出来的效果。

① 在工具面板底部的"屏幕模式"按钮上按住鼠标左键,并在弹出的菜单中选择"预览",如图 13.20 所示,这将隐藏所有参考线、框架边缘、不可见字符、粘贴板和其他非打印项目。要了解文档印刷并裁剪后是什么样的,这是最合适的屏幕模式。它还让你能够快速预览页面——无须逐个地去隐藏非打印元素。

图 13.20

② 在"屏幕模式"按钮上按住鼠标左键,并在弹出的菜单中选择"出血",这将显示最终文档周围的区域。这种视图用于确认需要出血的对象是否延伸到了文档边缘外面。文档打印出来后,将根据最终文档大小裁剪掉多余的区域。

💡 注意　有关出血的详细信息,请参阅第 3 课的"打印到纸张边缘:使用出血参考线"一节。

③ 打印或导出前,浏览整个文档,并检查各个方面。除了可在"预览"模式下检查各个对象外,还可在"出血"模式下确定位于文档边缘的对象是否延伸到了粘贴板,如图 13.21 所示。再次确认印前检查状态为"无错误"。

④ 在"屏幕模式"下拉列表中选择"正常",再选择"文件">"存储"保存文件。

确定文档的外观没有问题后便可打印。

"正常"模式   "预览"模式   "出血"模式

图 13.21

13.7 创建 PDF 文件

如果文档需要由他人审阅，可用 InDesign 轻松地创建 PDF 文件以便传输和共享。你将 PDF 文件与他人共享后，对方就可在没有 InDesign 及使用的字体和图形文件的情况下审阅项目了。使用 PDF 文件有多个优点：文件被压缩得很小；所有字体和图形都包含在单个复合文件中；不管是在 macOS 还是 Windows 操作系统中打开文件，屏幕上显示的效果和打印的文件效果都相同。InDesign 可将文档直接导出为 PDF 文件。

印刷时，将出版物导出为 PDF 文件也有很多优点：将创建一个紧凑且可靠的文件，其中包含 InDesign 文档中的所有元素（包括高分辨率的图形和所有字体）；你或印刷服务提供商利用这个文件可获得与使用 InDesign 文档一样的高品质结果。印刷服务提供商还可使用各种工具对导出的 PDF 文件执行印前检查、陷印、整版、分色等操作。

将 InDesign 文档导出为 PDF 文件的目的有两个：可使用预设来存储适合不同目的的设置，这样就无须在每次导出时都在"导出"对话框中选择多个选项，换言之，预设让你能够根据不同的目的确定需求，再在导出时直接使用它们；可共享预设，确保所有人导出 PDF 文件时使用的设置都相同。

下面使用内置预设创建用于审阅和校样的 PDF 文件。

❶ 选择"文件">"导出"。

❷ 在弹出对话框的"保存类型"（Windows）或"格式"（macOS）下拉列表中选择"Adobe PDF（打印）"，并在"文件名"文本框中输入 13_Proof。如果有必要，切换到 Lesson13 文件夹。单击"保存"按钮，将出现"导出 Adobe PDF"对话框。

❸ 在对话框顶端的"Adobe PDF 预设"下拉列表中选择"[高质量打印]"。该设置将创建适合在屏幕上校样及在桌面打印机上输出的 PDF 文件；使用它生成的文件不太大，因此易于分享，同时分辨率足够高，可用于评估基于像素的图形（光栅图形）的质量。

> 💡注意   "Adobe PDF 预设"下拉列表中的预设可用于创建各种 PDF 文件，包括从适合在屏幕上观看的小文件到适合高分辨率印刷输出的文件。

勾选"导出后查看 PDF"复选框，这样导出后将直接在 Acrobat 中打开生成的 PDF 文件，而不用切换到 Acrobat 再打开它。保持其他默认设置不变，如图 13.22 所示。

图 13.22

④ 单击"导出"按钮,菜单栏右边将出现一个旋转的圆圈( ),它指出了导出进度。导出完成后将生成一个 PDF 文件,并且该文件将自动在 Acrobat Pro DC 或 Acrobat Reader DC 中打开。

> 💡 **注意** 在 InDesign 中,导出 PDF 文件是在后台完成的,在这个后台进程结束前,如果你试图关闭文档,InDesign 将发出警告。

> 💡 **提示** 要查看 PDF 文件的导出进度,也可选择"窗口">"实用程序">"后台任务",打开"后台任务"面板。

⑤ 检查 PDF 文件。PDF 文件适合与同事或客户分享,或者使用办公打印机打印,以便进行审阅。

> 💡 **提示** 要更深入地了解审阅过程及 InDesign 的"共享以供审阅"和"PDF 注释"功能,请选择"帮助">"InDesign 帮助",访问 Adobe 的 InDesign 支持网站。

13.8 创建可用于印刷的 PDF 文件并保存 PDF 预设

对于 InDesign 文档,你可以把原始文件提交给印刷服务提供商(这将在本课后面介绍),也可以把用于印刷的 PDF 文件提交给他们。可用于印刷的 PDF 文件必须是高分辨率的,并包含出血区域。

下面介绍如何创建可用于商业印刷的 PDF 文件。

InDesign 提供了一个名为"[印刷质量]"的 PDF 导出预设,其中定义了大部分必要的设置,但不适合包含出血对象的文档使用。下面以该预设为基础,创建一个包含出血的可用于印刷的预设。

① 选择"文件">"Adobe PDF 预设">"定义"。在弹出的对话框中,向下滚动到"[印刷质量]"并选择它,单击"新建"按钮,以预设"[印刷质量]"设置的选项为基础创建新的预设。

② 在顶部的文本框中,将预设名改为 Press Quality with Bleed。

③ 选择左边列表框中的"标记和出血",再做如下修改:在"标记"部分的"类型"下拉列表中

选择"默认",勾选"裁切标记"复选框,将"位移"设置为"0.125 英寸";在"出血和辅助信息区"部分,将"上"出血设置为"0.125 英寸",并确保启用了"将所有设置设为相同"按钮,让所有出血设置都相同,如图 13.23 所示。

💡 提示　也可勾选"使用文档出血设置"复选框,通过在预设中设置出血量,即便文档没有设置出血量,导出时也将包含指定的出血区域。

图 13.23

④ 单击"确定"按钮,单击"完成"按钮。以后你需要将 InDesign 文档导出为 PDF 文件时,都可使用这个预设。

⑤ 选择"文件">"Adobe PDF 预设">"Press Quality with Bleed"。比起选择"文件">"导出",这种使用 PDF 预设的方式更快捷。将文件命名为 13_Press_HighRes.pdf,单击"保存"按钮。在打开的"导出 Adobe PDF"对话框中,确保勾选了"导出后查看 PDF"复选框,单击"导出"按钮。

导出的 PDF 文件在 Acrobat 中打开后,可以看到封面图像延伸到了裁切标记外面,如图 13.24 所示。裁切标记指出了将杂志裁切为最终尺寸时,刀片将沿纸张的什么地方裁切。这里将在印刷出来的图像内裁切,避免边缘出现没有图像的空白区域。

图 13.24

创建用于印刷的 PDF 预设时,重要的设置如下。

* 位图的显示设置为高分辨率。
* 包含出血。
* PDF 兼容性至少为 Acrobat 5,这样才不会拼合透明度效果。

刚才创建的预设满足上述所有要求,但若有需要,仍可对其进行编辑。例如,想要提高 Acrobat 兼容性版本。

要核实 PDF 预设包含实时透明度还是对其进行了拼合,可查看"兼容性"设置为 Acrobat 4 和更高版本时可设置的选项。支持透明度的最早版本是 Acrobat 5,而 Acrobat 4 文件格式使用拼合策略来模拟透明度效果。

❶ 返回 InDesign，选择"文件">"Adobe PDF 预设">"定义"，再在打开的"Adobe PDF 预设"对话框的"预设"下拉列表中选择 Press Quality with Bleed，单击"编辑"按钮。

❷ 在左边的列表框中选择"高级"。可以看到"透明度拼合"部分呈灰色，如图 13.25 所示，这表示无法修改它，也意味着不会拼合透明度效果。将"兼容性"设置改为 Acrobat 4，"透明度拼合"部分将变得可用，如图 13.26 所示。因为导出为 Acrobat 4 意味着导出为一种不支持透明度效果的文件格式，所以必须拼合透明度效果。单击"取消"按钮，再单击"完成"按钮，关闭"Adobe PDF 预设"对话框。

图 13.25

图 13.26

💡 提示　要创建可用于印刷的拼合 PDF，可在"导出 Adobe PDF"对话框中选择左边列表框中的"高级"，再在"透明度拼合"部分的"预设"下拉列表中选择"[高分辨率]"。

分享预设

❶ 选择"文件">"Adobe PDF 预设">"定义"，打开"Adobe PDF 预设"对话框。选择 Press Quality with Bleed，单击"存储为"按钮。

❷ 在弹出的对话框中，给这个预设指定文件名，设置其存储位置，单击"保存"按钮。现在可以与他人分享这个文件了。

要导入预设，可在"Adobe PDF 预设"对话框中单击"载入"按钮。

❸ 选择"文件">"Adobe PDF 预设">"定义"，在打开的"Adobe PDF 预设"对话框中单击"载入"按钮，在弹出的对话框中，切换到 Lesson13 文件夹，选择 Proof-Facing-Pages.joboptions 文件，单击"打开"按钮。单击"完成"按钮，关闭"Adobe PDF 预设"对话框。现在可以使用这个预设了。这个预设用于创建高品质校样，在 Acrobat 中打开校样时，屏幕上将并排显示跨页的左右对页。

❹ 选择"文件">"Adobe PDF 预设">"Proof Facing Pages"，再次导出当前文件（你可根据自己的喜好给导出的文件命名）。在 Acrobat 中，向下滚动到封面后面的第 1 个跨页，可以看到显示的是跨页而不是单页。以这样的方式控制视图，可确保审阅者查看文档时，与读者翻阅纸版杂志时的情形最接近。

13.9　打印校样并保存打印预设

InDesign 使得使用各种输出设备打印文档都非常容易。本节将创建一种打印预设来存储设置，这样以后在使用相同的设备进行打印时，就无须分别设置每个选项，从而节省时间。保存打印预设与保存 PDF 预设很像，这里的预设供办公打印机打印校样时使用——假定该打印机只使用 Letter 或 A4 纸张。

① 选择"文件">"打印"。

② 在"打印机"下拉列表中选择要使用的打印机。

在本节中，你看到的选项会因选择的设备而异，请尽可能使用你的打印机来完成这里的步骤。

> 💡 注意　如果你的计算机没有连接打印机，可在"打印机"下拉列表中选择"PostScript 文件"，这样就可选择一种 Adobe PDF PPD（如果有的话）并完成下面的全部步骤。如果没有其他 PPD，可将 PPD 设置为"设备无关"，但这样做将使本节介绍的一些控件不可用。

③ 单击"打印"对话框左边的"设置"，再做如下设置，如图 13.27 所示。

* 将"纸张大小"设置为 A4。
* 将"页面方向"设置为纵向。
* 单击"缩放以适合纸张"单选按钮。

④ 单击"打印"对话框左边的"标记和出血"，再做如下设置，如图 13.28 所示。

* 勾选"裁切标记"复选框。
* 在"位移"文本框中输入"0.125 英寸"。
* 勾选"页面信息"复选框。
* 在"出血和辅助信息区"部分，勾选"使用文档出血设置"复选框，这是因为已经在文档设置中设置了这个文档的出血量。

图 13.27

图 13.28

> 💡 注意　如果要输入出血量，可取消勾选"使用文档出血设置"复选框。

请注意对话框左下角的预览区域，它指出了你启用的选项及文档在纸张上的位置。裁切标记打印在页面区域的外面，指出了打印最终文档后在什么地方进行裁切，就像我们在可印刷的 PDF 文件中看到的一样。勾选"页面信息"复选框后，将在文档底部自动添加文档名、页码及打印日期和时间。由于当前文档的尺寸已经是 Letter，而裁切标记和页面信息打印在页面边缘的外面，因此需要单击"缩放以适合纸张"单选按钮，这样 Letter 或 A4 纸张才能容纳页面、出血区域和标记。

勾选"使用文档出血设置"复选框将使 InDesign 打印超出页面区域边缘的对象，从而无须指定要打印的额外区域，因为这个值在"文档设置"中指定了。如果在文档设置中没有指定出血值，就需要在这里指定。

⑤ 单击"打印"对话框左边的"输出"，在"颜色"下拉列表中选择"复合 RGB"或"复合 CMYK"。如果要用黑白打印机打印，请选择"复合灰度"。

选择"复合 CMYK"将在打印时将任何 RGB 颜色（包括 RGB 图像中的 RGB 颜色）转换为 CMYK 颜色。该设置不会修改置入图形的原稿，也不会修改应用于对象的任何颜色。具体该选择什么样的设置取决于你使用的打印设备。

> 💡 提示　如果文档包含将在打印时被拼合的不透明度设置，请在"打印"对话框的"输出"部分勾选"模拟叠印"复选框，以获得最佳的打印效果。

⑥ 单击"打印"对话框左边的"图形"。在"发送数据"下拉列表中选择"优化次像素采样"。

选择"优化次像素采样"后，InDesign 只发送在"打印"对话框中选择的打印机所需的图像数据，这可缩短为打印而发送文件的时间。要将高分辨率图像的完整信息发送给打印机（这可能会增加打印时间），可在"发送数据"下拉列表中选择"全部"。

> 💡 注意　如果将 PPD 设置为"设备无关"，将不能选择"优化次像素采样"，因为这种通用的驱动程序无法确定选择的打印机需要哪些信息。

⑦ 在"下载字体"下拉列表中选择"子集"，作用是只将打印文档实际使用的字体和字符发送给输出设备，从而加快单页文档和文本不多的短文档的打印速度。根据选择的打印设备的不同，这个选项可能呈灰色（表示不可用）。

⑧ 在"颜色管理"和"高级"部分，保持默认设置不变。

⑨ 单击"打印"对话框底部的"存储预设"按钮，在弹出的对话框中将预设命名为 Proof Fit To Page，单击"确定"按钮，如图 13.29 所示。返回"打印"对话框，其中的设置还在。以后你要使用这些设置时，只需选择相应的预设。

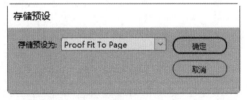

图 13.29

> 💡 提示　要使用预设快速打印，可在菜单"文件">"打印预设"中选择一种设备预设。如果这样做时按住了 Shift 键，将使用选定预设中的设置直接打印，而不显示"打印"对话框。

⑩ 单击"打印"按钮打印文档，也可单击"取消"按钮。

创建打印预设，可存储打印设置，这样就无须每次在相同的设备中打印时都分别设置每个选项。可创建多种预设，以满足不同设备和不同项目的各种质量需求。以后要使用这些设置时，可在"打印"对话框顶部的"打印预设"下拉列表中选择相应的预设。

打印小册子

对于要装订成小册子的文档，一种很有用的校样方式是使用"打印小册子"功能。这种能够创建结构与印刷出来的小册子类似的校样。以这种方式打印文档时，可将一系列打印出来的纸张对折，在书脊上装订，再通过翻页进行审阅。

① 选择"文件">"打印小册子"，打开"打印小册子"对话框。

② 单击"打印设置"按钮，如图 13.30 所示，在打开的"打印"对话框左边的列表框中选择"设置"，将"页面方向"改为横向（水平），单击"确定"按钮，返回"打印小册子"对话框。

③ 保持"小册子类型"的默认设置"双联骑马订"，在左边列表框中选择"预览"，注意最后一页在封面旁边，如图 13.31 所示，这被称为打印机跨页（这里是封面和封底）。

图 13.30

图 13.31

④ 单击"取消"按钮（如果要打印该文档，可单击"打印"按钮）。打开 13_SixteenPager.indd 文件，选择"文件">"打印小册子"，再执行前面的第 2 步和第 3 步操作。单击预览窗口底部的滑块在跨页之间切换。这个文档包含很多页，让你能够明白页面是如何组合成打印机跨页的，如图 13.32 所示。单击"取消"按钮（如果要打印该文档，可单击"打印"按钮），再关闭 13_SixteenPager.indd 文件。

16 页示例文档的封面和封底
组成的打印机跨页

16 页示例文档的内封对应的
打印机跨页

16 页示例文档的一个内跨页
对应的打印机跨页

16 页示例文档的中心跨页
对应的打印机跨页

图 13.32

13.10　将文件打包

可使用"打包"功能将 InDesign 文档的副本、链接的所有图形及打印所需的所有字体放到一个文件夹中。将文件打包，可将项目提供给印刷服务提供商而无须担心遗漏了什么而导致制作流程被延长。打包文件和创建可用于印刷的 PDF 文件是将 InDesign 项目提供给印刷服务提供商进行印刷的两种标准方式。

"打包"还可用于将项目的各个组成部分收集起来，以便与他人分享项目或将项目归档。

下面将这份杂志使用的文件打包，以便将它们发送给印刷服务提供商。

❶ 选择"文件">"打包"。打开的"打包"对话框中的"小结"部分指出了另外一个印刷方面的问题，如图 13.33 所示。

图 13.33

由于这个文档包含 RGB 图形，因此 InDesign 指出了这一点。这种警告是标准做法，因为有些印刷服务提供商要求你提交文件前将所有图像的颜色都转换为 CMYK 颜色。但有些印刷服务提供商要使用自己的标准将 RGB 颜色转换为 CMYK 颜色，因此请注意这种警告，但不要做任何修改。通常的做法是询问印刷服务提供商采用的是哪种做法。

不要勾选"创建印刷说明"复选框。

> 💡 提示　InDesign 可创建包含印刷说明和联系信息的文本文件，并将其同 InDesign 文档、链接和字体一起存储在包文件夹中。接收方可根据该文件了解你要做什么及有问题时该如何与你联系。

> 💡 注意　Adobe Creative Cloud 成员可使用 Adobe Fonts 提供的字体，但使用"打包"功能时不会包含这些字体。

❷ 单击"打包"按钮，如果 InDesign 询问是否要保存 InDesign 文档，就单击"存储"按钮。

❸ 在打开的"打包出版物"对话框中，切换到 Lesson13 文件夹。可以看到为这个包创建的文件夹名称为"'13_Press 文件夹'"，InDesign 自动根据本课开始时指定的文档名给该文件夹命名，但如果需要，可对其进行修改。

❹ 确保勾选了下列复选框。

- 复制字体（从 Adobe Fonts 中激活的字体和非 Adobe CJK 字体除外）。
- 复制链接图形。
- 更新包中的图形链接：将打包的 InDesign 文件重新链接到打包的 Links 文件夹中的文件（而不是原来的文件）。
- 包括 IDML：让人能够在必要时使用以前版本的 InDesign 打开这个文件。
- 包括 PDF（打印）：随原始文件发送 PDF 校样。

> **提示** 如果在"打包出版物"对话框中勾选了"复制字体（从 Adobe Fonts 中激活的字体和非 Adobe CJK 字体除外）"复选框，InDesign 将在包文件夹中生成一个名为 Document fonts 的文件夹。如果打开与 Document fonts 文件夹位于同一个文件夹中的文件，InDesign 将自动为你安装这些字体，且这些字体只能用于该文件。

⑤ 在"选择 PDF 预设"下拉列表中选择"[高质量打印]"，如图 13.34 所示。

⑥ 单击"打包"按钮。

⑦ 阅读出现的"警告"消息框（其中指出了许可限制可能影响你能否复制字体），再单击"确定"按钮。

图 13.34

⑧ 打开资源管理器（Windows）或 Finder（macOS），切换到 InDesignCIB\Lessons\Lesson13 文件夹，并打开"'13_Cover'文件夹"。

注意，InDesign 创建了 InDesign 文档及其 IDML 和 PDF 版本，将所有字体都复制到了 Document fonts 文件夹中，并将高分辨率打印所需的图形和其他链接文件复制到了 Links 文件夹中。由于勾选了"更新包中的图形链接"复选框，因此该 InDesign 文档链接的是包文件夹中的图形文件，而不是链接的源文件。这让印刷服务提供商更容易管理该文档，同时使包文件夹适合用于存档和分享。

⑨ 查看打包过程创建的 PDF 文件，确认所有的文本和图形都正确无误。查看完毕后，关闭"'13_Cover'文件夹"并返回 InDesign。通常，将这个文件夹压缩并发送给印刷服务提供商，其中的 PDF 文件将作为校样，供印刷服务提供商检查印刷情况。

13.11 导出图形供 Web 和其他数字发布使用

在 InDesign 中，可将图形导出到文件中，供 Web 或以其他数字平台发布使用。这样做的优点是，可避免开发人员花时间重复你做过的工作，同时可让你确信：你在 InDesign 中花大量的时间和心思创建的对象将在网页、移动设备、社交媒体和电子邮件图形中正确地呈现。对于那些将使用你的文件的开发人员，你应与他们交流，询问他们有什么样的要求。例如，在分辨率方面，以前的 Web 标准是72dpi，但对于要在现代平板电脑上显示的项目，这样的标准可能不适用，因为现代平板电脑的屏幕分辨率要高得多。

本节将完成两个使用常规设置的示例。

① 切换到第 5 页。这里有两个包含 InDesign 对象和文字的图形，其中红色的那个还应用了 InDesign 效果。

② 选择黄色图形，选择"文件">"导出"，并在"保存类型"（Windows）或"格式"（macOS）下拉列表中选择 PNG。这种格式更适用于边缘清晰的图形，如这里的圆和文字；对于照片型对象，请使用 JPEG 格式。将文件命名为 Tomatoes-Peas-Carrots-Yellow.png，并将其保存到 Lesson13 文件夹中。

③ 在"导出 PNG"对话框的"导出"部分，单击"选区"单选按钮，指定只导出选定的对象。在"图像"部分做如下设置。

* 品质：最大值。
* 分辨率 (ppi)：150。
* 色彩空间：RGB。

在"选项"部分，勾选如下复选框，如图 13.35 所示。

* 透明背景：因为在这个对象内部挖掉了一个圆。
* 消除锯齿：让边缘更平滑。
* 模拟叠印：旨在保留效果。

④ 单击"导出"按钮。切换到桌面，找到刚导出的文件，并将其拖曳到 Web 浏览器图标上，在 Web 浏览器中查看它。如果你安装了 Photoshop，也可在 Photoshop 中打开它。

⑤ 切换到 InDesign 并选择红色图形。重复第 2 ~ 4 步，并将文件命名为 Tomatoes-Peas-Carrots-Red.png。当你在 Web 浏览器或 Photoshop 中查看导出的文件时，将发现其保留了应用的效果，例如圆环里面和外面都是透明的，如图 13.36 所示。

图 13.35

InDesign 中的原始对象　　Photoshop 中导出的 PNG 文件

图 13.36

另一种方法是同时导出多个对象。为此，将使用两项功能：一项功能是"导出到 HTML"，你无须对 HTML 编程有任何了解就可使用它来导出对象，后面使用这项功能时，我们将只获取它生成的图像；另一项功能是"文章"面板，它让你能够组织 InDesign 文件中的元素，以便将其用于 EPUB 或网页等数字输出。

① 切换到第 4 页，方法是按住 Space 键并单击，等鼠标指针变成手形图标后向下拖曳，直到看到第 4 页的图像后依次松开鼠标左键和 Space 键。在这个页面中，有一些来自第 11 课的图像。

② 使用选择工具全选 4 幅图像。

③ 选择"窗口">"文章"，打开"文章"面板。当前，这个面板只包含一些说明文字。

④ 将选定的图像拖曳到"文章"面板上，等鼠标指针变成带加号的箭头后松开鼠标左键。此时将出现一个对话框，让你给文章命名，请输入 Flowers，单击"确定"按钮。"文章"面板中将显示文章名及前面选择的 4 幅图像，如图 13.37 所示。

图 13.37

⑤ 选择"文件">"导出"，并在"保存类型"（Windows）或"格式"（macOS）下拉列表中选择 HTML。将文件命名为 Flowers-for-web，切换到 Lesson13 文件夹，单击"保存"按钮，打开"HTML 导出选项"对话框。

⑥ 在"常规"的"内容顺序"部分，单击"与文章面板相同"单选按钮，如图 13.38 所示。

⑦ 在左边的列表框中选择"图像"。确保在"复制图像"下拉列表中选择了"优化"（默认设置）；勾选"（对图形 / 媒体对象）保留版面外观"复选框，这将保留裁剪、大小调整及图像在框架中的位置，还有你可能应用了的 InDesign 效果。在"分辨率"和"图像转换"下拉列表中分别选择 150 和 PNG，如图 13.39 所示。使用文件格式 PNG，将保留不透明度设置，使得不是矩形的对象被导出时带有透明背景。你将在这里的圆形图片框架中看到这一点。

图 13.38

图 13.39

⑧ 单击"确定"按钮，将在默认的 Web 浏览器中打开导出的图像，因为导出为 HTML 时默认勾选了"导出后查看 HTML"复选框。关闭浏览器，切换到桌面，再打开 Lesson13 文件夹，你将发现其中有一个名为 Flowers-for-web-web-resources 的文件夹，还有一个名为 Flowers-for-Web.html 的文件。

⑨ 打开 Flowers-for-web-web-resources 文件夹，再打开其中的 image 文件夹。image 文件夹包含前面添加到"文章"面板中的 4 幅图像，它们被转换为 PNG 格式及符合 Web 要求的其他特征（如

RGB 颜色），可直接用于数字发布。你可删除导出为 HTML 时生成的其他文件。

⑩ 如果安装了 Photoshop，可使用它来打开这些图像以查看结果。注意，导出的图像与 InDesign 中的完全相同（裁剪、尺寸及在框架中的位置），且在图片框架中，位于圆形外面的部分是透明的，如图 13.40 所示。

图 13.40

也可导出整个页面，以便在电子邮件和社交媒体帖子中使用。下面来导出第 12 课的菜单封面。

❶ 选择"文件">"打开"，切换到文件夹 Lesson13，并打开 Edible-Blossoms-Cover 文件夹中的 Edible-Blossoms-Cover.indd 文件。选择"文件">"导出"，在"保存类型"（Windows）或"格式"（macOS）下拉列表中选择 JPEG，再单击"保存"按钮。JPEG 是导出整个页面时通常使用的格式。

❷ 在"导出"部分，单击"范围"单选按钮，并选择 1（这个文档只有一个页面，因此自动选择了 1）。在"图像"部分做如下设置。

- 在"品质"下拉列表中选择"最大值"。
- 在"格式方法"下拉列表中选择"基线"。
- 在"分辨率（ppi）"下拉列表中选择 72。
- 在"色彩空间"中选择 RGB。

在"选项"部分勾选如下复选框，如图 13.41 所示。

- 嵌入颜色配置文件。
- 消除锯齿：这可让边缘更平滑。

图 13.41

- 模拟叠印：这可保留效果的外观。

然后单击"导出"按钮。

❸ 切换到桌面并打开导出的文件所在的文件夹。你可在 Web 浏览器或 Photoshop 中查看它们，如图 13.42 所示。

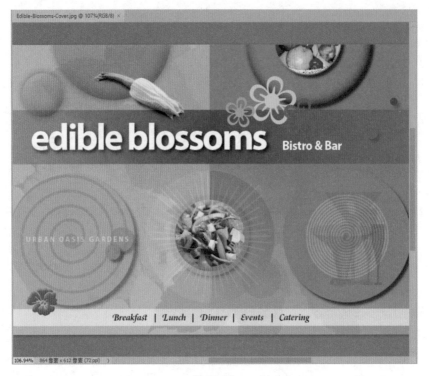

图 13.42

13.12　练习

❶ 通过选择"文件">"打印预设">"定义"来创建一种新的打印预设。在打开的对话框中，创建用于特大型打印或各种可能使用彩色或黑白打印机的打印预设。例如，如果你的打印机使用小报纸张，请你创建一个能够以全尺寸打印 Letter 页面并包含出血的预设；或者创建一个预设，让你能够在不缩放的情况下将小型页面（如明信片）打印到 Letter 纸张上。

❷ 练习使用本课存储的预设 Press Quality with Bleed 来打印其他文档，如本书其他课程中的文档或你自己的文件。

❸ 练习使用"打包"功能来打包其他文档，如本书其他课程中的文档或你自己的文件。查看生成的文件夹中的内容，以熟悉将文件发送给印刷服务提供商时，需要提供哪些内容。

❹ 学习如何打开置入的文件，以解决存在的印刷问题。在"链接"面板中，单击一个图形，在"链接"面板菜单中选择"编辑工具"，再选择 Photoshop（如果要打开的是位图）或 Illustrator（如果要打开的是矢量图形）。对置入的文件进行修改，然后保存并关闭它，回到 InDesign 后可以看到链接更新了。

⑤ 练习导出素材，以便在社交媒体平台中使用。打开文件夹 Lesson13\Social Media Posts，其中包含第 1 课的明信片正面，但根据各社交媒体平台调整了尺寸，如图 13.43 所示。请打开每个文件，并使用前一个练习中使用的 JPEG 设置导出它们，再尝试将其上传到相应的平台。

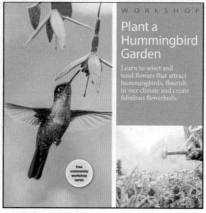

图 13.43

13.13　复习题

1. 在"印前检查"面板中，使用配置文件"[基本](工作)"进行印前检查时，InDesign 将检查哪些问题？
2. InDesign 打包时会收集哪些元素？
3. 如何确定在 InDesign 文件的哪些地方使用了特定的颜色？
4. 油墨管理器提供了哪些功能？
5. 生成要发送给印刷服务提供商的最终文件有哪两种标准方式？

13.14　复习题答案

1. 默认情况下，配置文件"[基本](工作)"检查文档使用的所有字体及所有置入的图形等是否可用，它还查找链接的图形文件和链接的文本文件等，看它们在置入后是否被修改，并在图形文件缺失、文本框架有溢流文本、字幕变量未解析、URL 链接无法访问或缺失字体时发出警告。
2. InDesign 收集 InDesign 文档及其使用的所有字体和图形的副本，并保持原始文件不动。如果勾选了"更新包中的图形链接"复选框，在打包的 InDesign 文件中，将链接到包中 Links 文件夹中的文件（而不是原始的源文件）。如果勾选了"包括 IDML"复选框，InDesign 将创建文档的 IDML 版本，这种文件可在以前的 InDesign 版本中打开。如果勾选了"包括 PDF(打印)"复选框，InDesign 将创建文档的 PDF 版本。勾选了"包括 PDF(打印)"复选框时，还可选择 PDF 预设。请注意，不会打包通过 Adobe Fonts 激活的字体。
3. 在"色板"面板中，选择相应颜色，再在面板菜单中选择"查找此颜色"（为确保文档使用的所有颜色都在"色板"面板中，务必在面板菜单中选择"添加未命名颜色"）；也可打开"查找 / 更改"对话框并单击"颜色"选项卡，再在"查找颜色"下拉列表中选择要查找的颜色。
4. 油墨管理器让用户能够控制输出时使用的油墨，包括将专色转换为印刷色，以及将油墨颜色映射到其他颜色（而无须在 InDesign 或置入的文件中修改颜色）。
5. 一是生成包含出血的、可用于印刷的 PDF 文件；二是使用 InDesign 的"打包"功能生成一个文件夹，其中包含印刷服务提供商需要的所有文件（InDesign 文档、字体和链接的图形）。

第14课

创建包含表单域的 PDF 文件

本课概览

- 为定制表单创建工作区。
- 添加并配置各种表单域。
- 了解不同表单域的差别。
- 使用预制的表单元素。

- 设置表单域的跳位顺序。
- 在表单中添加提交按钮。
- 导出包含表单域的 PDF 交互式文件。
- 在 Acrobat Reader 中测试表单。

学习本课大约需要 **45** 分钟

虽然 InDesign 提供了创建简单表单所需的全部工具，但用户依然可使用 Acrobat 来添加 InDesign 未提供的功能。

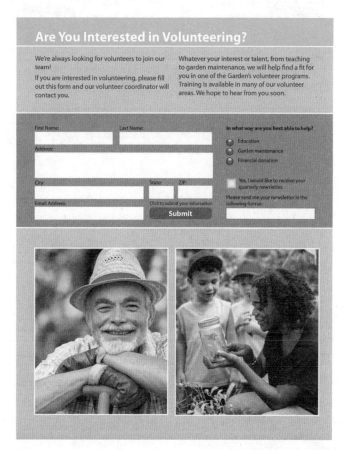

14.1 概述

本课将在一个志愿者登记表中添加多个类型各异的表单域,并将该登记表导出为交互式 PDF 文件,再在 Acrobat 中打开导出的文件并对使用 InDesign 创建的表单域进行测试。

① 为确保你的 InDesign 首选项和默认设置与本课所述一样,请将 InDesign Defaults 文件移到其他文件夹中,详情请参阅"前言"中的"另存和恢复 InDesign Defaults 文件"。

② 启动 InDesign。选择"文件">"打开",打开 InDesignCIB\Lessons\Lesson14 文件夹中的 14_Start.indd 文件。这个单页文档是一张登记表。

> ♡ 注意 如果出现一个对话框指出该文件链接的源文件已修改,请单击"更新修改的链接"按钮。

③ 为确保你的 InDesign 面板和菜单命令与本课使用的相同,选择"窗口">"工作区">"[交互式 PDF]",再选择"窗口">"工作区">"重置'交互式 PDF'"。

④ 若要查看最终文档效果,可打开 Lesson14 文件夹中的 14_End.indd 文件,如图 14.1 所示。

初始文档

最终文档

在 Acrobat 中打开的 PDF 表单

图 14.1

⑤ 查看完毕后,可关闭 14_End.indd 文件,也可让它保持打开状态,以供后面参考。

⑥ 切换到 14_Start.indd 文件,选择"文件">"存储为",将文件重命名为 14_PDF_Form.indd,并存储到 Lesson14 文件夹中。

14.2 为定制表单创建工作区

使用 InDesign 创建可填写的表单时,可从已设计好的页面着手,使用专用工具将设计好的表单转换为可填写的 PDF 表单。"交互式 PDF"工作区提供了很多工具,你只要稍微定制一下这个工作区,就可提高工作效率。

① 将创建表单时不需要的面板拖离面板停放区,包括"页面过渡效果"面板、"媒体"面板和"书签"面板。单击这些面板,并向左拖曳到粘贴板中。对其他类型的交互式 PDF 文件来说,这些面板很

有用，但创建表单时不需要。另外，将"链接"面板、"颜色"面板和"渐变"面板也拖曳到粘贴板中，因为这里不会用到它们。拖曳时，即使有些面板停放在一起，也没有关系。

②将前面拖曳到粘贴板中的每个面板都关闭，如图 14.2 左边两张图所示。

③选择"窗口">"样式">"对象样式"打开"对象样式"面板，选择"窗口">"属性"打开"属性"面板，再将它们拖曳到面板停放区底部，如图 14.2 右图所示，以便能够根据需要随时打开或关闭它，同时还能节省屏幕空间。

图 14.2

④保存这个工作区，以便能够重新使用它。为此，选择"窗口">"工作区">"新建工作区"，将新工作区命名为 PDF Forms-Basic 或需要的名称，单击"确定"按钮。制作更复杂的表单时，你可能希望停放区中有其他工具。

在本课中，将频繁地使用"按钮和表单"面板。如果屏幕空间足够，可让它始终打开；如果屏幕空间不够，可根据需要打开和关闭它。

14.3 添加表单域

为创建的表单域设置工作区后，下面将在表单中添加一些表单域，并修改一些既有表单域。

14.3.1 添加文本域

在 PDF 表单中，文本域是一个容器，填写表单的人可在其中输入文本。在本课要处理的文档中，除两个框架外，其他框架都已转换为文本域，下面再添加两个框架，并将它们转换为文本域。

①单击面板停放区中的"图层"面板图标，打开这个面板。可以看到在这个文件中，属于表单的对象位于一个独立的图层（Form Elements）中。请锁定另一个图层（Layer 1），以防处理表单对象时不小心移动其他元素。

> 💡注意　为让页面更整洁，可在"图层"面板中隐藏图层 Layer 1。隐藏该图层后，将只显示位于表单区域内的对象。

②使用缩放显示工具放大页面上半部分包含表单对象的区域，本课的所有工作都将在这个区域中进行。

③ 选择选择工具，将鼠标指针指向文本 First Name 下方的白色矩形。可以看到该对象周围出现了红色虚线，同时右下角显示了一个小图标，如图 14.3 所示。虚线表明这个对象是一个 PDF 表单元素，而文本框架图标表明这是一个文本域。在这个文本域中单击以选择它。

💡 注意　如果在文本域中没有看到小图标（▭），请进一步放大视图，确保缩放比例不低于 150%。

④ 单击面板停放区中的"按钮和表单"面板图标，打开这个面板，可以看到其中包含选定文本域的设置，如图 14.4 所示。在"类型"下拉列表中选择了"文本域"，而这个文本域的"名称"为 First Name。"说明"文本框中的文本会在用户将鼠标指针指向表单元素时显示，这向表单填写人提供了额外的提示。这个文本域的"说明"也是 First Name。勾选了"可打印"复选框，这意味着打印出来的表单将包含这个文本域。保留默认的字体和字体大小设置。

图 14.3　　　　　　　　　　　　　图 14.4

⑤ 如果有必要，选择文本域 First Name 所在的框架，按住 Alt（Windows）或 Option（macOS）键并拖曳，复制一份到 Last Name 的下方。向右拖曳右边缘中央的手柄，将这个副本加宽，使其与下方的表单域对齐。其与下方的表单域右对齐时，会出现智能参考线。

⑥ 在"按钮和表单"面板中，注意这个表单域名为 First Name 1。这是 InDesign 在创建表单域时有意为之的，因为任何两个表单域都不能同名。为遵循这条规则，InDesign 在你复制表单域时会在名称中添加序号。为使用正确的信息让这个表单域独一无二，将名称和说明都改为 Last Name。

⑦ 为从空白开始创建表单域，在工具面板中选择矩形工具，并在文本框架 Email Address 下面绘制一个框架，其右边缘与文本框架 City 的右边缘对齐，而上边缘与文本框架 Email Address 的下边缘对齐。使用智能参考线让这个框架与文本框架 City 等高，如图 14.5 所示。可将任何类型的框架（文本框架、图形框架、未指定框架）转换为 PDF 表单域，并非必须在文本框架中创建文本域。

图 14.5

⑧ 下面给它指定与其他文本域相同的填充和描边。本课已创建好用于文本域的对象样式，要应用这个样式，单击面板停放区中"对象样式"面板的图标，打开"对象样式"面板，使用选择工具单击前面创建的框架（如果没有选择它），选择对象样式 Text Field Box，关闭"对象样式"面板。框架的大小发生了细微的变化，因为这种样式给它添加了描边。这样就给这个框架应用了相同的填充和描边。接下来，让这个文本域与文本域 City 等高、等宽。为此，稍微拖曳矩形手柄，等出现智能参考线后松开鼠标左键。要确认这两个文本域的宽度和高度是否相等，可查看控制面板或"属性"面板中的宽度和高度。

> 💡 提示　第 8 步表明，应该将"对象样式"面板也添加到自定义的表单处理工作区中。

> 💡 注意　给框架添加描边时，可让描边与框架边缘的内侧、中心或外侧对齐；与中心或外侧对齐时，将改变框架的高度和宽度。

⑨ 在依然选择了这个新框架的情况下，在"按钮和表单"面板的"类型"下拉列表中选择"文本域"，再将名称和说明都设置为 Email Address。将字体大小设置为"自动"。对于用于输入 E-mail 地址的文本域来说，这是不错的选择，因为 E-mail 地址可能很长，而设置字体大小为"自动"，在必要时系统会缩小字号，以使文本域能够容纳全部内容。这种设置可避免页面打印时有文本被裁剪掉的情况。另外，根据你自己的喜好选择一种非默认字体。

⑩ 选择"文件">"存储"，保存文件。

14.3.2　添加单选按钮

单选按钮可向表单填写人提供多个选项，但表单填写人通常只能选择其中一个。一组单选按钮被视为一个表单域，其中每个单选按钮都有独特的值。复选框与单选按钮类似，但一组复选框中的每个选项都可独立地进行设置。

单选按钮通常用简单的圆圈表示，你也可以自己设计更优雅的单选按钮，还可选择 InDesign 提供的几种样式之一。下面使用 InDesign 提供的一种样式添加单选按钮。样本库中预制的按钮都是矢量形状，包含用于设置填充、描边和效果的属性。

> 💡 注意　在只能选择一个选项时，使用单选按钮。例如，选择之前是组织的成员现在还是不是组织的成员时。

① 选择"视图">"使页面适合窗口"，再使用缩放显示工具放大表单的 In what way are you best able to help? 部分。

② 在文档窗口中向右滚动，你将在粘贴板上看到 3 个圆圈，它们是一组单选按钮，是 InDesign 通过一个库提供的。

> 💡 提示　选择"文件">"打开"，导航到 InDesign 2023 安装文件夹，再打开其中的文件夹 Presets\Button Library。这个库包含很多制作好的对象，可供你在交互式项目中使用。

③ 使用选择工具通过拖曳选择这 3 个单选按钮，再将其从粘贴板移到包含文本 In what way are you best able to help? 的文本框架下方，使其与上述问题左对齐，并与第一个答案上对齐。

④ 在控制面板或"属性"面板中，确保在参考点定位器中选择了左上角的参考点（▦），在"X 缩放百分比"文本框中输入 40%，确保激活了"约束缩放比例"按钮，再按 Enter 键。如果有必要，移动单选按钮，使其位置与图 14.6 右图所示的一致。

⑤ 在依然选择了这 3 个单选按钮的情况下，打开"按钮和表单"面板，在"名称"文本框中输入 Form of Assistance，在"说明"文本框中输入 In what way are you best able to help? 并按 Enter 键。注意"类型"已设置为"单选按钮"，因为每个圆圈都被设置为单选按钮。通过给它们指定相同的名称，可确保不能同时选择这些单选按钮中的多个。

⑥ 选择"编辑">"全部取消选择"，也可单击页面或粘贴板的空白区域。

对于每个单选按钮，都必须设置不同的值，下面就来这样做。

⑦ 使用选择工具选择第 1 个单选按钮（文本 Education 左边的那个）。

⑧ 在"按钮和表单"面板底部的"按钮值"文本框中输入 Education 并按 Enter 键。在"外观"部分，滚动到列表开头并单击"[正常关闭]"。确保没有勾选"默认选定"复选框，如图 14.7 所示。

> 💡 **注意** 在"按钮和表单"面板中，"外观"部分列出的状态决定了用户将鼠标指针指向单选按钮时单选按钮的样式。

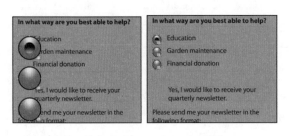

缩放前的单选按钮　　　　缩放到 40% 后

图 14.6

图 14.7

⑨ 重复第 7 ~ 8 步，将中间和最下面的单选按钮的按钮值分别设置为 Garden maintenance 和 Financial donation。请注意，这 3 个按钮的名称相同，只是按钮值不同。在"外观"部分，应该已经将第 2 个和第 3 个单选按钮的状态设置成了"[正常关闭]"。

14.3.3　添加复选框

复选框提供是否选择的功能。在导出的 PDF 文件中，复选框默认未被勾选，表单填写人可通过单击勾选它，也可保持默认设置。下面来添加一个复选框。

① 在文档右边的粘贴板上，有一个带对钩的方框，这也是一个制作好的对象，来自 InDesign 库 Button Library。请使用选择工具将其拖放到包含文本 Yes, I would like to receive your quarterly newsletter. 的文本框架左边（这个文本框架位于前一小节创建的单选按钮的下方），并让对钩的上边缘

与这个文本框架的上边缘对齐。

❷ 按住 Shift + Ctrl（Windows）或 Shift + Command（macOS）组合键拖曳复选框右下角的缩放手柄，以缩小这个复选框，使其与右边的文本框架等高，如图 14.8 所示。

❸ 在依然选择了这个复选框的情况下，单击面板停放区中的"按钮和表单"面板图标，打开这个面板。在"名称"文本框中输入 Receive Newsletter 并按 Enter 键。注意，"类型"已设置为"复选框"，而"按钮值"被设置为"是"。在"外观"部分单击"[正常关闭]"，在"说明"文本框中输入 Check here if you'd like to receive our newsletter。取消勾选"默认选定"复选框，如图 14.9 所示。

图 14.8

图 14.9

❹ 这个复选框和前面的单选按钮被选择时，其边框为红色，因为它们位于图层 Form Elements 中。处理表单时，最好检查一下元素是否在正确的图层中。这可确保作品组织有序，在处理复杂表单时这非常重要。在这个文档中，所有表单元素都位于一个图层中，而其他都位于另一个图层中。请选择"编辑"＞"全部取消选择"，打开"图层"面板，再单击图层 Form Elements 右边的方框。位于这个图层中的所有元素都将高亮显示，这让你能够确定它们位于正确的图层中。

> 💡 注意 图层 Layer 1 应该被锁定了，因此新增的对象应该位于正确的图层中。当你创建自己的表单时，应采取的标准做法是，将所有表单元素都放在一个独立的图层中。

❺ 选择"文件"＞"存储"，保存文件。

14.3.4　添加组合框

组合框是一个下拉列表，包含多个预定义的选项，表单填写人只能选择其中的一个。下面创建一个包含 3 个选项的组合框。

❶ 使用选择工具选择标题 Please send me your newsletter in the following format: 下方的文本框架。

❷ 在"按钮和表单"面板的"类型"下拉列表中选择"组合框"，再在"名称"文本框中输入 Newsletter Format。在"说明"文本框中输入 Choose which way you'd like to receive our newsletter，并将"字体大小"设置为 10。为向 PDF 表单填写人提供不同的选择，下面添加 3 个列表项。

③ 在"按钮和表单"面板的下半部分，在"列表项目"文本框中输入 Print Publication: Standard Mail，单击该文本框右边的加号按钮。可以看到输入的文本出现在了下方的列表框中，如图14.10 所示。

图 14.10

> 💡 注意　列表框类似于组合框，但组合框只允许选择一个选项。对于列表框，如果勾选了"多重选择"复选框，表单填写人将能够从中选择多个选项。

④ 重复第 3 步，添加列表项 Adobe PDF: Email Attachment 和 Link to online newsletter: Email。勾选"排序项目"复选框，按字母顺序排列列表项。

> 💡 提示　也可将列表项向上或向下拖曳，以修改列表项的排列顺序。

⑤ 单击列表项 Print Publication: Standard Mail，将其指定为默认设置。这样，表单填写人打开导出的 PDF 文件时，便已选择了列表项 Print Publication: Standard Mail。

⑥ 选择"编辑">"全部取消选择"，再选择"文件">"存储"保存文件。

14.4　设置表单域的跳位顺序

给 PDF 表单指定的跳位顺序，决定了表单填写人不断按 Tab 键时，将以什么样的顺序选择各个表单域。为让表单对用户是友好的，跳位顺序必须合乎逻辑。你可能不希望用户在文本域 First Name 中按 Tab 键时，直接越过中间的表单域，跳到文本域 ZIP。下面设置该页面中表单域的跳位顺序。

① 选择"对象">"交互">"设置跳位顺序"。

② 在打开的"跳位顺序"对话框中，单击 Last Name（你创建的用于输入表单填写人姓氏的文本域的名称），然后不断单击"上移"按钮，将其移到列表框开头附近的 First Name 的下面。使用"上移"和"下移"按钮或上下拖曳表单域名称，将它们重新排列，使其顺序与页面中的顺序相同，如图14.11 所示。单击"确定"按钮，关闭这个对话框。

重新排列前的跳位顺序　　可同时拖曳多个表单域　　重新排列后的跳位顺序

图 14.11

③ 选择"文件">"存储"，保存文件。

14.5 添加提交表单的按钮

如果打算分发 PDF 表单，就需要提供一种方式，让表单填写人能够以电子方式提交表单。下面创建一个按钮，用于将填写好的表单通过电子邮件发送。

❶ 使用选择工具选择用红色填充且包含文本 Submit 的圆角文本框架。如果有必要，向左滚动以便能够看到这个框架。

❷ 在"按钮和表单"面板的"类型"下拉列表中选择"按钮"，在"名称"文本框中输入 Submit Form 并按 Enter 键，在"说明"文本框中输入 Send the completed form via email。

💡提示　任何对象或对象组都可转换为按钮，这里转换的是带填充色且包含文本 Submit 的文本框架。要将选定对象或对象组转换为按钮，可在"按钮和表单"面板的"类型"下拉列表中选择"按钮"。

❸ 单击"动作"右边的加号，并在弹出的菜单中选择"提交表单"。

❹ 在 URL 文本框中输入 mailto:。确保在 mailto 后面输入了冒号，且冒号前后都没有空格或句号。

💡提示　交互式 PDF 的最大优点之一是，可给其中的按钮指定动作。

❺ 在 mailto：后面输入电子邮件地址，用于将填写好的表单返回给指定的人。

❻ 为了在用户将鼠标指针指向 Submit 按钮时改变其外观，下面添加一个"悬停鼠标"外观。

💡提示　按钮的外观可包含 3 种不同的状态。显示什么样的状态取决于用户与按钮的交互方式。在没有交互的情况下，默认显示"[正常]"状态；用户将鼠标指针指向按钮时，将显示"[悬停鼠标]"状态；用户单击按钮时，将显示"[单击]"状态。

在"按钮和表单"面板的"外观"部分选择"[悬停鼠标]"。在控制面板中，单击"填色"框，如图 14.12 所示，再在"色调"文本框中输入 50 并按 Enter 键，让修改生效并关闭"填色"下拉列表。

图 14.12

❼ 返回到"按钮和表单"面板，注意"[悬停鼠标]"外观的颜色比"[正常]"外观的颜色浅，这是因为修改了色调，如图 14.13 所示。选择"[正常]"以显示默认外观。

通过放大查看表示按钮的图标：
指向圆角矩形的手指

用户将鼠标指针指向 Submit
按钮时，它将变成这样

图 14.13

⑧ 单击面板停放区的"图层"面板图标或选择"窗口">"图层"，打开"图层"面板。确认所有图层都是可见的（以防前面隐藏了图层 Layer 1）。

⑨ 选择"编辑">"全部取消选择"，再选择"文件">"存储"保存文件。

表单域类型

- ☝ 按钮：最常用的交互式元素，可触发很多动作。
- ☑ 复选框：复选框供用户做出是或否的选择，要么被勾选，要么未被勾选。可使用复选框让用户选择多选题的答案。
- ⊡ 组合框：用户只能从列表中选择一个选项。
- ▦ 列表框：类似于组合框，但用户可选择多个选项。
- ◉ 单选按钮：让用户从多个选项中选择一个。
- ✍ 签名域：让用户能够使用数字签名签署表单。
- ▭ 文本域：让用户能够输入文本信息。

14.6 导出为交互式 PDF 文件

制作好表单域后，可将其导出为交互式 PDF 文件，再对导出的文件进行测试。

① 选择"文件">"导出"。在"导出"对话框的"保存类型"（Windows）或"格式"（macOS）下拉列表中选择"Adobe PDF（交互）"，将文件命名为 14_PDF_Form.pdf，并切换到 InDesignCIB\Lessons\Lesson14 文件夹。

② 单击"保存"按钮。

③ 在打开的"导出至交互式 PDF"对话框的"常规"选项卡中，确保在"选项"部分单击了"包含全部"单选按钮。这是确保表单域在 PDF 文件中能够发挥作用的最重要设置。

④ 在"查看"下拉列表中选择"适合页面"，以便打开导出的 PDF 文件时显示整个页面，如图 14.14 所示。单击"导出"按钮。

图 14.14

14.7　在 Adobe Acrobat 中测试表单

务必在 Acrobat 中测试表单，因为最终用户很可能使用它来填写表单。如果你没有安装 Acrobat，可从 Adobe 官网免费下载。

❶ 启动 Acrobat，打开前面导出的 PDF 文件，并放大表单区域。在文本域 First Name 中单击，并按 Tab 键。不断按 Tab 键遍历所有的表单域，确认跳位顺序准确无误。在表单域中填写内容，再按 Tab 键进入下一个表单域。在文本域 Email Address 中，务必输入很长的电子邮箱地址，你将发现当该文本域容纳不下输入的内容时，字体将变小。另外，请核实这个文本域的字体是否像你指定的那样，与其他文本域不同。

❷ 单击 In what way are you best able to help? 下方的单选按钮，每次只能选择其中的一个。

❸ 勾选 Yes, I would like to receive your quarterly newsletter. 复选框，看看它是否能被勾选，再在该复选框下方的下拉列表中选择一种新闻稿格式。

❹ 将鼠标指针指向每个表单域并悬停一会儿，可以看到弹出了工具提示，它们就是你在"按钮和表单"面板中给每个表单域指定的说明，如图 14.15 所示。

图 14.15

如果发现错误，可回到 InDesign 进行修复，再导出为 PDF 文件并进行测试。

❺ 测试完毕后，单击 Submit 按钮，以电子邮件方式发送填写好的表单。此时将出现一个对话框，询问要使用哪个电子邮件程序。选择要使用的电子邮件程序，再单击"继续"按钮，系统将打开选择的电子邮件程序，其中新建了一封邮件，并将填写好的表单作为附件，发送该邮件并返回 InDesign。

❻ 查看收到的电子邮件，主题为"返回的表单：14_PDF_Form.pdf"。这是 Submit 按钮的"提交表单"操作的默认功能。因此，创建要通过电子邮件发送的 PDF 文件时，给它指定合适的名称很重要。

14.8 练习

① 使用椭圆工具创建一个小型的圆形框架，在"色板"面板中设置其填充色，并使用"按钮和表单"面板将这个框架转换为按钮。给按钮指定"转到 URL"动作，并在文本框 URL 中输入完整的 URL；给"悬停鼠标"状态指定另一种颜色。为测试这个按钮，导出 PDF 交互文件，并在导出的文件中单击这个按钮。

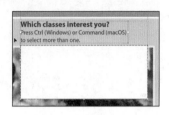

图 14.16

② 在本课处理的文档中，右边的粘贴板中有一个列表框，如图 14.16 所示。请将这个列表框及其上方的文本框架拖曳到页面中，再将这个文档导出为交互式 PDF 文件，并在导出的文件中尝试在这个列表框中选择多个选项。

③ 尝试可给交互式 PDF 文件中的按钮指定的其他动作，如图 14.17 所示（请注意，该列表中间的那些动作只适用于 EPUB/ 联机发布文件中的按钮），再导出为 PDF 文件并进行测试。

图 14.17

14.9　复习题

1. 哪个面板让你能够将对象转换为 PDF 表单域并指定其设置？
2. 单选按钮和复选框有何不同？
3. 要让 PDF 表单填写人能够将填写好的表单发送到指定电子邮箱地址，应给按钮指定哪种操作？
4. 可使用哪些软件来打开并填写 PDF 表单？
5. 导出 InDesign 文档以创建可填写的 PDF 表单时，需要做哪 3 件重要的事情？
6. 如何控制表单填写人按 Tab 键时在表单域之间跳转的顺序？

14.10　复习题答案

1. "按钮和表单"面板（选择"窗口"＞"交互"＞"按钮和表单"）。
2. 单选按钮用于让表单填写人回答多选一的问题，表单填写人只能选择其中的一个作为答案。对于只能做出肯定或否定回答的问题，应使用复选框。
3. 要让表单填写人能够返回填写好的表单，可使用"按钮和表单"面板给按钮指定"提交表单"操作，再在 URL 文本框中输入 mailto：和电子邮箱地址。
4. 要打开并填写 PDF 表单，可使用 Acrobat Pro DC、Acrobat Reader DC 或第三方软件。
5. 首先，在"导出"对话框的"保存类型"（Windows）或"格式"（macOS）下拉列表中选择"Adobe PDF（交互）"。其次，在"导出至交互式 PDF"对话框的"常规"选项卡的"选项"部分单击"包含全部"单选按钮。最后，在目标用户可能使用的软件（如 Acrobat Reader）中对表单进行测试。
6. 选择"对象"＞"交互"＞"设置跳位顺序"，上下移动表单域，使其排列顺序与表单填写人看到的顺序相同。

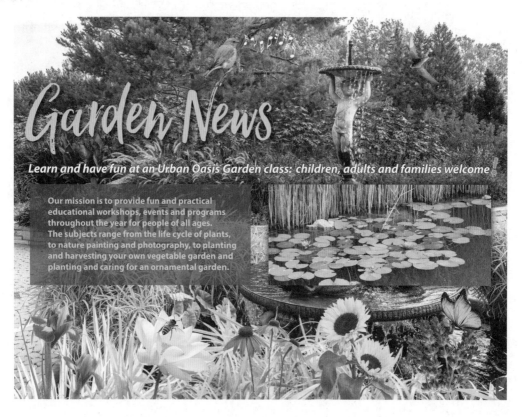

第 15 课

创建并联机发布版面固定的 EPUB

本课概览

- 新建以固定版面导出的文档。
- 使用移动预设和移动路径创建动画。
- 配置多个动画的计时。
- 创建触发各种动作的按钮。

- 在 InDesign 中预览动画和交互效果。
- 添加电影、声音，创建幻灯片、按钮和超链接。
- 导出为 EPUB 文件。

学习本课大约需要 60 分钟

InDesign 支持固定版面的 EPUB，让你能够创建含有多媒体效果的出版物，包括动画、电影、幻灯片、声音和超链接等。你还可在出版物中添加按钮，从而实现各种动作——从翻阅幻灯片到播放声音文件。

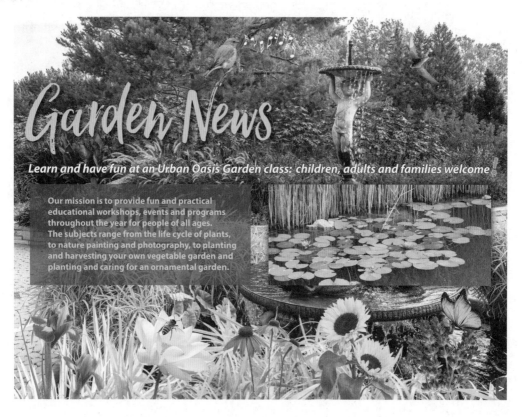

15.1 概述

本课将先新建一个适合导出为固定版面 EPUB 的 InDesign 文档，然后打开一个已部分完成的出版物项目，在其中添加多个多媒体和交互性元素，再将其导出为可在各种 EPUB 阅读器上查看的固定版面 EPUB 并对其进行预览。

① 为确保你的 InDesign 首选项和默认设置与本课所述一样，请将 InDesign Defaults 文件移到其他文件夹中，详情请参阅"前言"中的"另存和恢复 InDesign Defaults 文件"。

② 启动 InDesign。为查看最终文档效果，打开 Lesson15 文件夹中的 15_End.indd 文件。如果出现警告对话框，指出这个文档包含的媒体内容可能在交互式 PDF 文件中没有对应的播放控件，请单击"继续"按钮（在本课中，不会创建交互式 PDF 文件）。

③ 为确保你的 InDesign 面板和菜单命令与本课使用的相同，选择"窗口">"工作区">"[数字出版]"，再选择"窗口">"工作区">"重置'数字出版'"，根据本课要完成的任务优化面板排列，让你能够快速访问所需的控件。

④ 在最终文档中导航，查看封面及其后面的页面效果。

在前面所有的课程中，示例文档都是打印文档，即将最终的 InDesign 版面打印出来时，效果看起来与屏幕上显示的一样。然而，在本课中，导出的出版物是要在 EPUB 阅读器上查看或在线阅读的，因此当你在 InDesign 中打开示例文件时，屏幕上显示的外观与导出的 EPUB 外观不完全相同。在 InDesign 中查看时，15_End.indd 文件的效果如图 15.1 所示。

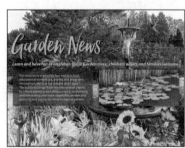

第 1 页　　　　　　　　　　　第 2 页

图 15.1

⑤ 查看完毕后，可关闭 15_End.indd 文件，也可让它保持打开状态，以供后面参考。

15.2 新建以固定版面导出的文档

由于导出的 EPUB 是在屏幕（如平板电脑等移动设备或台式计算机）上查看的，可包含按钮、动画和视频等打印文档无法包含的元素，因此创建要导出为 EPUB 格式的文档时，方法与创建印刷文档的有些不同。但在创建数字出版物时，本书介绍的排版和页面布局功能依然可用，且工作原理没什么不同。下面先来新建一个移动文档。

① 选择"文件">"新建">"文档"。

② 在打开的"新建文档"对话框中，单击"移动设备"选项卡，再选择 iPad Pro(10.5 in)。在"页面"文本框中输入 2，将方向设置为"横向"，取消勾选"主文本框"复选框，并保持其他设置不变，

如图 15.2 所示。单击"边距和分栏"按钮，在弹出的对话框中单击"确定"按钮。

图 15.2

> 💡 **注意** 创建新文档时，如果选择的是移动设备或 Web 型文档预设，将取消对"对页"复选框的勾选并将单位设置为像素。另外，还会在新文档中将透明混合空间（选择"编辑">"透明混合空间"）设置为 RGB，将"色板"面板中的默认颜色色板设置为印刷 RGB。

❸ 选择"文件">"存储"，在弹出的对话框中，将文件命名为 15_Setup.indd，切换到 Lesson15 文件夹，单击"保存"按钮。

本课不创建空白文档，而是打开一个已部分完成的文档，其中包含大部分必不可少的对象。请关闭文档 15_Setup.indd。

15.3　固定版面 EPUB 和可重排版面 EPUB

EPUB 文档通常用于在平板电脑等设备上查看，而不需要打印到纸上。因此，可在其中添加众多多媒体元素和交互式功能，还可根据查看设备重排文本。

固定版面 EPUB 与可重排版面 EPUB 最大的差别在于：前者像 PDF 文件一样，不管在什么设备上查看，都保持 InDesign 文档的设计；而后者连续地显示内容，并根据阅读器的屏幕尺寸和缩放比例重排内容。在可重排版面 EPUB 中，阅读者可根据喜好修改字体和字号。

固定版面格式让你能够使出版物包含按钮、动画、视频和音频，而阅读者可原样查看页面，并与多媒体元素交互。这种格式适用于版面复杂的出版物，如儿童读物、教科书和漫画等视觉元素对改善阅读体验至关重要的出版物。对于文字密集型出版物，如视觉元素无关紧要的小说和非小说，可重排格式更合适，虽然它也可在文本中内嵌视频和音频。

15.4　添加动画

动画让你能够给 InDesign 对象和对象组添加移动和其他视觉效果。例如，你可让框架从页面外飞入指定的位置，还可让框架淡入——从不可见变得完全可见。InDesign 提供了多种移动预设，你可将这些预设动画快速应用于对象，还可将对象指定为其他对象或对象组的移动路径。

下面来查看一个对象组，给这个对象组指定动画设置，使其在用户打开导出的 EPUB 文件时"飞"到页面上。你将在 InDesign 中预览这种动画，再创建一些在页面显示时自动播放的动画。然后，你将调整动画的计时，让它们按所需的顺序播放。

15.4.1　使用移动预设创建动画

要让对象或对象组动起来，快速且容易实现的方式是应用内置的移动预设，这样的预设有 40 多种。应用预设后，可通过多个选项控制动画将如何播放，包括触发动画的事件及动画的持续时间。

① 选择"文件">"打开"，打开 Lesson15 文件夹中的 15_FixedLayout-Partial.indd 文件。

② 选择"文件">"存储为"，将文件重命名为 15_FixedLayout.indd，并保存到 Lesson15 文件夹中。如果出现有关交互式 PDF 的警告对话框，将其关闭即可。

创建动画前，先来看一个应用了动画的对象组。

③ 按住 Z 键临时切换到缩放显示工具，放大第 1 页的右半部分以 children, adults and families 开头的文本框架，再使用选择工具选择它。

请注意这个对象组右下角的小图标（ ），它表明对这个对象组应用了动画。另外，可以看到有一条水平绿线从粘贴板延伸到该对象组的中心。这条线被用作动画的移动路径，其中的圆圈表示移动路径的起点，箭头表示终点，如图 15.3 所示。

右下角的图标表明对这个对象组应用了动画

绿线表示对象组的移动路径　　　　　　　放大后的动画

路径起点和终点

图 15.3

④ 选择"窗口">"交互">"动画"或单击面板停放区中的"动画"面板图标（ ），打开"动画"面板。注意，这个对象组名为 Welcome Animated Group，且在"预设"下拉列表中选择了"自定（从右侧飞入）"。该预设名开头的"自定"表明修改了预设"从右侧飞入"的默认设置，本课后面将修改其他预设。在"事件"下拉列表中选择了"载入页面"，这表明动画将在页面显示时自动开始播放。

> ♀ 注意　当使用的工作区为"数字出版"时，面板停放区位于界面右边。

在"动画"面板中，如果单击字样"属性"旁边的箭头，将展开这个面板，让你能够访问其他几个动画控件，如图 15.4 所示。

⑤ 为预览动画，单击"动画"面板底部的"预览跨页：EPUB"按钮（ ），如图 15.5 所示，这

将打开"EPUB 交互性预览"面板。拖曳这个面板的右下角或左下角，使其大到能够预览出版物。单击面板左下角的"播放预览"按钮，选定对象组将从页面右侧飞入。

图 15.4

图 15.5

💡 **提示** 要重播动画，可按住 Alt（Windows）或 Option（macOS）键，单击"播放预览"按钮，如图 15.6 所示。

图 15.6

⑥ 将"EPUB 交互性预览"面板拖曳到面板停放区底部，本课将全程使用它。面板停放区中将显示这个面板的图标（🖳），如图 15.7 所示。

图 15.7

"EPUB 交互性预览"面板

"EPUB 交互性预览"面板让你无须切换到其他软件就能预览包含多媒体、动画和交互性效果的 InDesign 文档。要显示这个面板，可选择"窗口">"交互">"EPUB 交互性预览"，也可在"动画"面板、"计时"面板、"媒体"面板、"对象状态"面板或"按钮和表单"面板中单击左下角的"预览跨页：EPUB"按钮。

"EPUB 交互性预览"面板包含众多按钮和图标，如图 15.8 所示，可用于执行如下操作。

图 15.8

- 播放预览（▶）：单击以播放选定对象、跨页或文档的预览，按住 Alt（Windows）或 Option（macOS）键并单击可重播预览。

- 清除预览（■）：单击以清除预览。

- 转至上一页（◀）和转至下一页（▶）：单击以导航到上一页或下一页。要导航到上一页或下一页，必须先启用预览文档模式，再单击"播放预览"按钮以启用这两个按钮。

- 设置预览跨页模式（▯）：单击它将模式设置为预览跨页模式，这是默认模式，适用于测试当前页面的交互性元素。

- 设置预览文档模式（▱）：单击它将模式设置为预览文档模式，这种模式让你能够在文档中翻页并测试交互性元素。

- 折叠或展开面板（◇）：单击它将折叠或展开"EPUB 交互性预览"面板，这个图标位于面板名左边。

下面对另一个对象组和一个文本框架应用动画预设并定制动画设置。

① 选择"视图">"使页面适合窗口"。使用选择工具单击页面底部的任意一个花朵图形（最左边的除外，本课将在后面单独处理它），这将选择一个对象组，其中包括 4 个图形。

② 打开"动画"面板，并在"预设"下拉列表中选择"从底部飞入"，注意代理预览使用粉色蝴蝶图像指出了这个预设动画的效果，如图 15.9 所示。尝试其他一些预设，再重新选择"从底部飞入"，并确保在"事件"下拉列表中选择了"载入页面"。

③ 选择包含绿色文本的蓝色文本框架。在"动画"面板中，将预设设为"渐显"，并将"持续时间"设置为"2 秒"。修改持续时间后，"渐显"前面将出现字样"自定"，如图 15.10 所示。

💡注意　定制完动画的设置后，粉色蝴蝶动画预览将消失。

图 15.9

图 15.10

④ 打开"EPUB 交互性预览"面板，单击左下角的"播放预览"按钮，以查看这些动画。最先出现的是标题，不久后页面底部的图形组出现，最后出现的是蓝色文本框架。这种播放顺序是由创建

动画的顺序决定的。下面来修改这些动画的播放顺序，但在这样做之前请先关闭"EPUB 交互性预览"面板。

15.4.2 调整动画的计时

"计时"面板列出了当前页面或跨页中的动画，让你能够修改动画的播放顺序、同时播放动画或延迟动画的播放。下面使用"计时"面板来修改第 1 页中 3 个动画的播放顺序，并让其中两个动画同时播放。

① 选择"窗口">"交互">"计时"或单击面板停放区中的"计时"面板图标（ ），打开"计时"面板。确保在"事件"下拉列表中选择了"载入页面"。这个面板列出了前面处理过的 3 个动画。

② 单击动画列表框中的 Welcome Animated Group。由于它是最先创建的，因此位于列表框开头，且将最先播放。

③ 将 Welcome Animated Group 拖曳到列表末尾，使其最后播放。拖曳时鼠标指针下面会出现一条又粗又黑的线条，在该线条位于以 Our mission 开头的文本（预设被设置为"渐显"的文本框架的名称）下方时松开鼠标左键，如图 15.11 所示。

④ 选择 Flower Group，按住 Shift 键单击名字以 Our mission 开头的动画，以同时选择这两个动画。

⑤ 单击"计时"面板底部的"一起播放"按钮（ ），如图 15.12 所示。

⑥ 单击 Flower Group，并将"延迟"设置为 1.5 秒，如图 15.13 所示。这将在页面打开时延迟这个动画的播放。延迟 1.5 秒后，Flower Group 将飞入，蓝色文本框架也将同时渐显。

图 15.11

图 15.12

图 15.13

⑦ 单击"计时"面板底部的"预览跨页：EPUB"按钮，打开"EPUB 交互性预览"面板，单击"播放预览"按钮预览这个页面，检查计时设置修改的效果。

⑧ 关闭"EPUB 交互性预览"面板，选择"文件">"存储"保存文件。

15.5 按钮

在出版物中添加交互性功能方面，按钮是通用的工具之一，因为它可触发很多动作。下面来配置动画播放按钮并添加两个使用不同操作的按钮。用来创建按钮的图形位于名为 Buttons 的图层中，将这个图层放在包含其他内容的图层的上面，这可保持文件组织有序并确保按钮易于访问。

15.5.1 使用按钮播放动画

前一节处理的动画被配置成在页面显示时自动播放，这是通过将"事件"设置成"载入页面"实现的。创建动画时，也可让它在用户执行其他操作时播放，如将鼠标指针指向相应的对象或单击作为按钮的对象或对象组时。

下面先查看一个对象，该对象应用了动画并将其转换成了按钮，用户单击它时将播放应用的动画。

① 向下滚动到能够看到页面下方的粘贴板，你将看到两幅图像。根据需要放大视图，以便能够看清页面左下角。使用选择工具将蝴蝶图像移到紫色鸢尾花上，如图 15.14 所示。选择"视图">"使页面适合窗口"。

这幅图像的定界框的右下角有两个图标：右边的图标表明对这幅图像应用了动画；左边的图标表明这幅图像也是一个按钮。

图 15.14

> **注意** 如果你在蝴蝶图像上没有看到这两个图标，请进一步放大视图并确保将屏幕模式设置成了"正常"（选择"视图">"屏幕模式">"正常"）。

② 在选择了蝴蝶图像的情况下，打开"动画"面板，可以看到动画名为 Monarch Butterfly。

对这个对象应用了动画预设"舞动"，并在"事件"下拉列表中选择了"释放鼠标"；"事件"下拉列表框右侧的符号（🖱）表明这个动画将由一个按钮触发；"持续时间"和"播放"的设置表明这个动画长 1 秒且播放两次，如图 15.15 所示。

③ 单击面板停放区中的"按钮和表单"面板图标，打开这个面板，同时关闭"动画"面板；你也可以选择"窗口">"交互">"按钮和表单"来打开这个面板。这幅图像的类型被设置为按钮，而动作为播放动画 Monarch Butterfly，如图 15.16 所示。

图 15.15

图 15.16

④ 在"按钮和表单"面板中，单击底部的"预览跨页：EPUB"按钮，打开"EPUB 交互性预览"

面板（也可单击面板停放区中的"EPUB 交互性预览"面板图标来打开这个面板），单击"播放预览"
按钮。等页面载入动画播放完毕后，单击蝴蝶图像播放动画，再关闭"EPUB 交互性预览"面板。

💡 注意 在本课中，每当你在"EPUB 交互性预览"面板中无法使用交互功能时，都可先单击"清除预
览"按钮，再单击"播放预览"按钮。

下面来配置一个按钮，使其播放应用于另一个对象的动画。

① 选择"视图">"使页面适合窗口"，再选择页面右下角的蓝色蝴蝶图像。注意到它有一条动
画路径（绿色的弯曲矢量路径），因为它已被配置为动画。

这幅图像右下角的图标表明它应用了动画，但你可能注意到了，预览页面时看不到这幅图像。这
是因为它虽然被配置成从页面顶部飞入，但无法播放这个动画。为解决这个问题，可以把与之配套的
花朵图形转换为按钮。

② 在工具面板中选择矩形框架工具，并绘制一个覆盖页面右下角紫色花朵的框架。当前应该依
然处于图层 Buttons，如果不是，请打开"图层"面板，将这个框架移到图层 Buttons 中。确保这个
框架的填充色和描边色设置都为"[无]"。

💡 提示 在图层 Buttons 中创建一个描边色和填充色都为"[无]"的框架，可让按钮虽然看起来像图稿，
但实际上是位于独立图层中的独立对象。这可避免按钮影响图稿外观，同时确保按钮组织有序且易于
访问。

在 EPUB 中，框架区域是可单击的，因此可使用填充色和描边色都为"[无]"的框架来创建很大
的可单击区域，而使用较小的图形无法做到这一点。这让创建的 EPUB 使用起来更容易。

③ 在依然选择了矩形框架的情况下，在"按钮和表单"面板中单击"动作"旁边的加号，并在
下拉列表中选择"动画"，如图 15.17 所示。

④ 在包含当前文件中动画的"动画"下拉列表中选择 Blue Butterfly（可能已经选择了它），将这个按
钮命名为 Lavender and Butterfly，确保在"事件"下拉列表中选择了"在释放或点按时"，如图 15.18 所示。

图 15.17

图 15.18

务必给按钮命名，否则 InDesign 会自动给按钮指定名称"按钮 1""按钮 2"等。给按钮指定有意义的名称，这样在创建 EPUB（如控制动画交互）时将很容易识别它们。如果使用 InDesign 自动指定的名称，将很难查找特定的按钮。

在"按钮和表单"面板中，无须先选择类型，因为当你添加动作时，选定对象将自动转换为按钮。请查看可能的动作列表，但最后一组只能用于 PDF。在"按钮和表单"面板中，单击"PDF 选项"旁边的箭头以折叠这个部分，因为处理 EPUB 时不需要它。

⑤ 在"按钮和表单"面板中，单击底部的"预览跨页：EPUB"按钮，打开"EPUB 交互性预览"面板，单击"播放预览"按钮。等页面载入动画播放完毕后，将鼠标指针指向右下角的淡紫色花朵图像并单击以播放前面指定的动画，然后关闭"EPUB 交互性预览"面板。可以看到当将鼠标指针指向可通过单击来激活的对象（如前面创建的按钮）时，鼠标指针将变成手形，如图 15.19 所示。

⑥ 选择"文件">"存储"，保存所做的工作。

图 15.19

15.5.2　使用按钮触发自定义的动画移动路径

在 InDesign 中，很多移动预设都可让对象沿特定的路径移动。除了使用预设对对象应用动画，还可将任意 InDesign 对象转换为另一个对象的移动路径。下面将一条路径转换为移动路径，并配置一个按钮，使其使用这条自定义路径来播放动画。

❶ 滚动到页面右上角的粘贴板区域，你将看到一幅小鸟图像，还有一条描边为黑色的弯曲路径，使用选择工具来选择它们。

❷ 将小鸟图像和路径拖曳到页面上，并让小鸟位于红色的空图形框架内，如图 15.20 所示。这个框架位于图层 Buttons 中，而小鸟图像和路径位于图层 Graphics 中。

❸ 在依然选择了路径和小鸟图像的情况下，打开"动画"面板，并单击该面板底部的"转换为移动路径"按钮（ ），如图 15.21 所示。这条黑色路径将变成绿色的移动路径（路径的形状决定了移动轨迹），同时"事件"下拉列表框中显示

图 15.20

为"载入页面"。为取消选择"载入页面"，再次单击它，将显示字样"选择"。

❹ 单击"事件"下拉列表框右边的"创建按钮触发器"按钮（ ），鼠标指针将变成内含十字线的多边形，如图 15.22 所示。

单击红色图形框架，把这个框架转换为按钮，同时打开"按钮和表单"面板并自动选择动画 Swift.psd。

图 15.21　　　　　　　　　　　　　　　　图 15.22

> ♀ 注意　如果有必要，调整页面的位置，以免"动画"面板遮挡小鸟图像。

⑤ 将这个按钮命名为 Flying Swift，并确保在"事件"下拉列表中选择了"在释放或点按时"。

> 💡 **注意** 如果无法在"名称"文本框中输入内容，请取消选择前面转换得到的按钮，使用选择工具重新选择它，再输入名称。

⑥ 打开"EPUB 交互性预览"面板，单击"播放预览"按钮。等页面载入动画播放完毕后，将鼠标指针指向小鸟图像。可以看到鼠标指针变成了手形，因为它检测到了刚创建的按钮。单击以播放新创建的动画，小鸟图像将沿指定的路径飞到页面外面。关闭"EPUB 交互性预览"面板。

知道移动路径的工作原理后，下面来创建自定义移动路径，并配置一个播放动画的按钮。

❶ 滚动到页面下面的粘贴板区域，你将在白色花朵下方看到一幅蜜蜂图像。请将蜜蜂图像移到页面中，放在白色花朵上，如图 15.23 所示。

❷ 放大页面底部的中间区域。使用铅笔工具绘制一条路径，它始于蜜蜂图像中央，向上再向下到达下一朵花朵，然后向上再向下到达向日葵，如图 15.24 所示。

图 15.23

图 15.24

❸ 使用选择工具选择蜜蜂图像和创建的路径，打开"动画"面板并单击其底部的"转换为移动路径"按钮。"事件"下拉列表中选择了"载入页面"，请取消选择它（方法是再次单击它），并将"持续时间"设置为 2 秒。将移动路径关联到蜜蜂图像，以便创建动画。可以看到位于蜜蜂图像上的路径起点处有一个箭头，而位于向日葵上的路径终点处有一个箭头，它们指出了动画的方向，如图 15.25 所示。

图 15.25

❹ 选择矩形框架工具绘制一个覆盖蜜蜂图像的框架，确保这个框架比蜜蜂图像大一点、位于图层 Buttons 中，且填充色和描边色都为"[无]"。

❺ 打开"按钮和表单"面板，单击"动作"旁边的加号，并在下拉列表中选择"动画"，再在"动画"下拉列表中选择 Bee-Spread-Wings.psd。将这个按钮命名为 Flying Bee，如图 15.26 所示。

❻ 单击"按钮和表单"面板底部的"预览跨页：EPUB"按钮，打开"EPUB 交互性预览"面板，单击"播放预览"按钮。等页面载入动画播放完毕后，单击蜜蜂图像（前面配置的用于播放新动画的按钮），核实是否能正确地播放动画，关闭"EPUB 交互性预览"面板。

❼ 尝试修改移动路径。选择刚创建的按钮框架，再选择菜单"对象">"锁定"，以便能够通过

单击蜜蜂图像来选择移动路径。切换到直接选择工具，以便修改路径的点或段，进而改变蜜蜂的飞行路线。可添加点、删除点、移动点或使用方向手柄改变路径的形状。在文档 15_End.indd 中，修改这条路径，使其更不规则，如图 15.27 所示。修改后在"EPUB 交互性预览"面板中进行预览，注意到修改路径的形状后，动画的运动轨迹也随之变化。

> **注意** 如果难以选择移动路径的点或段，请放大视图，以便能够准确地在绿色线条上单击。

图 15.26 图 15.27

⑧ 关闭"EPUB 交互性预览"面板，选择"文件">"存储"保存所做的工作。

15.5.3 创建导航按钮

下面创建一个导航按钮用来翻页。这是按钮的常见用途之一。

> **提示** 很多用来查看 EPUB 文件的应用都包含导航按钮，但每个应用的导航方式都不同。这些按钮可能位于两边或底部，且可能小到不容易看到。因此添加你自己的按钮时，务必确保阅读者一眼就能看到导航按钮。

① 选择矩形框架工具绘制一个框架，使其覆盖页面右下角带右箭头的蓝色拉环。确保框架位于图层 Buttons 中，且描边色和填充色都为"[无]"。让框架比拉环大，如图 15.28 所示，这样阅读者单击的位置就无须在这个拉环内。

图 15.28

② 打开"按钮和表单"面板，单击"动作"旁边的加号并选择"转到下一页"，再将这个按钮命名为 Next Page。

③ 打开"EPUB 交互性预览"面板，单击最右边的"预览文档模式"按钮，以便能够预览文档中的所有页面。单击"清除预览"按钮，再单击"播放预览"按钮。

> **提示** 在长文档中，应在主页中创建导航按钮。如果有多个主页，可在父主页中创建导航按钮，这样就只需创建一次导航按钮，且所有页面中的导航按钮都相同。

④ 等页面载入动画播放完毕，单击前面创建的蓝色导航按钮，显示下一页。你将在第 2 页中看到一些动画，本课后面将对它们进行处理。

⑤ 单击左下角的绿色拉环返回第 1 页，关闭"EPUB 交互性预览"面板。

15.5.4 创建弹幕

在 EPUB 中经常使用弹幕。创建弹幕的方式有很多，一种简单的方式是使用 InDesign 的对象隐藏和显示功能，下面就来介绍在 InDesign 中如何创建弹幕。

① 使用选择工具选择荷叶上的青蛙图像。首先添加一些动画，提示阅读者单击青蛙。

② 打开"动画"面板。选择预设"放大（2D）"，将"持续时间"设置为 1.5 秒，将"播放"设置为"3 次"。在"属性"部分，将"缩放"设置为 150% 并按 Enter 键，如图 15.29 所示。

图 15.29

默认情况下，宽度缩放值和高度缩放值保持一致。如果不是这样，请启用"限制缩放值"按钮（▭），以确保缩放是均匀的。

③ 打开"按钮和表单"面板，单击"动作"旁边的加号并选择"显示 / 隐藏按钮和表单"，将这个按钮命名为 Caption Trigger。

④ 选择包含文本 Meet me at the Lily Pad Garden! 的花朵形状，这是一个应用了效果的 InDesign 文本和路径对象组，将用于制作弹幕。在"按钮和表单"面板中，单击"动作"旁边的加号并选择"显示 / 隐藏按钮和表单"，将这个按钮命名为 Caption。

💡 提示 选择动作"显示 / 隐藏按钮和表单"后，将出现可视性列表，其中包含当前页面或跨页中的所有按钮。在这种动作中，不能设置位于文档其他地方的按钮的可视性。

⑤ 在"可视性"部分，对除了 Caption 和 Caption Trigger 外的其他按钮都保持默认设置"忽略"（✕）。对于 Caption 按钮，单击它旁边的"忽略"，再单击一次将其设置为"隐藏"（👁）。对于 Caption Trigger 按钮，采取同样的做法将其设置为"显示"（👁）。另外，勾选 Caption 按钮"外观"部分下方的"触发前隐藏"复选框，该设置用于确保阅读者打开页面时，Caption 按钮不可见。

⑥ 选择第 3 步被转换成按钮的青蛙图像。在"按钮和表单"面板中，将 Caption 按钮的可视性设置为"显示"，将 Caption Trigger 按钮的可视性设置为"隐藏"。

阅读者打开页面时，Caption Trigger 按钮是可见的，而 Caption 按钮被隐藏。阅读者单击或点按 Caption Trigger 按钮时，Caption Trigger 按钮将消失，而 Caption 按钮将显示出来；阅读者单击或点按 Caption 按钮时，Caption 按钮将消失，而 Caption Trigger 按钮将显示出来，如图 15.30 所示。

⑦ 如果有必要，打开"EPUB 交互性预览"面板。单击"清除预览"按钮，将预览模式改为预览跨页模式（📄），再单击"播放预览"按钮。对弹幕进行测试：先单击青蛙图像，再单击弹幕。

⑧ 关闭"EPUB 交互性预览"面板，选择"文件">"存储"保存文件。

Caption Trigger 按钮的设置　　Caption 按钮的设置　　Caption Trigger 按钮　　Caption 按钮

图 15.30

15.6　添加多媒体和交互式元素

对于将导出为固定版面 EPUB 的 InDesign 文档，可在其中添加电影和声音，这意味着你可创建含多媒体的交互式出版物，这在以打印方式出版时无法做到。

从很多方面来说，置入的电影和声音都类似于其他 InDesign 对象。例如，可像其他对象一样，复制、粘贴、移动和删除电影与声音，但电影和声音也有其独特的属性，你可在 InDesign 中调整它们。

15.6.1　添加电影

在要导出为固定版面 EPUB 的 InDesign 文档中，添加电影的方式与在打印文档中添加图片的方式类似。下面将一个电影置入文档中，对其进行缩放并使用"媒体"面板设置电影未播放时显示的海报图像。

> ♀ **注意** 可置入使用 H.264 编码的 MP4 格式的视频文件及 MP3 格式的音频文件。要将其他格式的视频或音频转换为 MP4 或 MP3 格式，可使用 Adobe Creative Cloud 应用程序 Media Encoder。

1 切换到第 2 页，并选择"视图">"使页面适合窗口"。选择"文件">"置入"，在弹出的对话框中，选择 Lesson15\Links 文件夹中的 Bee-Pollination-Video.mp4 文件，单击"打开"按钮，鼠标指针将变成置入视频图标（ ▣ ）。

2 将鼠标指针指向蓝色标尺参考线的交点并单击，视频将像静态图像一样以实际尺寸置入，如图 15.31 所示。置入视频前，做好准备工作很重要，例如，规划其尺寸。

图 15.31

可能会出现警告，指出交互式 PDF 可能不支持用于音频文件和视频文件的播放控件。这个项目不会导出为交互式 PDF 文件，因此可不理会这种警告，直接将其关闭。

❸ 在 EPUB 阅读器中，播放视频前显示的是静态海报图像。电影未播放时，默认显示的是电影的第 1 帧，但也可选择其他图像作为海报图像。海报图像可以是电影中的帧，也可以是独立的文件。为设置海报图像，选择"窗口">"交互">"媒体"，打开"媒体"面板。在"媒体"面板中，可使用电影图像下方的控件来预览电影，并选择要用作海报的帧。这里将把独立的图像用作海报，而不使用电影的第一帧。

❹ 在"媒体"面板的"海报框架"下拉列表中选择"选择图像"，如图 15.32 所示。在弹出的对话框中，切换到 Lesson15\Links 文件夹，双击 Bee-Pollination-Poster.jpg 文件。单击内容抓取工具，选择"对象">"适合">"按比例填充框架"。

图 15.32

❺ 单击"媒体"面板底部的"预览跨页：EPUB"按钮。在"EPUB 交互性预览"面板中，单击"播放预览"按钮。在预览中，单击"播放 / 暂停"按钮（位于视频海报图像下方的视频播放控制器左端）以播放或暂停电影；还有一个可调整音量的控件，如图 15.33 所示，但这个视频没有声音。

图 15.33

💡 提示 每个 EPUB 阅读器包含的视频播放控件都不同，导出为 EPUB 文件后，务必在不同的阅读器中测试视频播放器。另一种办法是，在 InDesign 中创建"播放 / 暂停"按钮，并使用填充的框架覆盖默认按钮。

💡 提示 在 EPUB 中使用视频时，视频将嵌入最终的文件中。需要注意的是，视频文件可能很大，导致最终的 EPUB 文件非常大，因此需要在视频质量和文件大小之间做取舍。

❻ 如果有必要，将"媒体"面板拖放到面板停放区，以便以后使用。关闭"EPUB 交互性预览"

面板，选择"文件"＞"存储"保存文件。

15.6.2 创建幻灯片

幻灯片是一系列堆叠的图像，每当用户单击 Previous 或 Next 按钮时，都显示上一张或下一张图像。

本课的示例文档已包含创建交互式幻灯片所需的图像，你将重新排列这些图像，将它们转换为一个多状态对象，再配置让阅读者能够在幻灯片之间导航的按钮。使用多状态对象可创建包含多个版本的对象。

❶ 第 2 页的右边有一幅地下种子图像，而它左边有多个图形框架。使用选择工具拖曳选择所有框架，拖曳时穿越这些框架的中间区域，以防同时选择箭头图形及蚱蜢图像。

❷ 选择"窗口"＞"对象和版面"＞"对齐"，打开"对齐"面板。单击最左边的框架，将其指定为关键对象，在"对齐"（⬛）下拉列表中选择"对齐关键对象"（如果还没有选择它）。单击"左对齐"按钮（⊫），单击"底对齐"按钮（⊪），关闭"对齐"面板，如图 15.34 所示。你也可以在控制面板或"属性"面板中完成这些操作。

图 15.34

❸ 在依然选择了这些图形框架的情况下，选择"窗口"＞"交互"＞"对象状态"，打开"对象状态"面板，也可单击面板停放区的"对象状态"面板图标（⬛）来打开这个面板。在"对象状态"面板中，单击底部的"将选定范围转换为多状态对象"按钮（⊡）。如果有必要，增大这个面板的高度，以便显示所有对象的名称（执行转换前，这个面板是空的）。

❹ 在"对象状态"面板中，在"对象名称"文本框中输入 Germination 并按 Enter 键，如图 15.35 所示。

> 💡提示 务必给多状态对象命名，否则 InDesign 会自动将它们命名为"多状态 1""多状态 2"等。

> 💡提示 对于多状态对象，你可给每个状态命名。这里的状态栈就像图层栈，要调整状态的排列顺序，可上下拖曳它们。

创建多状态对象后，可用下面提供的途径，让阅读者能够在这些图像之间导航。

❶ 选择选择工具，单击多状态对象左边的白色箭头，打开"按钮和表单"面板。这个按钮将用于在幻灯片中向后导航。

❷ 在"按钮和表单"面板中，单击底部的"转换为按钮"按钮（◌），如图 15.36 所示。在"名称"文本框中输入 Previous。

选定的图形框架被合并为一个多状态对象。在"对象状态"面板中，每个对象都是一个独立的状态

图 15.35

❸ 单击"动作"旁边的加号并在下拉列表中选择"转至上一状态"，多状态对象 Germination 被自动添加到动作列表中。

> 💡 提示　当页面包含多个多状态对象时，你可能需要在"按钮和表单"面板的"对象"下拉列表中选择正确的多状态对象。在这里，InDesign 自动选择了多状态对象 Germination，因为当前页面中只有这一个多状态对象。

❹ 不要勾选"在最初状态停止"复选框，如图 15.37 所示，这样阅读者在选择了第 1 个状态的情况下单击这个按钮，将选择最后一个状态。换言之，阅读者可通过不断单击这个按钮以循环的方式遍历幻灯片。如果勾选了这个复选框，那么阅读者在选择了第 1 个状态的情况下单击这个按钮，什么都不会发生。

图 15.36

图 15.37

❺ 选择指向右边的黑色箭头，并重复第 2 ~ 4 步，配置一个名为 Next 的按钮。为让这个按钮在幻灯片中向前导航，单击"动作"旁边的加号并在下拉列表中选择"转至下一状态"，勾选"在最终状态停止"复选框（也可不勾选这个复选框）。

❻ 打开"EPUB 交互性预览"面板，单击"播放预览"按钮，单击前面创建的 Previous 和 Next 按钮来查看幻灯片。

❼ 关闭"EPUB 交互性预览"面板，选择"文件">"存储"保存文件。

15.6.3 创建超链接

利用超链接能够跳转到文档的其他位置及其他文档和网站。超链接包含一个源元素（文本、文本框架或图形框架）和一个目标（超链接跳转到的 URL、电子邮箱地址、页面或文本锚点）。下面创建一个跳转到网站的超链接。

Urban Oasis Garden 是虚构的，下面创建一个超链接，让它指向所需的 URL。

1 使用选择工具选择第 2 页右下角的图像——枝头上的苹果。

2 选择"窗口">"交互">"超链接"，打开"超链接"面板，也可单击面板停放区的"超链接"面板图标来打开它。

3 将 URL 文本框中的默认文本替换为需要链接的 Web 地址，再按 Enter 键。InDesign 识别出这是一个 Web 地址。注意，状态栏中的圆变成了绿色的，这表明这个 Web 地址是可达的。InDesign 会将超链接设置成与对象（这里是选定的图像）同名，如图 15.38 所示。

图 15.38

> **注意**　在"超链接"面板的状态栏中，使用绿色或红色的实心圆表示超链接指向的 Web 地址是否可达（绿色表示可达，红色表示不可达）。如果你连接的网络禁止访问某些网站，这些地址可能被标识为不可达（红圆）。

4 在面板菜单中选择"重命名超链接"，修改超链接名称并单击"确定"按钮。如果文档中有很多超链接，应以清晰的方式给它们命名，而不要使用默认名称。

5 在面板菜单中选择"转到目标"，对链接进行测试，InDesign 将启动默认浏览器并加载指定的页面，如图 15.39 所示。

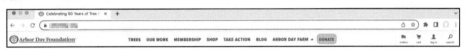

图 15.39

> **提示**　要访问超链接指向的 URL，也可单击状态栏中的绿色图标。

6 返回 InDesign，打开"EPUB 交互性预览"面板，单击"播放预览"按钮（可能需要先单击"清除预览"按钮）。将鼠标指针指向苹果图像，鼠标指针变成手形，指出这是一个可单击的对象。单击这个超链接，将在浏览器中打开其主页。

7 返回 InDesign，关闭"EPUB 交互性预览"面板，选择"编辑">"全部取消选择"，再选择"文件">"存储"保存文件。

15.6.4 添加声音

在页面中添加声音与添加电影没有什么不同，但控制声音的显示和播放方式的选项与用于控制电影的播放的选项稍有不同，这是因为电影和声音是不同类型的媒体。

下面先在封面中添加声音，再将该页面中的一个对象转换为按钮，以便阅读者单击它时播放声音。本课还将隐藏声音对象，使其在页面上不可见。

1 切换到第 1 页，放大页面顶部中央靠近标题的区域。选择"文件">"置入"，在弹出的对话框中，选择 Lesson15\Links 文件夹中的 BirdSounds.mp3 文件，单击"打开"按钮。

② 单击蓝色小鸟图像上方的粘贴板。无须关心其置入的位置，因为后面会隐藏这个对象。

③ 打开"图层"面板，将这个对象向上拖曳到图层 Buttons 中，调整声音对象的位置，使其位于小鸟图像的上面，如图 15.40 所示。关闭"图层"面板。

图 15.40

④ 单击面板停放区中的"媒体"面板图标（ ▦ ），打开这个面板，并注意其中与声音文件相关的选项，如图 15.41 所示。如果需要，可使用"播放 / 暂停"按钮来预览声音。这里保持默认设置不变。

这就是添加声音需要做的全部工作，但这里将不在 EPUB 阅读器中显示声音控件。为此，将隐藏声音对象，并配置一个用于播放声音的按钮。

⑤ 选择"对象">"排列">"置为底层"（应该依然选择了声音对象），如图 15.42 所示。

图 15.41

图 15.42

⑥ 选择矩形框架工具，在蓝色小鸟图像（现在位于声音框架前面）上面绘制一个矩形框架，如图 15.43 所示，这个框架将作为播放声音的按钮。当前，对象的排列顺序是：绘制的空矩形框架位于最前面，它后面是小鸟图像，而小鸟图像后面是声音文件。

⑦ 在选择了空矩形框架的情况下，打开"按钮和表单"面板，单击"动作"旁边的加号并在下拉列表中选择"声音"，由于这个页面只有一个声音，因此在"声音"下拉列表中自动选择了刚置入的声音对象（BirdSounds.mp3）。

⑧ 在"名称"文本框中输入 Play Bird Sounds，确保在"事件"下拉列表中选择了"在释放或点按时"，并在"选项"下拉列表中选择"播放"，如图 15.44 所示。

图 15.43

图 15.44

⑨ 单击"预览跨页：EPUB"按钮。在"EPUB 交互性预览"面板中，依次单击"清除预览"按钮和"播放预览"按钮，再单击小鸟图像以播放置入的声音。这个音频剪辑将播放一次后停止（时长大约为 24 秒）。关闭"EPUB 交互性预览"面板。

接下来设置音符，使其在声音播放期间移动。对于每段音符，都已指定动画设置。

💡 注意　虽然在前一个练习中预览了声音，但应该依然选择刚创建的空矩形框架。

① 在选择了按钮 Play Bird Sounds 的情况下，打开"按钮和表单"面板，单击"动作"旁边的加号并选择"动画"，再在"动画"下拉列表中选择 Music Note 1。重复这些步骤，按 1 ~ 8 的顺序加入所有的音符动画。每当你单击"动作"旁边的加号并选择"动画"时，InDesign 都会自动指定列表中的第 1 个动画，因此你需要在"动画"下拉列表中选择下一个音符动画。最终的结果是给这个按钮指定了一个动作列表，这个列表包含 9 个动作，其中第 1 个为声音，其他 8 个为动画，如图 15.45 所示。

② 打开"计时"面板并向下拖曳其下边缘，以便能够看到所有动作。单击 BirdSounds.mp3，再按住 Shift 键并单击 Music Note 8，以选择所有的声音和动画，单击面板右下角的"一起播放"按钮（🔊），如图 15.46 所示。打开"EPUB 交互性预览"面板，单击"清除预览"按钮，再单击"播放预览"按钮。单击蓝色小鸟图像以播放声音，音符动画将与声音一起播放。

图 15.45

图 15.46

③ 关闭"EPUB 交互性预览"面板，选择"文件">"存储"保存文件。

15.7 导出为 EPUB 文件

就像"打印"对话框中的设置决定了打印出来的页面外观一样，将 InDesign 文档导出为 EPUB 文件时，所做的设置也决定了 EPUB 文件的外观。

这里将使用一些简单的设置，但需要指出的是，创建要通过在线服务发布的 EPUB 文件时，必须满足一些特定的要求，否则 EPUB 文件将不符合出版商的标准，而你必须解决存在的问题并重新提交，直到通过出版商的有效性验证。在着手制作项目前，你应向出版商咨询需要满足的要求。

❶ 选择"文件">"导出"。

❷ 在打开的"导出"对话框的"保存类型"（Windows）或"格式"（macOS）下拉列表中选择"EPUB（固定版面）"。

❸ 在"文件名"（Windows）或"存储为"（macOS）文本框中，将文件命名为 15_FixedLayout.epub，将存储位置指定为 InDesignCIB\Lessons\Lesson15 文件夹，单击"保存"按钮。

❹ "EPUB- 固定版面导出选项"对话框的"常规"部分自动显示了版本 EPUB 3.0，这是唯一一个支持固定版面 EPUB 的版本。保留所有的默认设置，如图 15.47 所示。

图 15.47

> 💡 注意　在"常规"选项卡中将"封面"设置为"栅格化首页"可创建一幅图像，该图像在电子图书阅读器和电子图书店面中被用作出版物图标。

❺ 在"EPUB- 固定版面导出选项"对话框中，选择左边列表框中的"元数据"。在"标题"文本框中输入 Garden News，在"创建程序"文本框中输入你的姓名，如图 15.48 所示。

> 💡 提示　如果你的 EPUB 文件将正式出版，在"元数据"部分指定的信息将非常重要，因为电子图书网站要求必须提供这些信息。请从出版商网站下载元数据规范，并按照规范填写元数据。

```
EPUB - 固定版面导出选项

常规              元数据
转换设置
CSS              标识符(I):  urn:uuid:18d69695-e52c-429a-8d0a-d90561ed3765
JavaScript        标题(T):  Graden News
元数据
查看应用程序       创建程序(C):  Your Name
                   日期(D):
```

图 15.48

⑥ 选择左边列表中的"转换设置"。在"格式"下拉列表中选择 PNG，如图 15.49 所示，确保在导出的 EPUB 文件中能够正确地显示编组对象和应用了透明度效果的对象中的图形。

💡 提示　给 EPUB 文件设置格式时，需要在图像质量和文件大小之间进行取舍。将"格式"设置为"自动"时，将把有些图像转换为 JPEG 格式；而将"格式"设置为 PNG 时，将把所有图像都转换为 PNG 格式，因此生成的文件通常更大。最佳的格式设置取决于 EPUB 文档包含的图像类型。

图 15.49

⑦ 选择左边列表框中的"查看应用程序"。系统默认的查看应用程序因操作系统而异。EPUB 文件导出后，将自动在选定的应用程序中打开。要使用其他的 EPUB 阅读器，可单击"添加应用程序"按钮。

⑧ 单击"确定"按钮进行导出。如果出现警告对话框指出有些对象导出后外观可能与预期的不一致，单击"确定"按钮继续导出并查看导出的 EPUB 文件。

导出完成后，导出的 EPUB 文件将在指定的查看应用程序中打开，如图 15.50 所示。你可通过导航查看其内容，并使用你创建的多媒体和交互式元素。你也可在任何支持 EPUB 格式的设备上打开这个 EPUB 文件。

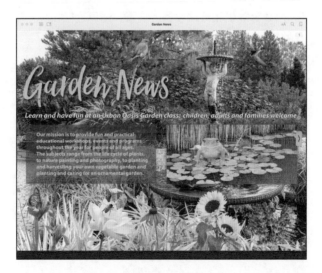

在 Books 中打开

图 15.50

请注意，不同 EPUB 阅读器的界面（如框架、控件的样式和位置、适合窗口等）不同。

在创建固定版面 EPUB 等数字出版物时，必须在目标读者可能会使用的各种设备上对其进行测试。

⑨ 尝试再次导出，并指定与前面稍微不同的文件名，如 15_FixedLayout_Auto.epub ；在"转换

设置"选项卡的"格式"下拉列表中选择"自动";在"JPEG 选项"部分,确保在"格式方法"下拉列表中选择了"连续",在"图像品质"下拉列表中选择"高品质",保持其他设置不变,如图 15.51 所示。

⑩ 单击"确定"按钮。将出现"EPUB 导出警告"对话框,指出将重叠编组对象导出为 JPEG 时,可能发生外观不匹配的问题。单击"确定"按钮,导出完成,将在指定的查看应用程序中打开导出的文件,请将其与使用 PNG 格式导出的结果进行比较。在资源管理器(Windows)或 Finder(macOS)中对这两次导出的文件大小进行比较。

图 15.51

⑪ 返回 InDesign,选择"文件">"存储",保存文件。

15.8　InDesign 联机发布

InDesign 提供了联机发布功能,让你能够将 InDesign 文档的数字版本发布到 Internet 上。对于联机发布的文档,你可在任何台式计算机和移动设备上查看,还可轻松将其分享到社交媒体上。你可在电子邮件中轻松地嵌入这些文档的超链接,还可将这些超链接嵌入网页中。

从外观上看,联机发布的 InDesign 文档的版面与原始版面完全相同,同时包含所有的交互功能。

① 要联机发布当前显示的文档,可单击菜单栏右边的"共享"按钮(🗅),再选择 Publish Online,如图 15.52 所示,也可选择"文件">"Publish Online"。

② 在打开的"联机发布你的文档"对话框的"常规"选项卡中,在"标题"文本框中输入 Garden News,在"说明"文本框中输入 Interactive multimedia version of Garden News magazine。在这个对话框的"高级"选项卡中,可选择封面并指定图像的导出设置,如图 15.53 所示。这里保持所有的默认设置,并单击"发布"按钮。

图 15.52

🔎 提示　在"标题"文本框中输入的文本将出现在搜索结果中,还将出现在浏览器窗口的标题栏中。当你在社交媒体上分享在线出版物时,也将使用这些信息;当你通过电子邮件分享出版物时,这些信息将用于设置主题。

在文档上传过程中,将出现一个窗口,其中显示了第 1 页的预览、标题和说明(如果提供了这些信息),同时还有一个显示上传进度的状态条,你还可单击"取消上载"按钮取消上传,如图 15.54 所示。

图 15.53

图 15.54

❸ 上传完毕后，可单击"查看文档"按钮在 Web 浏览器中显示文档。这将打开默认浏览器并显示上传的出版物，如图 15.55 所示。

可以看到页面中包含各种不同的控件。在这里使用的浏览器中，控件位于窗口底部，它们的位置可能因浏览器而异。

❹ 返回 InDesign，在依然显示的 Publish Online 对话框中还有其他选项，让你能够将 URL 复制到剪贴板，在社交媒体上分享链接，以及打开默认电子邮件程序以编写新邮件，如图 15.56 所示。

图 15.55   图 15.56

❺ 单击"关闭"按钮，关闭 Publish Online 对话框，选择"文件">"存储"保存文件。

可在 InDesign 中轻松地访问最近发布的 5 个文档，要访问文档，可选择"文件">"最近发布"（仅当至少发布了一个文档后，才会出现"最近发布"命令），如图 15.57 所示。

"Publish Online 功能板"让你能够查看、分享和删除发布的文档。要删除联机发布的文档，可选择"文件">"Publish Online 功能板",这将在默认浏览器中打开一个网页,其中的列表按时间顺序列出了你上传的文档——最近上传的排在前面。若要删除发布的文档,可单击最右边的"更多选项"按钮（ ⋯),再单击"删除"（Delete）图标。

Publish Online...
最近发布(P)   >
Publish Online 功能板...

图 15.57

15.9 练习

为进行更多的实践,请尝试完成下面的练习。你可继续处理本课的示例文档,并保存所做的修改,也可选择"文件">"存储为",将该文档另存到 Lesson15 文件夹中。

15.9.1 添加动画属性

你可能已经注意到了,播放第 2 页的动画时,蚱蜢图像在页面中移动的同时逐渐变小,这是通过设置"动画"面板中"属性"部分的选项实现的。

❶ 切换到第 2 页,并使用选择工具选择蚱蜢图像。

❷ 单击面板停放区中的"动画"面板图标打开这个面板,并查看底部的"属性"部分。如果有必要,单击"属性"旁边的箭头展开相关的设置。

图 15.58

❸ 可以看到宽度和高度的缩放比例都被设置为 50%,如图 15.58 所示,这意味着这个对象在执行动画的过程中,将从当前尺寸开始缩小至 50%。

❹ 对这个对象或文档中的其他对象尝试设置"动画"面板中的其他属性,如"旋转""执行动画后隐藏"。

15.9.2 创建滑入字幕

下面创建滑入字幕。你可查看这种效果以了解其工作原理,再尝试自己创建这样的效果。这种效果是使用 3 个复制的对象状态创建的,这些状态的动作、动画和计时的设置各不相同。有关创建这种字幕效果的操作指南,请参阅本课配套素材中的 15a_slide_in_caption_step_by_step.pdf 文件。

❶ 要查看这种字幕效果,请打开 Lesson15 文件夹中的 15_FixedLayout_Alternate.indd 文件。这个文件中,将原来包含宗旨的框架改成了滑入字幕。

❷ 打开"EPUB 交互性预览"面板,单击页面最左边的文字 Our Mission 上方的红色三角形,一个包含宗旨的框架将从左边滑入。

❸ 单击这个红色三角形,包含宗旨的文本框将向左滑动并恢复到最初的状态。关闭"EPUB 交互性预览"面板。

> 💡 注意 可单击（点按）的区域比三角形大,但它告诉用户这个地方是可以单击（点按）的。

15.10 复习题

1. 可重排版面 EPUB 和固定版面 EPUB 的主要区别是什么？
2. InDesign 提供了两种将动画应用于对象（或对象组）的方式，请问是哪两种？
3. 默认情况下，动画按创建顺序播放。如何修改动画的播放顺序？如何同时播放多个动画？
4. 在 InDesign 中，如何预览多媒体和交互式元素？
5. 如何创建幻灯片？

15.11 复习题答案

1. 可重排版面 EPUB 允许 EPUB 阅读器根据显示设备优化内容的排列方式。例如，查看可重排版面 EPUB 文件时，你可调整文本的显示字号，这将影响给定页面包含的文本量及文本排列方式。而固定版面 EPUB 文件将保持原始 InDesign 页面的尺寸和分辨率不变。
2. 要将动画应用于对象（或对象组），可在"动画"面板中选择移动预设，也可创建自定义移动路径。移动路径由两部分组成：要应用动画的对象（或对象组）和移动的路径。
3. "计时"面板中的控件让你能够控制动画的播放规则。所有动画都有与之相关联的事件，如载入页面。你可在列表中拖曳动画名来调整动画的播放顺序。要同时播放多个动画，可同时选择它们，再单击"一起播放"按钮。
4. "EPUB 交互性预览"面板让你能够预览和测试多媒体和交互式元素。"动画"面板、"计时"面板、"媒体"面板、"对象状态"面板及"按钮和表单"面板都包含"预览跨页：EPUB"按钮，单击它可打开"EPUB 交互性预览"面板。你还可选择"窗口">"交互">"EPUB 交互性面板"来打开这个面板。
5. 要创建幻灯片，需要先创建一系列堆叠在一起的对象，再使用"对象状态"面板将它们转换为一个多状态对象。然后创建并配置两个按钮：一个用于显示多状态对象的上一状态，另一个用于显示下一状态。